★ 新世纪计算机类本科系列教材
★ 陕西省优秀教材一等奖

数据结构

——C语言描述

（第三版）

耿国华　主编

耿国华　刘晓宁　张德同　卢燕宁　等　编著

西安电子科技大学出版社

内容简介

本书在前两版的基础上修订而成。本书主要包括数据结构的基本概念、基本数据结构(线性表、栈、队列、串、数组、广义表、树、图)和基本技术(查找、排序)三个部分，涉及经典的数据组织方式和处理算法，内容丰富，概念清晰。

本书用C语言作为算法描述语言，采用面向对象的方法讲述数据结构中的技术，在内容上提供了更加丰富的资源，加入了便于自主学习的新形态教学资源以及作者多年对重要知识点和学习难点的理解与总结，提供了数据结构试题选编样卷及参考答案，便于读者学习，便于教师在翻转课堂上使用。

本书既可作为大专院校计算机等专业"数据结构"课程的教材，也可供计算机开发和应用人员学习和参考。

图书在版编目(CIP)数据

数据结构：C语言描述/耿国华主编. —3版.
—西安：西安电子科技大学出版社，2020.8(2021.5重印)
ISBN 978-7-5606-5603-8

Ⅰ. ①数… Ⅱ. ①耿… Ⅲ. ①数据结构—高等学校—教材 ②C语言—程序设计—高等学校—教材 Ⅳ. ①TP311.12 ②TP312.8

中国版本图书馆CIP数据核字(2020)第061119号

策划编辑 臧延新
责任编辑 曹 锦 臧延新
出版发行 西安电子科技大学出版社(西安市太白南路2号)
电　　话 (029)88202421 88201467　　邮　　编 710071
网　　址 www.xduph.com　　电子邮箱 xdupfxb001@163.com
经　　销 新华书店
印　　刷 咸阳华盛印务有限责任公司
版　　次 2020年8月第3版 2021年5月第25次印刷
开　　本 787毫米×1092毫米 1/16 印张 18.75
字　　数 438千字
印　　数 84 701～87 700册
定　　价 41.00元
ISBN 978-7-5606-5603-8/TP

XDUP 5905003-25

如有印制问题可调换

››› 前言
PREFACE

从计算机诞生之日起，其核心任务就是处理数据。随着数据量的增大，数据的高效组织和处理尤显重要。“数据结构”作为计算机类专业最重要的基础课之一，在本专业的学习中具有承上启下的作用。学习这门课程，既是对前期程序设计能力的提升，又为后续专业课程的学习夯实基础，对培养学生的抽象思维能力和软件开发能力至关重要。

根据技术发展需求和教学要求，我们在 2008 年第二版教材的基础上，形成了新形态教材，并对内容进行了如下修订：

(1) 每章增加了知识框架图，用于帮助读者提纲挈领地掌握每章的内容。

(2) 增加新形态资源，包括部分课程补充内容、难点知识点解析、难点程序示例、课后习题参考答案等。读者可通过扫描二维码的方式方便地获取资源，更好地理解每一个重点和难点，从而达到将书变薄、知识变多的目的。

(3) 对附录样卷进行了更新，同时提供参考答案。

(4) 对部分章节提供扩充内容，如在第 4 章中提供了 KMP 算法讲解的 PPT；在第 6 章中提供了并查集讲解的 PPT 等。

本书章节结构如下：

第 1 章为绪论，概述数据结构涉及的基本概念，重点讲述抽象数据类型以及对算法的时间与空间复杂度的分析。

第 2～5 章介绍线性结构，包括线性表、栈、队列、串、数组和广义表，讲述了线性关系的几种结构及其在顺序和链式两种存储结构上的基本操作实现。

第 6、7 章介绍非线性结构，包括树和图，讲述了层次关系和网状关系两种非线性结构关系，重点内容包括非线性关系的存储结构、遍历运算及其应用。

第 8～10 章为查找与排序。处理数据首先需要找到被处理的数据(查找)，为了更快捷地查找，又往往需要排序。在这部分内容中重点讲述了经典的查找方法和排序算法。

书中带星号的内容为选学内容，供学有余力的学生阅读、参考。可不作为教学重点和考试内容。

本书由耿国华教授主编并统稿，主要由刘晓宁、张德同、卢燕宁、佘景景老师参与编写和修订。使用过本书的很多教师和读者对本书第三版的修改提出了宝贵意见，在此表示诚挚的谢意。我们以本书内容为基础，形成了适应学生自主学习的开放教学资源，服务于线上、线下混合式教学。

本书自第一版和第二版推出以来得到广大读者的厚爱，作者衷心感谢广大读者对我们教材的信任，真诚地期待大家在使用本书第三版过程中继续提出宝贵意见和建议，使本书能够不断完善，更好地服务于教学需求。

由于作者水平有限，书中难免存在不足之处，殷切希望广大读者批评指正，不胜感激！

编　者

2020.6

>>> 第二版前言

PREFACE

“数据结构”是重要的计算机专业基础课，也是计算机科学与技术人才素质培养框架中的中坚课程。该课程一般在大学二年级开设，具有承上启下的重要作用，既要对前面学习的软件技术进行总结和提高，还要为后续专业课程的学习提供帮助。数据结构对学生软件开发能力的培养至关重要，掌握好相关的知识会为今后的专业生涯打下牢固的基础。

根据技术发展和教学要求，我们在本书第一版的基础上主要做了以下修改与补充：

(1) 在第 1 章中增加了 C 语言中指针、结构体以及类型定义等复杂类型的使用与示例，便于读者掌握程序设计中对复杂类型的选用；

(2) 增加了算法复杂度分析的范例，针对同一个问题给出两个复杂度不同的算法，便于读者更直观地理解算法复杂度的概念和算法复杂度分析的方法；

(3) 与抽象数据类型定义中的操作一致，在部分章节中增加了相应结构下的初始化操作，便于读者理解结构，并建立完整的结构体系(如第 2 章)；

(4) 对部分算法做了优化处理，尽可能增强算法的科学性和准确性，同时调整了相关内容的排列顺序(如第 6 章中，将原 6.6 节移到了 6.3 节，将“由遍历序列确定二叉树”部分作为遍历算法的一个具体应用，有助于加深读者对遍历算法的理解，符合认知规律)；

(5) 在部分章节增加了一些典型技术算法内容(如在第 5 章中增加了广义表的基本操作算法，在第 8 章中增加了用判定树计算折半查找的平均查找长度的图示和讲解，在第 9 章中增加了归并排序的初始调用过程)，以突出典型技术的完整性；

(6) 对附录中的样卷做了较大更新，以供读者学习参考。

计算机科学体现的是一种创造性思维活动，其教育必须面向设计。数据结构的学习过程就是创造性思维的培养过程，而且技能培养的重要程度不亚于知识传授，因此教学的重点在于让学生理解和掌握算法构造的思维方法。

本书自第一版推出以来得到了广大读者的厚爱，先后经过了十余次印刷，已广泛应用于全国多所高校的计算机、通信、电子、自动化、数学等专业的教学中，并获得2005年陕西省高校优秀教材一等奖。作者衷心感谢广大读者对我们所编教材的信任，真诚地期待着大家在使用本书的过程中提出意见和建议，使之能够不断完善，更好地服务于教学。

编者
2008年6月

››› 第一版前言

PREFACE

我们生活在一个物质的世界，如果将物质世界中的事与物数字化，那么它们在计算机中的表现则为数据。这些数据来源于现实，表征着具体的意义，并且在计算机中有着统一的表示方法，因而成为被计算机程序处理的符号集合。研究数据在计算机中的表示方法、关联方法、存储方法以及其相关的典型处理方法，就构成了数据结构课程的主要内容。

早在 20 世纪 80 年代初，"数据结构"课程就已成为国内计算机专业教学计划中的核心课程。目前，ACM/IEEE CC - 2001 教程已将算法与数据结构类课程列为核心课程之首，数据结构在信息学科中的重要地位日益凸显。

由于数据是计算机处理的对象，使用计算机的过程就是对数据加工处理的过程，因而数据的组织与结构被确立为计算机科学中最为基本的内容。通过对数据结构的学习，使读者能够以问题求解方法、程序设计方法及一些典型的数据结构算法为研究对象，学会分析数据对象的特征，掌握数据组织的方法和在计算机中的表示方法，为数据选择适当的逻辑结构、存储结构以及相应的处理算法，初步掌握算法的时间、空间复杂度的分析技巧，培养良好的程序设计风格以及进行复杂程序设计的技能。

人类解决问题的思维方式可分为推理方式和算法方式两大类。推理方式是从抽象的公理体系出发，通过演绎、归纳、推理来求证结果，解决特定问题。这种推理方式是通过数学训练得到的。算法方式则是凭借构造性思维，从具体操作规范入手，通过操作过程的构造实施来解决特定问题。在软件系统的开发过程中所凭借的思维方法在本质上不同于公理系统的思维方法，而是一种算法构造性思维方法。让学生理解、习惯和熟悉这一套算法构造性思维方法，是本门课程教学的重要内容和主要难点。对于软件开发人员来说，仅仅了解开发工具的语言规则和使用过程是远远不够的，只有培养学生的数据抽象能力、算法设计能力以及创造性思维的方法，才能够举一反三、触类旁通，从而达到应用知识解决复杂问题的目的。

本书采用面向对象的方法来讲述数据结构的技术，并将C语言作为算法描述语言。由于目前C语言被广泛地使用，而且数据结构的算法本身又是底层的基本算法，采用大家熟悉的C语言去刻画算法中的主要概念，可以将读者的注意力集中在算法的理解上。本书贯穿了面向对象的观点，首先引进了抽象数据类型的概念及其基本性质，然后给出了如何用C语言表示抽象数据类型的方法，即在每章开始使用抽象数据类型(ADT)定义，其中不仅包含了数学模型，同时还包含了定义在这个模型上的数据组织和数据运算的名称，接下来在具体章节中再详细介绍相应的数据结构及运算实现。抽象数据类型的概念反映了程序设计的两级抽象，过程调用完成做什么，过程定义去规范如何做。一个抽象数据类型确定了一个模型，但将模型的实现细节隐藏起来；它定义了一组运算，但将运算的实现过程隐藏起来。书中大量的C函数的程序实例，正是数据抽象与过程抽象的结合。这就使数据结构的表示得以简化，突出了算法表示的实质，其中所列算法只需补充相应的类型定义与调用，就可成为直接上机运行使用的C程序。

本书分为三个部分，其中第一部分(第1章)是数据结构的基本概念部分；第二部分(第2～7章)是基本的数据结构部分，包括线性结构(线性表、栈和队列、串、数组与广义表)与非线性结构(树、图)；第三部分(第8～10章)是基本技术部分，包括查找方法与排序方法。除了数据组织技术外，还包括了一些重要的程序设计技术，如参数传递技术、动态处理的指针技术、数组技术(抽象规律处理)、递归技术与队列技术。此外，书中给出了许多精彩的查找与排序的典型算法，它们是人们在数据处理中智慧的结晶，我们力求将经典算法的思路表现出来，为学习者继续拓展思路提供线索。本书每章后附有习题与实习题，在附录中给出了两套标准化考题样卷，其余四套为硕士研究生入学考试的样卷，便于读者练习。

本书作为西北大学重点课程建设项目，被列为“面向21世纪课程教材”，在编写的过程中得到西北大学教务处的大力支持；曾指导我学习数据结构的清华大学的严蔚敏教授和唐泽圣教授，他们敏锐的洞察力和对教学内容的精辟讲解，包括尔后多年中所给予的多方面指导，使我受益终生；学生们学习该课程的热情为我们注入了深入教学研究的动力；赵政文教授仔细校审全书，并提出了意见与建议。所有这些都将极大地促进我们数据结构教学质量的提高，在此表示衷心的感谢！

本书由耿国华教授任主编，张德同老师任副主编，其中第1章、2章、3章、6章、7章、9章及附录由耿国华编写，第5章、8章由张德同编写，第4章由冯宏伟编写，第10章由卢燕宁编写。本书算法均在Turbo C 2.0环境下调试通过。在本书中，我们融入多年从事“数据结构”课程教学的体会，恳请读者赐教指正。

耿国华

2001年12月

目　　录

第1章 ◇◇◇◇◇

绪　论

在陈火旺院士为《计算机学科教学计划2000》所做的序言中，把计算机50多年的成就概括为五个"一"：开辟一个新时代——信息时代；形成一个新产业——信息产业；产生一个新学科——计算机科学与技术；开创一种新的科研方法——计算方法；开辟一种新文化——计算机文化。这一概括深刻阐明了计算机对社会发展广泛而深远的影响。

数据结构被称为是计算机科学的两大支柱之一。著名的计算机科学家P. Wegner指出："在工业革命中起核心作用的是能量，而在计算机革命中起核心作用的是信息。"计算机科学就是"一种关于信息结构转换的科学"。

关于数据结构理论的研究，可以追溯到1972年C. A. R. Hoare奠基性的论文《数据结构笔记》；而现代计算机所大量采用的各种数据结构，最早的系统论述应归于D. E. Knuth的名著《计算机程序设计技巧》。几十年来，随着计算机科学的飞速发展，数据结构的基础研究也逐渐走向成熟。

计算机科学是关于信息结构转换的科学，信息结构(数据结构)应当是计算机科学研究的基本课题。计算机科学的重要基石是关于算法的学问，数据结构又是算法研究的基础。

在开始"数据结构"课程之前，我们需要在绪论中回答以下问题：

(1) 定义(什么是数据结构)；

(2) 内容(数据结构的研究范围)；

(3) 方法(研究采用的方法)；

(4) 描述(算法规则描述的工具)；

(5) 评价(对算法作性能评价)；

(6) 关于数据结构的学习。

本章将通过对这些问题与概念的简要介绍，描述数据结构的基本内容与主要概念，作为对本门课程内容的梗概之序。

1.1　什么是数据结构(定义)

首先介绍数据结构的相关名词。

1. 数据(Data)

数据是描述客观事物的数值、字符以及能输入机器且能被处理的各种符号集合。换句话说，数据是对客观事物采用计算机能够识别、存储和处理的形式所进行的描述。简而言之，数据就是计算机化的信息。

数据概念经历了与计算机发展相类似的发展过程。计算机一问世，数据作为程序的处理对象随之产生。早期计算机主要应用于数值计算，数据量小且结构简单，数据仅有进行算术运算与逻辑运算的需求，类型只包括整型、实型、布尔型。那时程序工作者把主要精力放在程序设计的技巧上，而并不重视如何在计算机上组织数据。

随着计算机软件和硬件的发展与应用领域的不断扩大，计算机应用领域发生了战略性转移，非数值运算处理所占的比例越来越大，现在几乎达到 90%以上，数据的概念被大大拓宽了。数据包含数值、字符、声音、图像等一切可以输入到计算机中的符号集合，多种信息通过编码而被归于数据的范畴，大量复杂的非数值数据要处理，数据的组织显得越来越重要。20 世纪 70 年代后，微型机的普及，数据库、人工智能的研究推动了计算机技术的发展，人们越来越重视运用科学工具来探索数据和程序的内部关系以及它们之间的关系，采用新的观点来设计计算机体系，使计算技术发展为一门科学。

数据的概念不再是狭义的，数据已由纯粹的数值概念发展到图像、字符、声音等各种符号。

例如对 C 语言源程序，数据概念不仅是源程序所处理的数据，相对于编译程序来说，C 语言编译程序相对于源程序是一个处理程序，它加工的数据是字符流的源程序(.c)，输出的结果是目标程序(.obj)；对于链接程序来说，它加工的数据是目标程序(.obj)，输出的结果是可执行程序(.exe)，如图 1.1 所示。

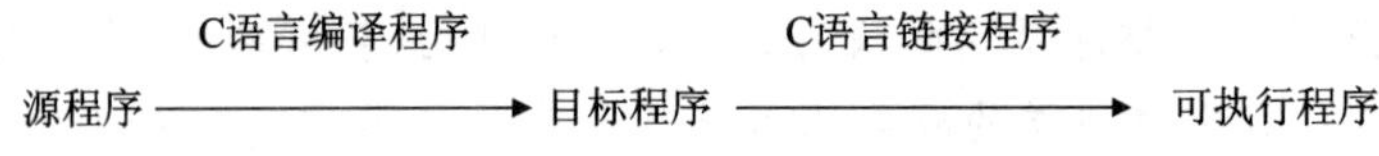

图 1.1　编译程序示意图

而对于 C 语言编译程序来说，由于它在操作系统控制下接受操作系统的调度，因此相对操作系统来说它又是数据。

2. 数据元素(Data Element)

数据元素是组成数据的基本单位，是数据集合的个体，在计算机中通常作为一个整体进行考虑和处理。一个数据元素可由一个或多个数据项组成，数据项(Data Item)是有独立含义的最小单位，此时的数据元素通常称为记录(Record)。如表 1-1 所示，学生学籍表是数据，每一个学生的记录就是一个数据元素。

表 1-1　学　籍　表

数据项

学　号	姓　名	性　别	籍　贯	出生年月	住　址
101	赵虹玲	女	河北	1983.11	北京
⋮	⋮	⋮	⋮	⋮	⋮

记录

3. 数据对象(Data Object)

数据对象是性质相同的数据元素的集合，是数据的一个子集。例如，整数数据对象是集合 N={0，±1，±2，…}，字母字符数据对象是集合 C={'A'，'B'，…，'Z'}，表 1-1 所示的学籍表也可看作一个数据对象。由此可看出，不论数据元素集合是无限集(如整数集)、有限集(如字符集)，还是由多个数据项组成的复合数据元素集合(如学籍表)，只要性质相同，都是同一个数据对象。

综上 1～3 所述，再分析数据概念：

其一：数据特点
- 可放入机器(与机器的关联性)
- 可被加工(能被处理)

其二：数据构成
- 数据元素——组成数据的基本单位(与数据的关系是集合的个体)
- 数据对象——性质相同的数据元素的集合(与数据的关系是集合的子集)

4. 数据结构(Data Structure)

数据结构是指相互之间存在一种或多种特定关系的数据元素集合，是带有结构的数据元素的集合，它指的是数据元素之间的相互关系，即数据的组织形式。由此可见，计算机所处理的数据并不是数据的杂乱堆积，而是具有内在联系的数据集合，如表结构(如表 1-1 所示的学籍表)、树形结构(如图 1.2 所示的学校组织层次结构图)、图结构(如图 1.3 所示的交通流量图)。我们关心的是数据元素之间的相互关系与组织方式，以及对其施加运算及运算规则，并不涉及数据元素的内容具体是什么值。

数据、数据元素、数据对象、数据结构的关系

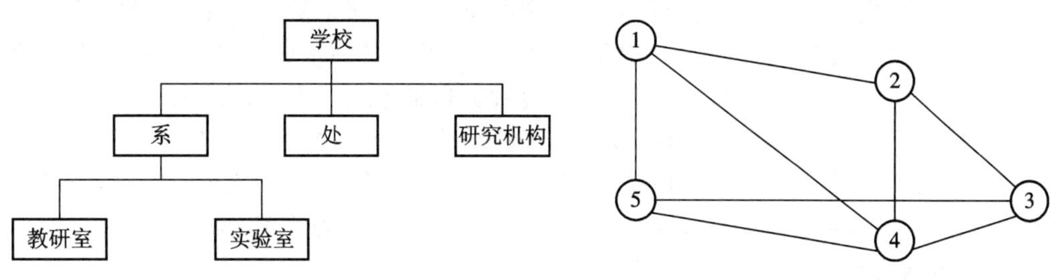

图 1.2　学校组织层次结构图

图 1.3　交通流量图

例如，一维数组是向量 $A=(a_1, \cdots, a_n)$ 的存储映像，使用时采用下标变量 A[i]的方式，关注其按序排列、按行存储的特性，并不关心 A[i]中存放的具体值。同理，二维数组是矩阵 $B_{m\times n}$ 的存储映像，我们关心结构关系的特性而不涉及其数组元素本身的内容。

5. 数据类型(Data Type)

数据类型是一组性质相同的值集合以及定义在这个值集合上的一组操作的总称。数据类型中定义了两个集合，即该类型的取值范围，以及该类型中可允许使用的一组运算。例如高级语言中的数据类型就是已经实现的数据结构的实例。从这个意义上讲，数据类型是高级语言中允许的变量种类，是程序语言中已经实现的数据结构(即程序中允许出现的数据形式)。在高级语言中，整型类型可能的取值范围是－32 768～＋32 767，可用的运算符

集合为加、减、乘、除、乘方、取模(如C语言中+、-、*、/、%等)。

从硬件的角度来看，它们的实现涉及“字”“字节”“位”“位运算”等；从用户的观点来看，并不需要了解整数在计算机内是如何表示、运算细节是如何实现的，用户只需要了解整数运算的外部运算特性，而不必了解机器内部位运算的细节，就可运用高级语言进行程序设计。引入数据类型的目的，从硬件的角度是将其作为解释计算机内存中信息含义的一种手段，对使用数据类型的用户来说则实现了信息隐蔽，将一切用户不必关心的细节封装在类型中。如两整数求和问题，用户仅仅注重其数学求和的抽象特性，而不必关心加法运算涉及的内部位运算实现。

按“值”的不同特性，高级程序语言中的数据类型可分为两大类：一类是非结构的原子类型，原子类型的值是不可分解的，如C语言中的标准类型(整型、实型和字符型)及指针。另一类是结构类型，结构类型的值是由若干成分按某种结构组成的，因此是可以分解的，并且它的成分可以是非结构的，也可以是结构的。例如数组的值由若干分量组成，每个分量可以是整数，也可以是数组等。即，数据类型指由系统定义的、用户可直接使用且可构造的数据类型。

思考 C语言中的指针类型属于原子类型还是结构类型？

6. 数据抽象与抽象数据类型

抽象的本质是抽取反映问题的本质点，忽视非本质的细节，这正是从事计算机研究的本质。

理解抽象数据类型

1) 数据的抽象

计算机中使用的是二进制数，汇编语言中则可给出各种数据的十进制表示，如98.65、9.6E3等，它们是二进制数据的抽象；使用者在编程时可以直接使用，不必考虑实现细节。在高级语言中，则给出更高一级的数据抽象，出现了数据类型，如整型、实型、字符型等。到抽象数据类型出现，可以进一步定义更高级的数据抽象，如各种表、队、栈、树、图、窗口、管理器等，这种数据抽象的层次为设计者提供了更有利的手段，使得设计者可以从抽象的概念出发，从整体考虑，然后自顶向下逐步展开，最后得到所需结果。可以这样看，高级语言中提供整型、实型、字符、记录、文件、指针等多种数据类型，可以利用这些类型构造出像栈、队列、树、图等复杂的抽象数据类型。

2) 抽象数据类型

抽象数据类型(Abstract Data Type，ADT)是指基于一类逻辑关系的数据类型以及定义在这个类型之上的一组操作。抽象数据类型的定义取决于客观存在的一组逻辑特性，而与其在计算机内如何表示和实现无关，即不论其内部结构如何变化，只要它的数学特性不变，都不影响其外部使用。从某种意义上讲，抽象数据类型和数据类型实质上是一个概念。整数类型就是一个简单的抽象数据类型实例。“抽象”的意义在于数学特性的抽象。一个ADT定义了一个数据对象，包括数据对象中各元素间的结构关系，以及一组处理数据的操作。ADT通常是指由用户定义且用以表示应用问题的数据模型，通常由基本的数据类型组成，并包括一组相关服务操作。

ADT包括定义和实现两方面，其中定义是独立于实现的。定义仅给出一个ADT的逻辑特性，不必考虑如何在计算机中实现。抽象数据类型的特征是使用与实现分离，实现封装和信息隐蔽，也就是说，在抽象数据类型设计时，类型的定义与其实现分离。

另一方面，抽象数据类型的含义更广，不局限于各种不同的计算机处理器中已定义并实现的数据类型，还包括设计软件系统时用户自己定义的复杂数据类型。所定义的数据类型的抽象层次越高，含有该抽象数据类型的软件的复用程度就越高。ADT 定义该抽象数据类型需要包含哪些信息，并根据功能确定公共界面的服务，使用者可以使用公共界面中的服务对该抽象数据类型进行操作。从使用者的角度来看，只要了解该抽象数据类型的规格说明，就可以利用其公用界面中的服务来使用这个类型，不必关心其物理实现，从而集中考虑如何解决实际问题。

ADT 物理实现作为私有部分封装在其实现模块内，使用者不能看到，也不能直接操作该类型所存储的数据，只有通过界面中的服务来访问这些数据。从实现者的角度来看，把抽象数据类型的物理实现封装起来，有利于编码、测试，也有利于修改。当需要改进数据结构时，只要界面服务的使用方式不变，那么就只需要改变抽象数据类型的物理实现，而不需要改变所有使用该抽象数据类型的程序，这样就会提高系统的稳定性。

抽象数据类型是近年来计算机科学中提出的最重要的概念之一，它集中体现了**程序设计中一些最基本的原则：分解、抽象和信息隐藏**。严格来说，可以用一代数系统形式定义一个抽象数据类型；通俗来说，可以把抽象数据类型看成是定义了一组运算的数学模型。

抽象数据类型的概念不仅包含数学模型，同时还包含这个模型上的运算。过程反映程序设计的两级抽象，过程调用完成做什么，过程定义去规范如何做。抽象数据类型不仅发展了数据抽象的概念，而且将数据抽象和过程抽象结合起来。**一个抽象数据类型确定了一个模型，但将模型的实现细节隐藏起来；它定义了一组运算，但将运算的实现过程隐藏起来**。

无论是从计算机理论还是从计算机工程的角度来看，抽象数据类型的概念都是十分重要的。一方面，它抽象和推广了高级程序设计语言(例如 C 语言)中的类型概念；另一方面，也为软件工程的实现提供了一个自顶向下方式。

用抽象数据类型的概念来指导问题求解的过程，可以用图 1.4 来表示。其中，第一步是选用适当的数学模型来描述要处理的问题，与此同时确定解决问题的算法的基本思想。第二步是用一种比较形式的方法将解决问题的算法表达出来。描述算法的工具可以采用一种伪语言(比如说类似 C 语言的语言)。与这一工作并行的是为算法中用到的每个非基本的数据类型建立一个抽象数据类型，用过程名给这个类型上的每个操作命名，同时用这些过程的调用来取代算法中的每个操作。第三步是对每个抽象数据类型选择一种实现的方法，同时编写出这些抽象数据类型上定义的所有操作的过程。伪语言程序中非标准语句也要用程序语言中的标准语句加以改写，以得到一个可执行的程序。

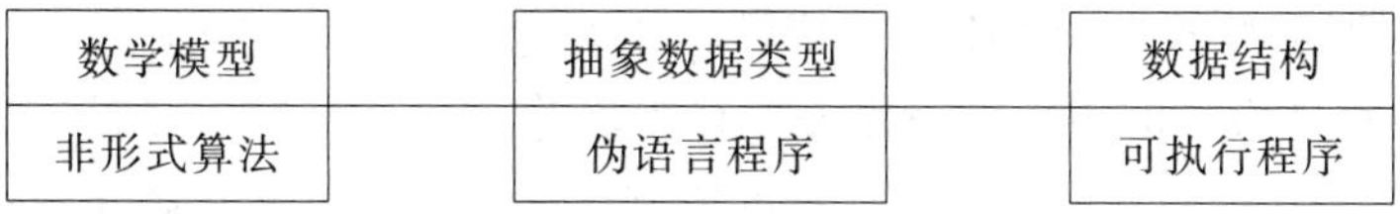

数学模型	抽象数据类型	数据结构
非形式算法	伪语言程序	可执行程序

图 1.4　用抽象数据类型指导问题求解

根据上述内容可以看出，数据结构与抽象数据类型的关系有些类似于程序语言中的类型与值的关系。在高级语言中，整数类型代表语言(实际上是机器)中所能使用的全体整数的集合。与整数类型相关的一组运算是加、减、乘、除、存、取和比较等。这些运算都是由系统内部实现的，程序员只要会使用这些运算即可。程序中定义一个整型量(变量或常量)

后，就可以施加上述运算进行处理，至于这个整型量在机器内部怎样存放，是十进制还是二进制，是占 16 位还是占 32 位，整数的处理究竟如何实现，采用了哪一种除法的算法等，对于用户来说都是隐藏的。与初等类型不同的是，系统并没有预先提供抽象数据类型的运算，系统也没有约定抽象数据类型的量(或称实例、实体)在机器中怎样表示(或称存储)，这些都要由程序员来安排。因而要实现一个抽象数据类型，首先要用适当的方式来说明数学模型在机器内的表示方法，这常常是借助于语言中已有的初等类型和构造组合类型的手段(例如记录、数组等)来完成的；其次还要根据选择的表示方法，建立一组过程来实现这个模型上的一组运算。选用的表示方法不同，实现运算的过程也就不同。有了这些基础，抽象数据类型就可以和初等类型处于相同的地位了。这种抽象数据类型的一个实体就是我们所说的一个数据结构。由于我们的研究都是基于目前的计算机系统和现有的高级语言，因此在我们研究数据结构时，不仅要研究体现抽象数据类型的内在模型(逻辑结构)和这个模型上定义的操作(运算)的实现，更要仔细研究这个实体在目前系统中的表示(存储结构)，这是因为不同的表示方法决定了不同的实现算法和不同的算法开销。

事实上，图 1.4 所说明的不仅是问题求解的一般过程，也是目前软件自动生成常用的模式。数学模型→抽象数据类型→数据结构，恰好反映了信息结构转换的三个重要阶段，而在这个转换过程中，**数据结构是基础，抽象数据类型是中枢**。

一个线性表的抽象数据类型描述如下：

ADT Linear_list

数据元素　所有 a_i 属于同一数据对象，i=1，2，…，n，n≥0。

逻辑结构　所有数据元素 a_i(i=1，2，…，n-1)存在次序关系$<a_i, a_{i+1}>$，a_1 无前趋，a_n 无后继。

操作　设 L 为 Linear_list：

InitList(L)：初始化空线性表；

ListLength(L)：求线性表的表长；

GetData(L，i)：取线性表的第 i 个元素；

InsList(L，i，b)：在线性表的第 i 个位置插入元素 b；

DelList(L，i)：删除线性表的第 i 个元素。

上述 ADT 很明显是抽象的。数据元素所属的数据对象没有局限于一个具体的整型、实型或其他类型，所具有的操作也是抽象的数学特性，并没有具体到何种计算机语言指令与程序编码，而数据结构就可讨论对 ADT 的具体实现。

3) 抽象数据类型实现

实现抽象数据类型需要借助于高级语言，对于 ADT 的具体实现依赖于所选择的高级语言的功能。从程序设计的历史发展来看，有传统的面向过程的程序设计、“包”“模型”的设计、面向对象的程序设计等几种不同的实现方法。考虑到前续基础知识，本书仍然以第一种实现方法即面向过程的程序设计为主进行讨论。

下面分三种情况予以介绍。

第一种实现方法：**传统的面向过程的程序设计**。它也就是我们现在常用的方法，即根据逻辑结构选定合适的存储结构，根据所要求操作设计出相应的子程序或子函数。

在标准 PASCAL 语言和 C 语言等面向过程的语言中，用户可以自己定义数据类型。由此可以借助过程和函数，利用固有的数据类型来表示和实现抽象数据类型。由于标准PASCAL语言的程序结构框架是由严格规定次序的“段”(包括程序首部、标号说明、常量定义、类型定义、变量说明、过程或函数说明、语句部分)组成的，因此所有用户使用已定义的抽象数据类型的外部用户，必须将已定义的抽象数据类型说明和过程说明嵌入到自己程序的适当位置。可见，这类语言利用抽象数据类型进行程序设计的基本方法时，限制不拥有某个数据结构的模块不能访问该数据结构，称之为数据结构受限访问。

第二种实现方法：**“包”“模型”的设计**。Ada语言提供了“包”(Package)，Module - 2语言提供了“模块”(Module)结构，TURBO PASCAL语言提供了“单元”(UNIT)结构，每个模块可含有一个或多个抽象数据类型，它不仅可以单独编译，而且为外部使用抽象数据类型提供了方便。使用这类结构实现ADT比使用第一种实现方法有了一定的进步。

第三种实现方法：**面向对象的程序设计**(Object Oriented Programming，OOP)。在面向对象的程序设计语言中，借助对象描述抽象数据类型，存储结构的说明和操作函数的说明被封装在一个整体结构中，这个整体结构称为“类”(Class)；属于某个“类”的具体变量称为“对象”(Object)。OOP与ADT的实现更加接近和一致。在前面对数据类型的讨论中可以看到，在面向对象的程序设计语言中，“类型”的概念与“操作”密切相关，同一种数据类型和不同操作组将组成不同的数据类型，结构说明和过程说明被统一在一个整体对象之中，其中，数据结构的定义为对象的属性域；过程或函数定义在对象中，称为方法(Method)，它是对对象的性能描述。

4) ADT的表示与实现

■ ADT的定义

ADT的定义格式不唯一，我们采用下述格式定义一个ADT：

ADT <ADT名>

{数据对象：<数据对象的定义>

结构关系：<结构关系的定义>

基本操作：<基本操作的定义>

}ADT <ADT名>

其中，数据对象和结构关系的定义采用数学符号和自然语言描述，而基本操作的定义格式为

<操作名称>(参数表)

操作前提：<操作前提描述>

操作结果：<操作结果描述>

■ 关于参数传递

参数表中的参数有两种：第一种参数只为操作提供待处理数据，又称值参；第二种参数既能为操作提供待处理数据，又能返回操作结果，也称变量参数。操作前提描述了操作执行之前数据结构和参数应满足的条件，操作结果描述操作执行之后，数据结构的变化状况和应返回结果。ADT可用现有计算机语言中已有的数据类型，即固有数据类型来表示和实现。不同语言的表示和实现方法不尽相同，如ADT中“返回结果的参数”，PASCAL语言用“变参”实现，C++语言通过“引用型参数”实现，而C语言用“指针参数”实现。

用标准C语言表示和实现ADT描述时，主要包括以下两个方面：

(1) 通过结构体将 int、float 等固有类型组合到一起，构成一个结构类型，再用 typedef 为该类型或该类型指针重新起一个名字。

(2) 用 C 语言函数实现各操作。

5) 面向对象的概念

Coad 和 Yourdon 给出面向对象的概念：

面向对象＝对象＋类＋继承＋通信

对象：是指在应用问题中出现的各种实体、事件和规格说明等。它是由一组属性和在这组值上的一组服务构成的，其中属性值确定了对象的状态。

类：把具有相同属性和服务的对象归到同一类，而把一个类中的每一个对象称为该类的一个实例，它们具有相同的服务。

继承：面向对象方法的最有特色的方面。

通信：各个类的对象间通过消息进行通信。

面向对象程序设计语言的特点是不仅具有**封装性**(Encapsulation)，还有**继承性**(Inheritance)和**多态性**(Polymorphism)。从以上的讨论中可以看出，与数据结构密切相关的是定义在数据结构上的一组操作。操作的种类和数目不同，即使逻辑结构相同，这个数据结构的用途也会大不相同。定义在数据结构上的操作的种类是没有限制的，可以根据具体需要而定义。

基本操作主要有以下几种：

(1) 插入：在数据结构中的指定位置上增添新的数据元素；

(2) 删除：删去数据结构中某个指定数据元素；

(3) 更新：改变数据结构中某个元素的值，在概念上等价于删除和插入操作的组合；

(4) 查找：在数据结构中寻找满足某个特定要求的数据元素(的位置和值)；

(5) 排序：(在线性结构中)重新安排数据元素之间的逻辑顺序关系，使数据元素按值由小到大或由大到小的次序排列。

根据插入、删除、更新、查找、排序等基本操作的特性，所有的操作可以分为两大类：一类是加工型操作，其操作的结果改变了结构的值；另一类是引用型操作，其操作的结果不改变结构的值。

6) 结构化的开发方法与面向对象的开发方法的不同点

结构化的开发方法是面向过程的开发方法，首先着眼于系统要实现的功能。从系统的输入和输出出发，分析系统要实现的功能，用自顶向下、逐步细化的方式建立系统的功能结构和相应的程序模块结构。一旦程序功能需要修改，就会涉及多个模块，修改量大，易于出错，并会引起程序的退化。

面向对象的方法首先着眼于应用问题所涉及的对象，包括对象、对象的属性、要求的操作，从而建立对象结构和为解决问题所需要执行的时间序列，据此建立类的继承层次结构，通过各个类的实例之间的消息连接实现所需的功能。类的定义充分体现了抽象数据类型的思想，基于类的体系结构可以把对程序的修改局部化，如果系统功能的需求发生变化，只需修改类中间的服务即可，此时类所代表的对象基本不变，从而确保系统不致因修改而退化。

由于用面向对象开发方法建立起来的软件易于修改，与传统方法相比，程序具有更高的可靠性、可修改性、可维护性、可复用性、可适用性和可理解性。

1.2 数据结构的内容

在1.1节中已给出数据结构的一个概念：数据结构是指相互之间存在一种或多种特定关系的数据元素集合。这个描述是一种非常简单的解释。数据元素间的相互关系具体应包括三个方面：数据的逻辑结构、数据的存储结构和数据的运算集合。

1. 逻辑结构

逻辑结构是指数据元素之间的逻辑关系描述。

数据结构的形式定义：数据结构是一个二元组 Data_Structure=(D，R)，其中D是数据元素的有限集，R是D上关系的有限集。

假设有一个数据结构 DS_1=(D1，R1)，D1={A，B，C，D，E，F}，R1={S1}，S1={<A，B>，<A，C>，<A，D>，<C，E>，<C，F>}，则该数据结构具有图1.5所示的树形数据结构。

根据数据元素之间关系的不同特性，通常有下列**四类基本的结构**(如图1.6所示)：

(1) **集合结构**：结构中的数据元素之间除了同属于一个集合的关系外，无任何其他关系。

(2) **线性结构**：结构中的数据元素之间存在着一对一的线性关系。

(3) **树形结构**：结构中的数据元素之间存在着一对多的层次关系。

(4) **图状结构(或网状结构)**：结构中的数据元素之间存在着多对多的任意关系。

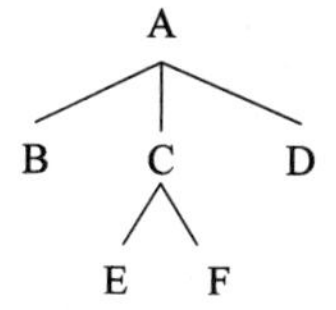

A
B C D
E F

图1.5 一个树形数据结构

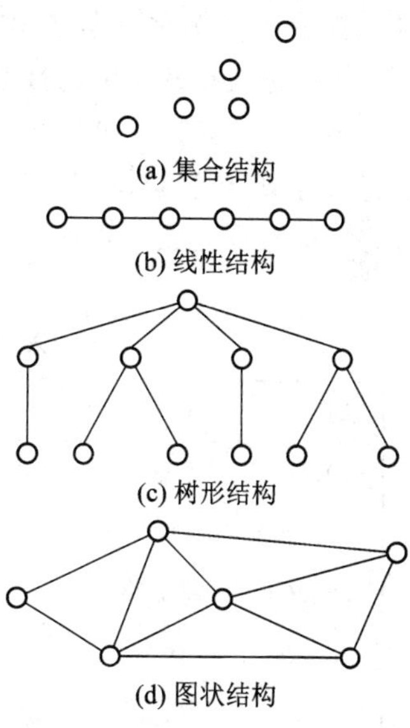

图1.6 四类基本数据结构示意

由于集合的关系非常松散，因此可以用其他的结构代替它，故数据的逻辑结构可概括如下：

逻辑结构
- 线性结构——线性表、栈、队列、字符串、数组、广义表
- 非线性结构——树、图

2. 存储结构

存储结构(又称物理结构)是逻辑结构在计算机中的存储映像，是逻辑结构在计算机中的实现，它包括数据元素的表示和关系的表示。

形式化描述：D要存入机器中，建立一从D的数据元素到存储空间M单元的映像S，D→M，即对于每一个d，d∈D，都有唯一的z∈M，使S(D)＝Z，同时这个映像必须明显或隐含地体现关系R。

逻辑结构与存储结构的关系：存储结构是逻辑关系的映像与元素本身的映像；逻辑结构是数据结构的抽象，存储结构是数据结构的实现，两者综合起来建立了数据元素之间的结构关系。

数据元素之间关系在计算机中有两种不同的表示方法：

(1) 顺序映像(顺序存储结构)；

(2) 非顺序映像(非顺序存储结构)。

数据结构在计算机中的映像包括数据元素映像和关系映像。关系映像在计算机中可用顺序存储结构和非顺序存储结构这两种不同的表示方式来存放。逻辑结构在计算机存储器中实现时，可采用不同的存储器来表示，不论是内存表示还是外存表示，都要以反映逻辑关系为原则。

3. 运算集合

讨论数据结构的目的是为了在计算机中实现操作，因此在结构上的运算集合是很重要的部分。数据结构就是研究一类数据的表示及其相关的运算操作。

下面通过工资表实例对数据结构的内容作一概括。

表1-2所示的工资表采用**线性表的逻辑结构**，因为结点与结点之间是一种简单的线性关系；存储结构：工资表可包括几千名职工信息，可采用顺序方式存放，也可采用非顺序方式存放。怎么存放就是具体的**存储结构**问题。对于工资表，当职工调离时要删除数据元素，调进时要增加数据元素，调整工资时要修改数据元素。这里的“增、删、改”就是数据的**运算集合**。

表1-2　工　资　表

编　号	姓　名	性别	基本工资	工龄工资	应扣工资	实发工资
100001	张爱芬	女	3545.67	245.45	50	3741.12
100002	李林	男	3645.90	285.60	55	3876.50
100003	刘晓峰	男	3645.00	230.00	65	3810.00
100004	赵俊	女	3560.90	325.90	70	3816.80
100005	孙涛	男	3650.60	290.80	60	3881.40
⋮	⋮	⋮	⋮	⋮	⋮	⋮
1000121	张兴强	男	3725.98	465.53	150	4041.51

综上所述，数据结构的内容可归纳为三个部分：逻辑结构、存储结构和运算集合。**按某种逻辑关系组织起来一批数据，按一定的映像方式把它们存放在计算机的存储器中，并在这些数据上定义了一个运算集合，就叫作数据结构。**

数据结构是一门主要研究怎样合理地组织数据，建立合适的数据结构，提高计算机执行程序所用的时空效率的学科。“数据结构”课程不仅讲授数据信息在计算机中的组织和表示方法，同时也训练高效地解决复杂问题的能力。

1.3 算　　法

数据结构与算法之间存在着本质联系，在某一类型数据结构上，总要涉及其上所施加的运算，而只有通过对定义运算的研究，才能清楚地理解数据结构的定义和作用；在涉及运算时，总要联系到该算法处理的对象和结果的数据。

在“数据结构”课程中，我们将大量地遇到算法问题，因为算法联系着数据在计算过程中的组织方式。为了描述实现某种操作，常常需要设计算法，因而算法是研究数据结构的重要途径。

1. 算法(Algorithm)的定义

算法时间复杂度估算练习

Algorithm is a finite set of rules which gives a sequence of operation for solving a specific type of problem.（算法是规则的有限集合，是为解决特定问题而规定的一系列操作。）

2. 算法的特性

（1）有限性：有限步骤之内正常结束，不能形成无穷循环。

（2）确定性：算法中的每一个步骤必须有确定含义，无二义性。

（3）输入：有多个或零个输入。

（4）输出：至少有一个或多个输出。

（5）可行性：原则上能精确进行，操作可通过已实现的基本运算执行有限次而完成。

在算法的五大特性中，最基本的是有限性、确定性和可行性。

3. 算法设计的要求

当我们用算法来解决某问题时，算法设计要达到的目标是正确、可读、健壮、高效率和低存储量。通常作为一个好的算法，一般应该具有以下几个基本特征。

1）正确性

算法的正确性是指算法应该满足具体问题的需求。其中“正确”的含义大体上可以分为四个层次：

（1）所设计的程序没有语法错误；

（2）所设计的程序对于几组输入数据能够得出满足要求的结果；

（3）所设计的程序对于精心选择的典型、苛刻而带有刁难性的几组输入数据能够得到满足要求的结果。

（4）程序对于一切合法的输入数据都能产生满足要求的结果。

对于这四层含义，其中达到第(4)层含义下的正确是极为困难的。一般情况下，以第(3)层含义的正确作为衡量一个程序是否正确的标准。

例如，要求 n 个数的最大值问题，给出示意算法如下：

```
max:=0;
```

```
for(i=1; i<=n; i++)
  { scanf("%f", &x);
    if (x>max) max=x;
  }
```

求最大值的算法无语法错误。虽然当输入n个数全为正数时，得到的结果也对，但是对输入n个数全为负数时，求得的最大值为0，显然这个结果不对，由这个简单的例子可以说明算法正确性的内涵。

问题　上面求最大值算法的正确性到底应当算第几层次？能否算是正确算法？

2）可读性

一个好的算法首先应该便于人们理解和相互交流，其次才是机器可执行。可读性好的算法有助于人对算法的理解，而难懂的算法易于隐藏错误且难于调试和修改。

3）健壮性

作为一个好的算法，当输入的数据非法时，也能适当地做出正确反应或进行相应的处理，而不会产生一些莫名其妙的输出结果。

4）高效率和低存储量

算法的效率通常是指算法的执行时间。对于一个具体问题的解决通常可以有多个算法，执行时间短的算法其效率就高。所谓的存储量需求，是指算法在执行过程中所需要的最大存储空间。这两者都与问题的规模有关。

1.4　算法描述的工具

著名的计算机科学家N.沃思给出了一个著名的公式：算法+数据结构=程序，说明数据结构和算法是程序的两大要素，两者相辅相成，缺一不可。

1. 算法、语言和程序的关系

首先分析数据结构中算法、语言和程序的关系：

(1) 算法：描述了数据对象的元素之间的关系(包括数据逻辑关系、存储关系描述)。

(2) 描述算法的工具：算法可用自然语言、框图或高级程序设计语言进行描述。自然语言简单但易于产生二义，框图直观但不擅长表达数据的组织结构，而高级程序设计语言则较为准确但又比较严谨。

(3) 程序是算法在计算机中的实现(与所用计算机及所用语言有关)。

2. 设计实现算法过程的步骤

- 找出与求解有关的数据元素之间的关系(建立结构关系)。
- 确定在某一数据对象上所施加的运算。
- 考虑数据元素的存储表示。
- 选择描述算法的语言。
- 设计实现求解的算法，并用程序语言加以描述。

3. 描述算法的类语言选择

高级语言描述算法具有严格、准确的优点，但用于描述算法，也有语言细节过多的弱点，为此采用类语言形式。所谓类语言，是指接近于高级语言而又不是严格的高级语言，它具有高级语言的一般语句设施，撇掉语言语法中的细节，以便把注意力主要集中在算法处理步骤本身的描述上。传统的方法是采用 PASCAL 语言，该语言语法规范、严谨，非常适合于“数据结构”课程教学。在 Windows 环境下出现了一系列功能强大且面向对象的程序开发工具，如 Visual C++、Boland C++、Visual Basic 等。近年来在计算机科学研究、系统开发、教学以及应用开发中，C 语言的使用范围越来越广泛，C 语言成为计算机专业与非计算机专业必修的高级程序设计语言。C 语言类型丰富，执行效率高，很多学生在学习“数据结构”课程之前，都已具备了熟悉 C 语言的基础条件，因此本书采用了标准 C 语言作为算法描述的工具。为了便于学习者掌握算法的本质，尽量压缩语言描述的细节，在每一部分所使用的结构类型都统一在相应部分的首部定义，类型定义不重复，目的是能够简明扼要地描述算法，突出算法的思路，而不拘泥于语言语法的细节。

本书中所采用的是 C 语言，个别处使用了对标准 C 语言的一种简单化表示。在此我们对所用 C 语言作如下说明：

(1) 预定义常量和类型。

本书中用到的常量符号，如 TRUE、FALSE、MAXSIZE 等，约定用如下宏定义预先定义：

```
# define TRUE 1
# define FALSE 0
# define MAXSIZE 100
# define OK 1
# define ERROR 0
```

(2) 本书中所有的算法都以如下的函数形式加以表示，其中的结构类型使用前面已有的定义。

```
[数据类型] 函数名([形式参数及说明])
{    内部数据说明;
     执行语句组;
} /* 函数名 */
```

函数的定义主要由函数名和函数体组成，函数体用花括号“{”和“}”括起来。函数中用方括号括起来的部分如“[形式参数]”为可选项，函数名之后的圆括号不可省略。函数的结果可由指针或其他方式传递到函数之外。执行语句可由各种类型的语句组成，两个语句之间用“;”号分隔。可将函数中的表达式的值通过 return 语句返回给调用它的函数。最后的花括号“}”之后的/* 函数名 */为注释部分，这是一种习惯写法，可按实际情况取舍。

(3) 赋值语句。

■ 简单赋值

① <变量名>=<表达式>，表示将表达式的值赋给左边的变量；

② <变量>++，表示变量加 1 后赋值给变量；

③ <变量>--，表示变量减 1 后赋值给变量。

■ 串联赋值

<变量 1>=<变量 2>=<变量 3>=…=<变量 k>=<表达式>；

■ 条件赋值

＜变量名＞=＜条件表达式＞？＜表达式 1＞：＜表达式 2＞；

(4) 条件选择语句。

■ 条件语句

格式 1：

if (＜表达式＞) 语句；

格式 2：

```
if (＜表达式＞) 语句 1；
    else 语句 2；
```

■ 情况语句

```
switch (＜表达式＞)
   {case 判断值 1：
          语句组 1；
          break；
   case  判断值 2：
          语句组 2；
          break；
          ...
   case  判断值 n：
          语句组 n；
          break；
   [default：
          语句组；
          break；]
   }
```

switch 语句是先计算表达式的值，然后用其值与判断值相比较，若它们相一致，就执行相应 case 下的语句组；若不一致，则执行 default 下的语句组。其中的方括号代表可选项部分。

使用情况语句时，重要的是要善于使用 switch 来简化多重条件和嵌套条件，使多分支结构清晰。

(5) 循环语句。

■ for 语句

```
for (＜表达式 1＞；＜表达式 2＞；＜表达式 3＞)
{循环体语句；}
```

首先计算表达式 1 的值，然后求表达式 2 的值，若结果非零(即为真)，则执行循环体语句，最后对表达式 3 运算，如此循环，直到表达式 2 的值为零(即不成立为假)时为止。

■ while 语句

```
while (＜条件表达式＞)
{循环体语句；}
```

while 循环首先计算条件表达式的值，若条件表达式的值非零(即条件成立)，则执行循环体语句，然后再次计算条件表达式的值，重复执行，直到条件表达式的值为零(即为假)时退出循环，执行该循环之后的语句。

■ do - while 语句

do { 循环体语句

  }while (＜条件表达式＞)

该循环语句首先执行循环体语句，然后计算条件表达式的值，若条件表达式成立，则再次执行循环体并计算条件表达式的值，直到条件表达式的值为零，即条件不成立时结束循环。

(6) 输入、输出函数。

输入：用 scanf 函数实现；特别是当数据为单个字符时，用 getchar 函数实现；当数据为字符串时，用 gets 函数实现。

输出：用 printf 函数实现；当要输出单个字符时，用 putchar 函数实现；当数据为字符串时，用 puts 函数实现。

其中，输入、输出函数中的类型部分不做严格要求，淡化表述。

(7) 其他一些语句。

① return ＜表达式＞或 return：用于函数结束。

② break 语句：可用在循环语句或 switch 语句中结束循环过程或跳出情况语句。

③ continue 语句：可用在循环语句中结束本次循环过程，进入下一次循环过程。

④ exit 语句：表示出现异常情况时，控制退出函数。

(8) 注释形式。

/ * 字符串 * /

注释句的作用是增强算法的可读性，在算法描述中，要求在函数首部加上对算法功能的必要注释描述。加注释说明时，如果没有涉及的参量一定是多余的，而涉及的内容应当作为参量，这实际上是程序设计中的一个素质要求，希望多加注意。

(9) 一些基本的函数，例如：

max 函数：用于求一个或几个表达式中的最大值；

min 函数：用于求一个或几个表达式中的最小值；

abs 函数：用于求表达式的绝对值；

eof 函数：用于判定文件是否结束；

eoln 函数：用于判断文本行是否结束。

4. 指针、结构体与类型定义

在数据结构的具体实现中，频繁地使用指针、结构体以及类型定义语句 typedef。下面通过两个简单的例子来说明指针、结构体以及 typedef 的用法。

例 1 - 1 键盘输入示例。

```
#include <stdio.h>
typedef int integer;
typedef int *ipointer;
main()
{ integer m;
```

```
    ipointer ip1, ip2;
    m = 10;
    ip1 = &m;
    * ip1 = 100;
    printf("\n m == %d", m);
    ip2 = (ipointer)malloc(sizeof(int));
    * ip2 = m + * ip1;
    printf("\n\n      * ip2 == %d", * ip2);
   getch();      /* 利用读字符函数实现暂停，单击任意键可以继续 */
}
```

例 1-2 简单的复数运算。

```
#include <stdio.h>
typedef struct {
   float realpart;              /* 实部 */
   float imagpart;              /* 虚部 */
} Complex;                      /* 复数类型 */

main()
{ float a,b;
    Complex c1, c2, c3;
   printf("\n Input realpart and imagpart : ");
    scanf("%f %f",&a,&b);
    c1.realpart = a;
    c1.imagpart = b;
   printf("\n Input realpart and imagpart : ");
    scanf("%f %f",&a,&b);
    c2.realpart = a;
    c2.imagpart = b;
    c3.realpart = c1.realpart + c2.realpart;        /* 复数求和 */
    c3.imagpart = c1.imagpart + c2.imagpart;
    printf("\n c1 == %f + %f i", c1.realpart, c1.imagpart);
    printf("\n c2 == %f + %f i", c2.realpart, c2.imagpart);
    printf("\n c3 == c1 + c2 == %f + %f i", c3.realpart, c3.imagpart);
    getch();      /* 利用读字符函数实现暂停，敲任意键可以继续 */
}
```

1.5 对算法作性能评价

一种数据结构的优劣由实现其各种运算的算法具体体现，对数据结构的分析实质上就是对实现运算算法的分析，除了要验证算法是否正确解决该问题之外，还需要对算法的效率作性能评价。在计算机程序设计中，算法分析是十分重要的。通常对于一个实际问题的解决，可以提出若干个算法，那么如何从这些可行的算法中找出最有效的算法呢？或者有了一个解决实际问题的算法，我们如何来评价它的好坏呢？……这些问题需要通过算法分析来确定，因此算法分析是每个程序设计人员应该掌握的技术。评价算法的标准很多，评价一个算法的好坏主要看这个算法所占用机器资源的多少，而这些资源中时间代价与空间代价是两个主要的方面。通常是以算法执行所需的机器时间和所占用的存储空间来判断一个算法的优劣。

1. 性能评价

性能评价是对问题规模和算法在运行时所占的空间 S 与所耗费的时间 T 给出一个数量关系的评价。

问题规模 n 对不同的问题其含义不同，对矩阵是阶数，对多项式运算是多项式项数，对图是顶点个数，对集合运算是集合中的元素个数。

2. 有关数量关系的计算

数量关系评价体现在时间——算法编程后在机器中所耗费的时间。

数量关系评价体现在空间——算法编程后在机器中所占的存储量。

1）关于算法执行时间

一个算法的执行时间大致上等于其所有语句执行时间的总和；语句的执行时间是指该条语句的执行次数和执行一次所需时间的乘积。

由于语句的执行要由源程序经编译程序翻译成目标代码，目标代码经装配后再执行，语句执行一次实际所需的具体时间是与机器的软、硬件环境(机器速度、编译程序质量、输入数据量等)密切相关的，与算法设计的好坏无关，所以所谓的算法分析不是针对实际执行时间精确地算出算法执行的具体时间，而是针对算法中语句的执行次数做出估计，从中得到算法执行时间的信息。

2）语句频度

语句频度是指该语句在一个算法中重复执行的次数。

例 1－3 两个 n×n 阶矩阵相乘。

	该算法每一语句的语句频度为
`for(i=0; i<n; i++)`	n
`for (j=0; j<n; j++)`	n^2
`{c[i][j]=0;`	n^2
`for (k=0; k<n; k++)`	n^3
`c[i][j]=c[i][j]+a[i][k] * b[k][j];`	n^3
`}`	

虽然最外层的 for 语句是若干语句的组合，但是可以把它当作一个简单的语句来看待，以使问题得到简化。通过分析，上述算法中语句的总执行次数为 $T(n)=2n^3+2n^2+n$，从中可以看出，语句总的执行次数是 n 的函数 f(n)，n 就是给定问题的规模(如矩阵的阶、线性表的长度等)。

3）算法的时间复杂度

原操作是指从算法中选取一种对所研究问题为基本运算的操作，用随着问题规模增加的函数来表征，以此作为时间量度。

而对于算法分析，我们关心的是算法中语句总的执行次数 T(n)为关于问题规模 n 的函数，进而分析 T(n)随 n 的变化情况并确定 T(n)的数量级(Order of Magnitude)。在这里，我们用“O”来表示数量级，因此可以给出算法的时间复杂度概念。所谓算法的时间复杂度，即是算法的时间量度，记为

$$T(n)=O(f(n))$$

它表示随问题规模 n 的增大，算法的执行时间的增长率和 f(n)的增长率相同，称作算法的渐进时间复杂度，简称**时间复杂度**。

一般情况下，随着 n 的增大，T(n)的增长较慢的算法为最优的算法。例如，在下列三段程序段中，给出原操作 x=x+1 的时间复杂度分析。

(1) x=x+1 ；其时间复杂度为 O(1)，我们称之为常量阶。

(2) for (i=1; i<=n; i++) x=x+1；其时间复杂度为 O(n)，我们称之为线性阶。

(3) for (i=1; i<=n; i++)

for (j=1; j<=n; j++) x=x+1；其时间复杂度为 $O(n^2)$，我们称之为平方阶。

此外，算法还能呈现的时间复杂度有对数阶 $O(\log_2 n)$、指数阶 $O(2^n)$等。

例 1-1 中算法的时间复杂度 $T(n)=O(n^3)$。

4) 数据结构中常用的时间复杂度频率计数

数据结构中常用的时间复杂度频率计数有 7 个：

O(1) 常数型　　O(n)线性型　　$O(n^2)$平方型　　$O(n^3)$立方型

$O(2^n)$指数型　　$O(\log_2 n)$对数型　　$O(n\log_2 n)$二维型

按时间复杂度由小到大递增排列成表 1-3(当 n 充分大时)。

表 1-3　常用的时间复杂度频率表

$\log_2 n$	n	$n\log_2 n$	n^2	n^3	2^n	
0	1	0	1	1	2	一般地讲，前三种可实现，后三种在理论上是可实现的，实际上只有当 n 限制在很小的范围时才有意义，当 n 较大时不可能实现
1	2	2	4	8	4	
2	4	8	16	64	16	
3	8	24	64	512	256	
4	16	64	256	5096	65 536	
5	32	160	1024	32 768	2 147 483 648	

不同数量级的时间复杂度的形状如图 1.7 所示，表 1-3 与图 1.7 是同一问题的不同表示形式。一般情况下，随着 n 的增大，T(n)增长较慢的算法为最优的算法。从中我们应该选择使用多项式阶 $O(n^k)$的算法，而避免使用指数阶的算法。

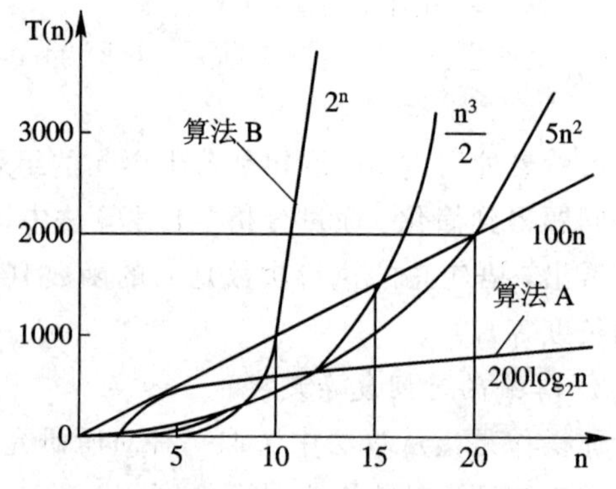

图 1.7　多种数量级的时间复杂度图示

由图 1.7 可知，随着问题规模 n 的增大，算法 A 所耗费的时间 $O(\log_2 n)$的增大趋于平缓，算法 B 所耗费的时间复杂度 $O(2^n)$迅速增大。显然在同一个问题解决方案中，算法 A 的运行效率高，可认为算法

A 优于算法 B。

由于算法的时间复杂度考虑的只是对于问题规模 n 的增长率，这样在难以精确计算基本操作执行次数(或语句频度)时，只需求出它关于 n 的增长率或阶即可。

例 1-4 已知一个算法中有如下最耗时的程序段：

```
for (i=1; i<n; i++)
   for (j=i; j<=n; j++) x++;
```

求：(1) 语句 x++的执行频度；

(2) 该算法的时间复杂度。

解 (1) 语句 x++的执行频度为

$$n+(n-1)+(n-2)+\cdots+3+2+1=\frac{n(n+1)}{2}$$

(2) 由于 n(n+1)/2 与 n^2 的增长率相同，因此该算法的时间复杂度为 $O(n^2)$。

例 1-5 分别求下面两个算法的时间复杂度。

(1) 算法 1：

```
float sum1(int n)
/* 计算 1!+2!+…+n! */
{
   p=1; sum1=0;
   for (i=1; i<=n; ++i)
   {
     p=p*i;
     sum1=sum1+p
   }
}
```

(2) 算法 2：

```
float sum2(int n)
/* 计算 1!+2!+…+n! */
{
  sum2=0;
   for (i=1; i<=n; ++i)
   { p=1;
     for (j=1; j<=i; ++j) p=p*j;
     sum2=sum2+p;
   }
}
```

算法与程序的区别

解 (1) 显然，算法 1 中执行频度最大的语句是 p=p*i 和 sum1=sum1+p，其执行频度均为 n，所以算法 1 的时间复杂度为 O(n)。

(2) 算法 2 中执行频度最大的语句是 p=p*j，其执行频度为 n(n+1)/2，所以算法 2 的时间复杂度为 $O(n^2)$。

5) 最坏时间复杂度

算法中基本操作重复执行的次数还随问题的输入数据集的不同而不同。例如下面的冒泡排序算法：

```
void bubble(int a[], int length)
{ /* 对整数数组a递增排序 */
  int i=1, j, temp;
  int change;
  do{
   change=FALSE;
   for(j=0; j<length-i; j++)
      if( a[j]>a[j+1])
      {
        temp=a[j];
        a[j]=a[j+1];
        a[j+1]=temp;
        change=TRUE;
      }
   i=i+1;
  }
  while(i<length && change==TRUE )
}
```

在这个算法中，"交换序列中相邻的两个整数"为基本操作。当 a 中初始序列为自小到大有序时，n 为 length，基本操作的执行次数为 0；当初始序列为自大到小有序时，基本操作的执行次数为 $n(n-1)/2$。对于这类算法的分析，一种解决的方法是计算它的平均值，即考虑它对所有可能输入数据集的期望值，此时相应的时间复杂度为算法的平均时间复杂度。然而在很多情况下，算法的平均时间复杂度也难以确定。因此，我们可以讨论算法在最坏情况下的时间复杂度，即分析最坏情况以估计出算法执行时间的上界。例如气泡排序在最坏情况下的时间复杂度就为 $T(n)=O(n^2)$。在本书中，如不作特殊说明，所讨论的各算法的时间复杂度均指最坏情况下的时间复杂度。

6）算法的空间复杂度

关于算法的存储空间需求，类似于算法的时间复杂度，我们采用空间复杂度作为算法所需存储空间的量度，记为

$$S(n)=O(f(n))$$

其中，n 为问题规模。一般情况下，一个程序在机器上执行时，除了需要寄存本身所用的指令、常数、变量和输入数据以外，还需要一些对数据进行操作的辅助存储空间。其中对于输入数据所占的具体存储量只取决于问题本身，与算法无关，这样我们只需要分析该算法在实现时所需要的辅助存储空间单元个数即可。若算法执行时所需要的辅助存储空间相对于输入数据量而言是个常数，则称这个算法为原地工作，辅助存储空间为 O(1)。

算法的执行时间的耗费和所占存储空间的耗费两者是矛盾的，难以兼得，即算法执行时间上的节省一定是以增加空间存储为代价的，反之亦然。不过，就一般情况而言，常常以算法执行时间作为算法优劣的主要衡量指标。

1.6 关于数据结构的学习

五十多年来计算机的发展始终遵循着摩尔(1965)法则:“芯片容量每18个月加倍”,新摩尔定理:“计算机性能每18个月提高一倍,价格每半年降低一半”,那么目前是否已经达到极限?是否会不再遵循摩尔法则?杨振宁在西安科协2000年会议上明确地答复了这个问题:是什么原因促使芯片容量的长期成倍的增长,新原理、新方法、新道理是维持创新的源泉,创新是人类知识发展、生产发展的重要因素。

计算机机器性能价格比持续提高,硬件发展速度如此之快,是否我们没有必要去追求提高算法的时间复杂度,没有必要去追求节省算法占用的存储空间数目呢?不是没有必要,而是要求越来越高。一个原因是,由于机器性能价格比的提高,我们所面临的处理问题的问题规模越来越大,使得我们要把过去不可能的问题变成可能,必须要求高性能的算法;另一个原因是,即使在同一问题规模情况下,算法性能好坏差别很大,一个是O(n)数量级,一个是$O(2^n)$数量级,从表1-3可看出,当n=32时,2^n这个数字都已很大,假使n再增大1倍,2^n几乎都已经无法表述,这不是硬件发展速度所能满足的。由此说明,硬件速度的提高绝不是我们可以不重视算法性能的理由,而是我们追求高性能算法的动力,这也是要求学好数据结构的目的所在。

1. “数据结构”课程的地位

“数据结构”与其他课程的关系如图1.8所示。

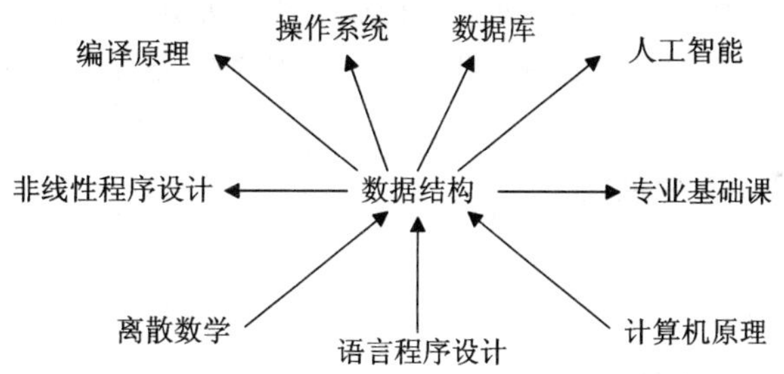

图1.8 数据结构与其他课程的关系

明确提出数据结构的概念不过五十多年,“数据结构”作为一门独立课程在国外于1968年开始设立,我国从20世纪80年代初才开始正式开设“数据结构”课程。“数据结构”课程较系统地介绍了软件设计中常用数据结构以及相应的存储结构和算法,系统介绍了常用的查找和排序技术,并对各种结构与技术进行分析和比较,内容非常丰富。数据结构涉及多方面的知识,如计算机硬件范围的存储装置和存取方法,在软件范围中的文件系统、数据的动态管理、信息检索,数学范围的集合、逻辑的知识,还有一些综合性的知识,如数据类型、程序设计方法、数据表示、数据运算、数据存取等,它是计算机专业的一门重要的专业技术基础课程。数据结构的内容将为操作系统、数据库原理、编译原理等后续课程的学习打下良好的基础。“数据结构”课程不仅讲授数据信息在计算机中的组织和表示方法,同时也训练学生高效地解决复杂问题程序设计的能力,因此“数据结构”是贯穿数学、计算机硬件、计算机软件三者之间的一门核心课程,是计算机专业提高软件设计水平的一门关键性课程。

数据结构的发展趋势包括两个方面：一是面向专门领域中特殊问题的数据结构的研究和发展，如图形数据结构、知识数据结构、空间数据结构；另一方面，从抽象数据类型的角度出发，用面向对象的观点来讨论数据结构，已成为新的发展趋势。

2. “数据结构”课程的学习特点

“数据结构”课程的教学目标是要求学生学会分析数据对象特征，掌握数据组织方法和计算机的表示方法，以便为应用所涉及的数据选择适当的逻辑结构、存储结构及相应的算法，初步掌握算法时间和空间分析的技巧，培养良好的程序设计技能。

人类解决问题思维方式可分为两大类：一类是推理方式，凭借公理系统思维方法，从抽象公理体系出发，通过演绎、归纳、推理来求证结果，解决特定问题；另一类是算法方式，凭借算法构造思维方式，从具体操作规范入手，通过操作过程的构造和实施，解决特定问题。在开发一个优秀的软件系统的全过程中，所凭借的思维方法本质上不同于常规数学训练的公理系统思维方法，而是一种算法构造性思维方法。系统开发是创造性思维过程的实现，因而对于一个开发人员，只知道开发工具的语言规则和简单使用过程是不够的，还需要有科学方法指导开发过程，以及在编程技术和应用技能上的积累提高。让学生理解、习惯、熟悉这一套算法构造思维方法，是计算机软件课程教学的重要内容和主要难点。

数据结构的学习过程是进行复杂程序设计的训练过程。技能培养的重要程度不亚于知识传授，学生不仅要理解授课内容，还应培养应用知识解答复杂问题的能力，形成优良的算法设计思想、方法技巧与风格，进行构造性思维，强化程序抽象能力和数据抽象能力。从某种意义上说，“数据结构”是程序设计的后继课程。如同学习英语一样，学习英语不难，但学好英语不易，要提高程序设计水平就必须经过艰苦的磨炼。因此，学习数据结构，仅从书本上学习是不够的，必须经过大量的实践，在实践中体会构造性思维方法，掌握数据组织与程序设计的技术。

3. 关于本书内容编写的说明

1）本书的基本结构

本书分为三个部分：

第一部分：数据结构的基本概念(第1章)。

第二部分：基本的数据结构，包括线性结构——线性表、栈和队列、串、数组与广义表(第2～5章)和非线性结构——树、图(第6、7章)。

第三部分：基本技术，包括查找技术与排序技术(第8～10章)。

2）本书内容编排模式

本书所列出的程序均在 Turbo C 2.0 下调试通过，所有算法均采用C语言描述，只需加以必要的类型定义(参见本章中的C语言部分的类型定义)与调用，即可上机运行使用。

本书每章都附有习题与实习题，以便于读者做配套练习。

习　　题

第1章习题参考答案

1.1　问答题。

(1) 什么是数据结构？

(2) 叙述四类基本数据结构的名称与含义。

(3) 叙述算法的定义与特性。

(4) 叙述算法的时间复杂度。

(5) 叙述数据类型的概念。

(6) 叙述线性结构与非线性结构的差别。

(7) 叙述面向对象程序设计语言的特点。

(8) 在面向对象程序设计中，类的作用是什么？

(9) 叙述参数传递的主要方式及特点。

(10) 叙述抽象数据类型的概念。

1.2　判断题(在各题后填写“√”或“×”)。

(1) 线性结构只能用顺序结构来存放，非线性结构只能用非顺序结构来存放。(　　)

(2) 算法就是程序。(　　)

(3) 在高级语言(如 C 或 PASCAL)中，指针类型是原子类型。(　　)

1.3　计算下列程序段中 x=x+1 的语句频度：

```
for(i=1; i<=n; i++)
  for(j=1; j<=i; j++)
    for(k=1; k<=j; k++)
      x=x+1;
```

1.4　试编写算法，求一元多项式 $P_n(x)=a_0+a_1x+a_2x^2+a_3x^3+\cdots+a_nx^n$ 的值 $P_n(x_0)$，并确定算法中的每一语句的执行次数和整个算法的时间复杂度，要求时间复杂度尽可能小，规定算法中不能使用求幂函数。注意：本题中的输入为 $a_i(i=0, 1, \cdots, n)$、x 和 n，输出为 $P_n(x_0)$。通常算法的输入和输出可采用下列两种方式之一：

(1) 通过参数表中的参数显式传递。

(2) 通过全局变量隐式传递。

试讨论这两种方法的优缺点，并在本题算法中以你认为较好的一种方式实现输入和输出。

实　习　题

设计实现抽象数据类型“有理数”。基本操作包括有理数的加法、减法、乘法、除法，以及求有理数的分子、分母。

第 1 章知识框架

第2章 ◇◇◇◇◇

线 性 表

线性结构的特点：在数据元素的非空有限集合中，存在唯一的首元素和唯一的尾元素，首元素无直接前驱，尾元素无直接后继，集合中其他每个数据元素均有唯一的直接前驱和唯一的直接后继。本章将首先介绍线性表的抽象数据类型定义，给出实现线性表的两种存储结构——顺序存储结构与链式存储结构，进一步给出在相应存储结构上实现的线性表运算。

2.1 线性表的概念及运算

2.1.1 线性表的逻辑结构

线性表是n个类型相同的数据元素的有限序列，数据元素之间是一对一的关系，即每个数据元素最多有一个直接前驱和一个直接后继，如图2.1所示。例如，英文字母表(A，B，…，Z)就是一个简单的线性表，表中的每一个英文字母是一个数据元素，每个数据元素之间存在唯一的顺序关系，如在英文字母表中，字母B的前面是字母A，而字母B的后面是字母C。在较为复杂的线性表中，**数据元素**(Data Elements)可由若干数据项组成，如学生成绩表中，每个学生及其各科成绩是一个数据元素，它由学号、姓名、各科成绩及平均成绩等**数据项**(Item)组成，常被称为一个**记录**(Record)；含有大量记录的线性表称为**文件**(File)。**数据对象**(Data Object)是性质相同的数据元素集合。

图2.1 线性表的逻辑结构

如表2-1所示的车辆登记数据文件，每辆车的相关信息由车牌号、车名、车型和颜色四个数据项组成，它是文件的一条记录(数据元素)。

表2-1 车辆登记表

车牌号	车　名	车　型	颜　色
A13850	奥迪	卧车	黑色
B49271	福田	小卡	白色
A66789	东风	大卡	绿色
⋮	⋮	⋮	⋮

综上所述，将线性表定义如下：

线性表(LinearList)是由 n ($n\geqslant 0$)个类型相同的数据元素 a_1，a_2，…，a_n 组成的有限序列，记作(a_1，a_2，…，a_{i-1}，a_i，a_{i+1}，…，a_n)。这里的数据元素 a_i($1\leqslant i\leqslant n$)只是一个抽象的符号，其具体含义在不同情况下可以不同，它既可以是原子类型，也可以是结构类型，但同一线性表中的数据元素必须属于同一数据对象。此外，线性表中相邻数据元素之间存在着序偶关系，即对于非空的线性表(a_1，a_2，…，a_{i-1}，a_i，a_{i+1}，…，a_n)，表中 a_{i-1} 领先于 a_i，称 a_{i-1} 是 a_i 的直接前驱，而称 a_i 是 a_{i-1} 的直接后继。除了第一个元素 a_1 外，每个元素 a_i 有且仅有一个被称为其直接前驱的结点 a_{i-1}；除了最后一个元素 a_n 外，每个元素 a_i 有且仅有一个被称为其直接后继的结点 a_{i+1}。线性表中元素的个数 n 被定义为线性表的长度，$n=0$ 时称为空表。

线性表的特点可概括如下：

(1) 同一性：线性表由同类数据元素组成，每一个 a_i 必须属于同一数据对象。

(2) 有穷性：线性表由有限个数据元素组成，表长度就是表中数据元素的个数。

(3) 有序性：线性表中相邻数据元素之间存在着序偶关系 $<a_i, a_{i+1}>$。

由此可看出，线性表是一种最简单的数据结构，因为数据元素之间是由一前驱一后继的直观有序的关系确定；线性表又是一种最常见的数据结构，因为矩阵、数组、字符串、堆栈、队列等都符合线性条件。

2.1.2 线性表的抽象数据类型定义

一个抽象数据类型定义了一个模型，但不涉及模型的具体实现问题。下面给出线性表的抽象数据类型定义：

ADT LinearList{

数据元素：$D=\{a_i \mid a_i\in D_0, i=1, 2, \cdots, n, n\geqslant 0$ ，D_0 为某一数据对象$\}$

数据关系：$S=\{<a_i, a_{i+1}> \mid a_i, a_{i+1}\in D_0, i=1, 2, \cdots, n-1\}$

基本操作：

(1) InitList(L)

操作前提：L 为未初始化线性表。

操作结果：将 L 初始化为空表。

(2) DestroyList(L)

操作前提：线性表 L 已存在。

操作结果：将 L 销毁。

(3) ClearList(L)

操作前提：线性表 L 已存在。

操作结果：将表 L 置为空表。

(4) EmptyList(L)

操作前提：线性表 L 已存在。

操作结果：如果 L 为空表则返回真，否则返回假。

(5) ListLength(L)

操作前提：线性表 L 已存在。

操作结果：如果 L 为空表则返回 0，否则返回表中的元素个数。

(6) Locate(L, e)

操作前提：表 L 已存在，e 为合法元素值。

操作结果：如果 L 中存在元素 e，则将“当前指针”指向元素 e 所在位置并返回真，否则返回假。

(7) GetData(L, i)

操作前提：表 L 存在，且 i 值合法，即 1≤i≤ListLength(L)。

操作结果：返回线性表 L 中第 i 个元素的值。

(8) InsList(L, i, e)

操作前提：表 L 已存在，e 为合法元素值且 1≤i≤ListLength(L)+1。

操作结果：在 L 中第 i 个位置插入新的数据元素 e，L 的长度加 1。

(9) DelList(L, i, &e)

操作前提：表 L 已存在且非空，1≤i≤ListLength(L)。

操作结果：删除 L 的第 i 个数据元素，并用 e 返回其值，L 的长度减 1。

}**ADT LinearList**

在实际问题中对线性表的运算可能很多，例如需要将两个或两个以上的线性表合并成一个线性表；把一个线性表分拆成两个或两个以上的线性表；进行多种条件的合并、分拆、复制、排序等运算。可利用基本运算的组合来实现复合运算。由于线性表应用的广泛性，线性表中的数据元素可能属多种类型，因此可以使用面向对象程序设计中的多型数据类型。

在线性表的抽象数据类型定义中，给出的各种操作是定义在线性表的逻辑结构上的，用户只需了解各种操作的功能，而无须知道它们的具体实现。各种操作的具体实现与线性表具体采用哪种存储结构有关。

在计算机内存放线性表，主要有两种基本的存储结构：顺序存储结构和链式存储结构。此外还有一种叫作静态链表的存储结构，它是用顺序存储结构的存储方式模拟实现的一种链式存储结构。下面我们首先介绍采用顺序存储结构的线性表。

2.2 线性表的顺序存储

2.2.1 线性表的顺序存储结构

线性表的顺序存储是指用一组地址连续的存储单元依次存储线性表中的各个元素，使得线性表中在逻辑结构上相邻的数据元素存储在相邻的物理存储单元中，即通过数据元素物理存储的相邻关系来反映数据元素之间逻辑上的相邻关系。采用顺序存储结构的线性表通常称为**顺序表**。

假设线性表中有 n 个元素，每个元素占 k 个单元，第一个元素的地址为 $loc(a_1)$，则可以通过如下公式计算出第 i 个元素的地址 $loc(a_i)$：

$$loc(a_i) = loc(a_1) + (i-1) \times k$$

其中，$loc(a_1)$称为基地址。

图 2.2 给出了线性表的顺序存储结构示意图。从图中可看出，在顺序表中，每个结点 a_i 的存储地址是该结点在表中的逻辑位置 i 的线性函数，只要知道线性表中第一个元素的存储地址(基地址)和表中每个元素所占存储单元的多少，就可以计算出线性表中任意一个数据元素的存储地址，从而实现对顺序表中数据元素的随机存取。

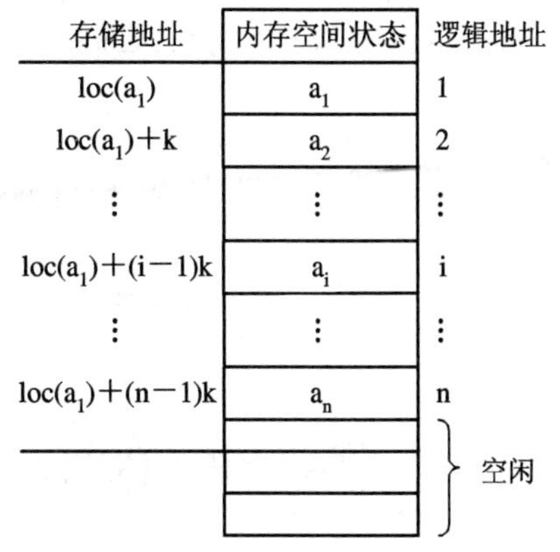

图 2.2　顺序表存储结构示意图

顺序存储结构可以借助于高级程序设计语言中的一维数组来表示，一维数组的下标与元素在线性表中的序号相对应。线性表的顺序存储结构可用 C 语言定义如下：

```
#define MAXSIZE=线性表可能达到的最大长度
typedef struct
{
  ElemType elem[MAXSIZE]; /* 线性表占用的数组空间 */
  int      last;          /* 记录线性表中最后一个元素在数组 elem[ ]中
                             的位置(下标值)，空表置为-1 */
} SeqList;
```

请注意区分元素的序号和数组的下标，如 a_1 的序号为 1，而其对应的数组下标为 0。

要将 L 定义为 SeqList 类型的变量，可用说明语句：SeqList L；若将 L 定义为指向SeqList 类型的指针，则用说明语句：SeqList ＊L 。

顺序表 SeqList 说明

2.2.2　线性表顺序存储结构上的基本运算

下面我们举例说明如何在线性表的顺序存储结构上实现线性表的基本运算。

1. 查找操作

线性表有两种基本的查找运算。

按序号查找顺序表

(1) 按序号查找 GetData(L，i)：要求查找线性表 L 中第 i 个数据元素，其结果是 L.elem [i−1]或 L−>elem[i−1]。

(2) 按内容查找 Locate(L，e)：要求查找线性表 L 中与给定值 e 相等的数据元素，其结果是：若在线性表 L 中找到与 e 相等的元素，则返回该元素在表中的序号；若找不到，则返回一个"空序号"，如−1。

查找运算可采用顺序查找法实现，即从第一个元素开始，依次将线性表中元素与 e 相比较，若相等，则查找成功，返回该元素在表中的序号；若 e 与线性表中的所有元素都不相等，则查找失败，返回"−1"。

算法描述：

```
int Locate(SeqList L, ElemType e)
  /* 在顺序表 L 中依次存放着线性表中的元素，在表中查找与 e 相等的元素，若 L.elem[i]=e，则
     找到该元素，并返回 i+1；若找不到，则返回"-1" */
```

```
{ i=0 ;   /* i为扫描计数器，初值为0，即从第一个元素开始比较 */
while ((i<=L.last)&&(L.elem[i]!=e))   /* 顺序扫描表，直到找到值为key的元素，
      i++;                              或扫描到表尾而没找到 */
if (i<=L.last)
   return(i+1);  /* 若找到值为e的元素，则返回其序号 */
else
   return(-1);  /* 若没找到，则返回空序号 */
}
```

【算法 2.1　线性表的查找运算】

2. 插入操作

线性表的插入运算是指在表的第 i $(1\leqslant i\leqslant n+1)$ 个位置，插入一个新元素 e，使长度为 n 的线性表（e_1，…，e_{i-1}，e_i，…，e_n）变成长度为 n+1 的线性表（e_1，…，e_{i-1}，e，e_i，…，e_n）。

当用顺序表作为线性表的存储结构时，由于结点的物理顺序必须和结点的逻辑顺序保持一致，因此我们必须将原表中位置 n，n−1，…，i 上的结点，依次后移到位置 n+1，n，…，i+1 上，空出第 i 个位置，然后在该位置上插入新结点 e。当 i=n+1 时，表示在线性表的末尾插入结点，所以无须移动结点，直接将 e 插入表的末尾即可。

例如，已知线性表（4，9，15，28，30，30，42，51，62），需在第 4 个元素之前插入一个元素“21”，则需要将第 9 个位置到第 4 个位置的元素依次后移一个位置，然后将“21”插入到第 4 个位置，如图 2.3 所示。请注意区分元素的序号和数组的下标。

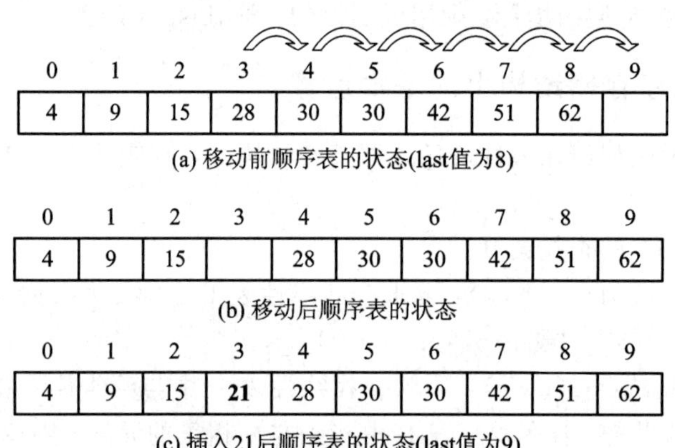

图 2.3　顺序表中插入元素

算法实现：

```
#define OK 1
#define ERROR 0
int InsList(SeqList *L, int i, ElemType e)
  /* 在顺序表L中第i个数据元素之前插入一个元素e。插入前表长n=L->last+1，
  i的合法取值范围是 1≤i≤L->last+2 */
  {
```

```
    int k;
    if((i<1) || (i>L->last+2)) /* 首先判断插入位置是否合法 */
    {
       printf("插入位置i值不合法");
       return(ERROR);
    }
    if(L->last>=maxsize-1)
    {
       printf("表已满无法插入");
       return(ERROR);
    }
       for(k=L->last; k>=i-1; k--) /* 为插入元素而移动位置 */
         L->elem[k+1]=L->elem[k];
       L->elem[i-1]=e; /* 在C语言数组中，第i个元素的下标为i-1 */
       L->last++;
       return(OK);
}
```

【算法2.2　线性表的插入运算】

可以看出，当i= L－＞last＋2时，语句L－＞elem[k＋1]＝L－＞elem[k]将不会执行，因为循环的终值大于初值，此时不需要移动元素，可直接在表尾插入e。当i＝1时，语句L－＞elem[k＋1]＝L－＞elem[k]需执行n次，即将该表中已存在的n个元素依次后移一个位置才能将e插入。因此，语句L－＞elem[k＋1]＝L－＞elem[k]的频度与插入位置i有关。

3. 删除操作

线性表的删除运算是指将表的第$i(1\leqslant i\leqslant n)$个元素删去，使长度为n的线性表$(e_1, \cdots, e_{i-1}, e_i, e_{i+1}, \cdots, e_n)$变成长度为$n-1$的线性表$(e_1, \cdots, e_{i-1}, e_{i+1}, \cdots, e_n)$。

例如，删除线性表(4，9，15，21，28，30，30，42，51，62)中的第5个元素，则需将第6个元素到第10个元素依次向前移动一个位置，如图2.4所示。

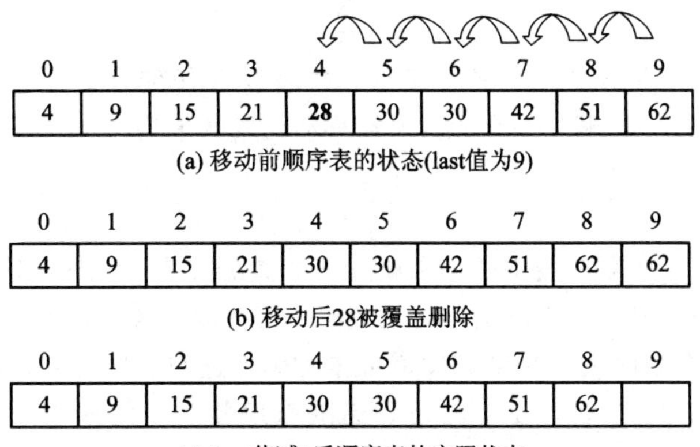

图2.4　顺序表中删除元素

算法描述：

```
int DelList(SeqList *L, int i, ElemType *e)
/* 在顺序表L中删除第i个数据元素，并用指针参数e返回其值。i的合法取值为1≤i≤L->last+1 */
{
int k;
if((i<1)||(i>L->last+1))
{
   printf("删除位置不合法!");
   return(ERROR);
}
*e=L->elem[i-1];   /* 将删除的元素存放到e所指向的变量中 */
for(k=i; k<=L->last; k++)
   L->elem[k-1]=L->elem[k];   /* 将后面的元素依次前移 */
L->last--;
Return(OK);
}
```

【算法2.3　线性表的删除运算】

与插入运算类似，在顺序表上实现删除运算也必须移动结点，这样才能反映出结点间的逻辑关系的变化。若i=L->last+1，则移位语句L->elem[k-1]= L->elem[k]不执行，因为循环变量的初值大于终值，此时不需要移动元素，仅将表长度减1即可。显然，删除算法中移位语句L->elem[k-1]= L->elem[k]的执行频度也与删除位置i有关。

在顺序表中插入或删除一个数据元素时，其时间主要耗费在移动数据元素上。对于插入算法而言，设P_i为在第i个元素之前插入元素的概率，并假设在任何位置上插入的概率相等，即$P_i=1/(n+1)$，i=1，2，…，n+1。设E_{ins}为在长度为n的表中插入一元素所需移动元素的平均次数，则

$$E_{ins}=\sum_{i=1}^{n+1}P_i(n-i+1)=\frac{1}{n+1}\sum_{i=1}^{n}(n-i+1)=\frac{1}{n+1}\sum_{k=1}^{n}k=\frac{n}{2}$$

同理，设Q_i为删除第i个元素的概率，并假设在任何位置上删除的概率相等，即$Q_i=1/n$，i=1，2，…，n。删除一个元素所需移动元素的平均次数为

$$E_{del}=\sum_{i=1}^{n}Q_i(n-i)=\frac{1}{n}\sum_{i=1}^{n}(n-i)=\frac{1}{n}\sum_{k=0}^{n-1}k=\frac{n-1}{2}$$

由以上分析可知，在顺序表中插入和删除一个数据元素时，其时间主要耗费在移动数据元素上。作一次插入或删除平均需要移动表中一半元素，当n较大时效率较低。

例2-1　有两个顺序表LA和LB，其元素均为非递减有序排列，编写一个算法，将它们合并成一个顺序表LC，要求LC也是非递减有序排列。比如LA=(2，2，3)，LB=(1，3，3，4)，则LC=(1，2，2，3，3，3，4)。

算法思想：设LC是一个空表，为使LC也是非递减有序排列，可设两个指针i、j分别

指向 LA 和 LB 中的元素，若 LA. elem[i]>LB. elem[j]，则当前先将 LB. elem[j]插入到 LC 中；若 LA. elem[i]≤LB. elem[j]，则当前先将 LA. elem[i]插入到 LC 中，如此进行下去，直到其中一个表被扫描完毕，然后将未扫描完的表中剩余的所有元素放到 LC 中。

```
void merge(SeqList *LA, SeqList *LB, SeqList *LC)
  {
   int i, j, k, l;
   i=0; j=0; k=0;
   while(i<=LA->last&&j<=LB->last)
   if(LA->elem[i]<=LB->elem[j])
     {
       LC->elem[k]=LA->elem[i];
       i++; k++;
     }
     else
     {
       LC->elem[k]=LB->elem[j];
       j++; k++;
     }
   while(i<=LA->last) /* 当顺序表 LA 有剩余元素时，将 LA 余下的元素赋给顺序表 LC */
   {
     LC->elem[k]=LA->elem[i];
     i++; k++;
   }
   while(j<=LB->last) /* 当顺序表 LB 有剩余元素时，将 LB 余下的元素赋给顺序表 LC */
   {
     LC->elem[k]=LB->elem[j];
     j++; k++;
   }
   LC->last=LA->last+LB->last+1;
}
```

【算法 2.4　线性表的合并运算】

顺序表合并完整程序

算法分析：由于两个待归并的顺序表 LA、LB 本身就是有序表，且顺序表 LC 的建立采用的是尾插法建表，插入时不需要移动元素，因此算法的时间复杂度为 O(LA->last+LB->last)。

由上面的讨论可知，线性表顺序存储的优点是：

(1) 无须为表示结点间的逻辑关系而增加额外的存储空间(因为逻辑上相邻的元素其存储的物理位置也是相邻的)；

(2) 可方便地随机存取顺序表中的任一元素。

其缺点是：

(1) 插入或删除运算不方便，除表尾的位置外，在顺序表的其他位置上进行插入或删除操作都必须移动大量的元素，其效率较低；

(2) 由于顺序表要求占用连续的存储空间，存储分配只能预先进行静态分配，因此当表长变化较大时，难以确定合适的存储规模。若按可能达到的最大长度预先分配表空间，则可能造成一部分空间长期闲置而得不到充分利用；若事先对表长估计不足，则插入操作可能使表长超过预先分配的空间而造成溢出。

2.3 线性表的链式存储

为了克服顺序表的缺点，可以采用链接方式存储线性表。通常我们将采用链式存储结构的线性表称为**链表**。

本节将从两个角度来讨论链表：从实现角度看，链表可分为动态链表和静态链表；从链接方式的角度看，链表可分为单链表、循环链表和双向链表。链式存储是最常用的存储方法之一，它不仅可以用来表示线性表，而且可以用来表示各种非线性的数据结构。

2.3.1 单链表

在顺序表中，我们是用一组地址连续的存储单元来依次存放线性表的结点，因此结点的逻辑次序和物理次序是一致的。而链表则不然，链表是用一组任意的存储单元来存放线性表的结点，这组存储单元可以是连续的，也可以是非连续的，甚至是零散分布在内存的任何位置上，因此，链表中结点的逻辑次序和物理次序不一定相同。为了正确地表示结点间的逻辑关系，必须在存储线性表的每个数据元素值的同时，存储指示其后继结点的地址(或位置)信息，这两部分信息组成的存储映像叫作**结点**(Node)，如图 2.5 所示。

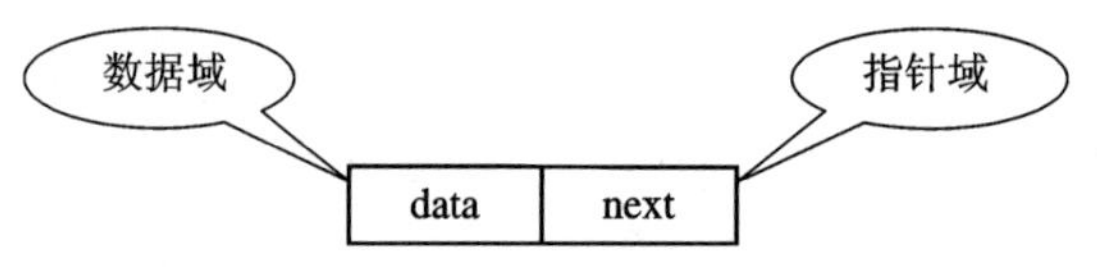

图 2.5　单链表的结点结构

单链表包括两个域：① **数据域**用来存储结点的值；② **指针域**用来存储数据元素的直接后继的地址(或位置)。链表正是通过每个结点的指针域将线性表的 n 个结点按其逻辑顺序链接在一起的。由于链表的每个结点只有一个指针域，故将这种链表又称为**单链表**。

由于单链表中每个结点的存储地址是存放在其前驱结点的指针域中的，而第一个结点无前驱，因而应设一个**头指针** H 指向第一个结点。同时，由于表中最后一个结点没有直接后继，则指定线性表中最后一个结点的指针域为“空”(NULL)。这样对于整个链表的存取必须从头指针开始。

例如，图 2.6 所示为线性表(A，B，C，D，E，F，G，H)的单链表存储结构，整个链表的存取需从头指针开始进行，依次顺着每个结点的指针域找到线性表的各个元素。

头指针 H

31

存储地址	数据域	指针域
1	D	43
7	B	13
13	C	1
19	H	NULL
25	F	37
31	A	7
37	G	19
43	E	25

图 2.6　单链表的示例图

一般情况下，我们使用链表，只关心链表中结点间的逻辑顺序，并不关心每个结点的实际存储位置，因此我们通常用箭头来表示链域中的指针，于是链表就可以更直观地画成用箭头链接起来的结点序列。图 2.6 所示的单链表示例图可表示为图 2.7。

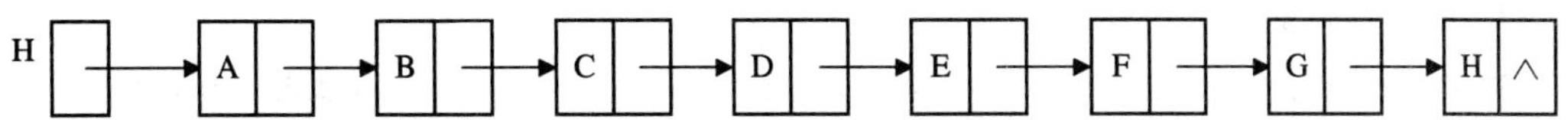

图 2.7　单链表的逻辑状态

有时为了方便操作，还可以在单链表的第一个结点之前附设一个**头结点**，头结点的数据域可以存储一些关于线性表的长度的附加信息，也可以什么都不存储；而头结点的指针域存储指向第一个结点的指针(即第一个结点的存储位置)。此时**头指针**就不再指向该表中第一个结点而是指向**头结点**。若线性表为空表，则头结点的指针域为“空”，如图 2.8 所示。

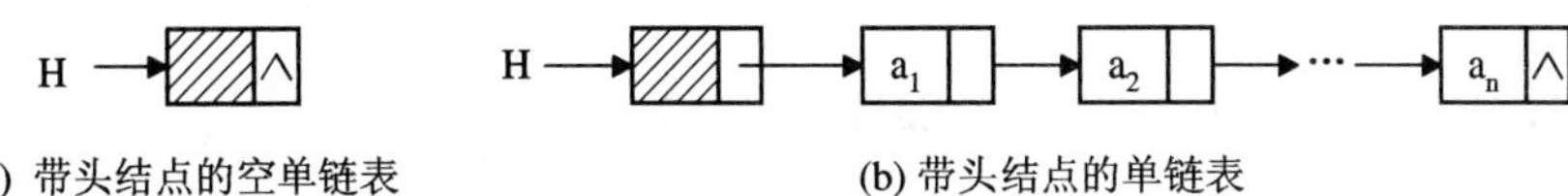

(a) 带头结点的空单链表　　(b) 带头结点的单链表

图 2.8　带头结点单链表图示

由上述可见，单链表可以由头指针唯一确定。单链表的存储结构描述如下：

```
typedef struct Node    /* 结点类型定义 */
{ ElemType data;
  struct Node * next;
}Node, * LinkList;    /* LinkList 为结构指针类型 */
```

理解单链表

假设 L 是 LinkList 型的变量，则 L 是一个结构指针，即单链表的头指针，它指向表中第一个结点(对于带头结点的单链表，则指向单链表的头结点)，若 L=NULL(对于带头结点的单链表为 L－>next=NULL)，则表示单链表为一个空表，其长度为 0；若不是空表，则可以通过头指针访问表中结点，找到要访问的所有结点的数据信息。对于带头结点的单链表 L，p=L－>next 指向表中的第一个结点 a_1，即 p－>data=a_1，而 p－>next－>data=a_2；其余依此类推。LinkList 与 Node * 同为结构指针类型，用 LinkList 说明变量时，强调变量是某个单链表的头指针，从而提高程序的可读性。

2.3.2　单链表上的基本运算

下面我们将讨论用单链表作存储结构时，如何实现线性表的几种基本运算。为此，首先讨论如何建立单链表。

1. 初始化单链表

```
InitList(LinkList *H)
{
    *H=(Linklist)malloc(sizeof(Node));            /* 建立头结点 */
   (*H)->next=NULL;                               /* 建立空的单链表 H */
}
```

单链表初始化函数解析

【算法 2.5 初始化单链表】

注意 H 是指向单链表的头指针的指针，用来接收主程序中待初始化单链表的头指针变量的地址，*H 相当于主程序中待初始化单链表的头指针变量。

2. 建立单链表

假设线性表中结点的数据类型是字符，我们逐个输入这些字符的结点，并以“$”作为输入结束标志符。动态建立单链表的常用方法有如下两种。

1) 头插法建表

从一个空表开始，每次读入数据，申请新结点，将读入数据存放到新结点的数据域中，然后将新结点插入到当前链表的表头结点之后，直至读入结束标志为止。头插法建立单链表的过程如图 2.9 所示。

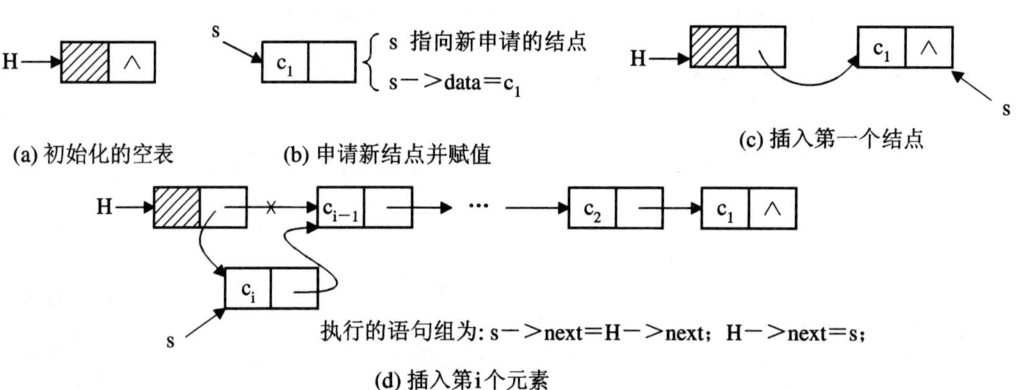

图 2.9 头插法建立单链表过程图示

头插法的算法描述如下：

```
void CreateFromHead(LinkList H)
/* H 是已经初始化好的空链表的头指针，通过键盘输入表中元素值，利用头插法建立单链表 H */
  { Node *s;
    char c;
    int flag=1;
    while(flag)    /* flag 初值为 1，当输入“$”时，置 flag 为 0，建表结束 */
```

```
    {
      c=getchar();
      if(c! ='$')
        {
          s=(Node*)malloc(sizeof(Node));       /* 建立新结点 s */
          s->data=c;
          s->next=H->next;      /* 将 s 结点插入表头 */
          H->next=s;
        }
      else flag=0;

    } /* while */
}
```

【算法 2.6 用头插法建立单链表】

因为用头插法得到的单链表的逻辑顺序与输入元素顺序相反，所以亦称头插法建表为逆序建表法。

注意 在上述算法中，变量 s 和 H 均为指向表结点的指针。

2) 尾插法建表

头插法建立链表虽然算法简单，但生成的链表中结点的次序和输入的顺序相反，若希望两者次序一致，则可采用尾插法建表。该方法是将新结点插到当前单链表的表尾上。为此需增加一个尾指针 r，使之指向当前单链表的表尾。尾插法建表的过程如图 2.10 所示。

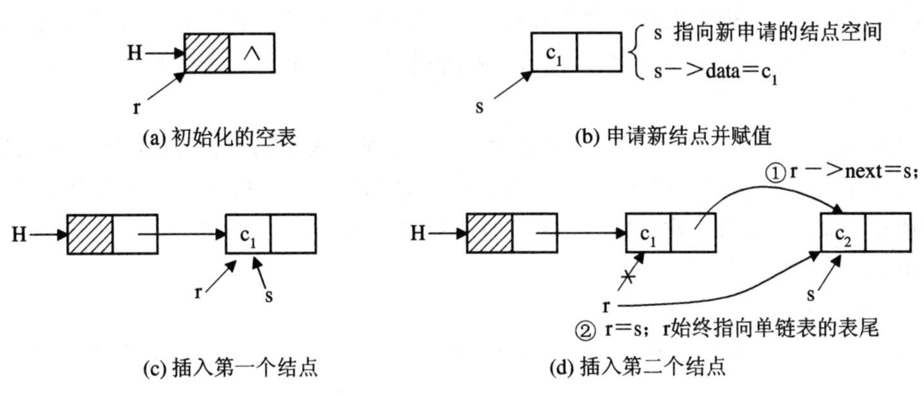

图 2.10 尾插法建表过程图示

尾插法的算法描述如下：

```
void CreateFromTail(LinkList H)
/* H 是已经初始化好的空链表的头指针，通过键盘输入元素值，利用尾插法建立单链表 H */
{ Node *r, *s;
  int flag =1;        /* 设置一个标志，初值为 1，当输入"$"时，flag 为 0，建表结束 */
```

```
    r=H;            /* r指针动态指向链表的当前表尾，以便于做尾插入，其初值指向头结点 */
    while(flag)     /* 循环输入表中元素值，将建立新结点s插入表尾 */
    {
      c=getchar();
      if(c!='$')
        {
          s=(Node*)malloc(sizeof(Node));
          s->data=c;
          r->next=s;
          r=s;
        }
      else
        {
          flag=0;
          r->next=NULL;   /* 将最后一个结点的next链域置为空，表示链表的结束 */
        }
      } /* while */
} /* CreateFromTail */
```

【算法 2.7　尾插法建表】

3. 查找

1）按序号查找

在单链表中，由于每个结点的存储位置都放在其前一结点的 next 域中，因而即使知道被访问结点的序号 i，也不能像顺序表那样直接按序号 i 访问一维数组中的相应元素，以实现随机存取，而只能从链表的头指针出发，顺着链域 next 逐个结点往下搜索，直至搜索到第 i 个结点为止。

算法描述：设带头结点的单链表的长度为 n，要查找表中第 i 个结点，则需要从单链表的头指针 L 出发，从头结点(L->next)开始顺着链域扫描，用指针 p 指向当前扫描到的结点，初值指向头结点，用 j 作计数器，累计当前扫描过的结点数(初值为 0)，当 j = i 时，指针 p 所指的结点就是要找的第 i 个结点。

```
Node * Get (LinkList L, int i)
/* 在带头结点的单链表L中查找第i个结点，若找到(1≤i≤n)，则返回该结点的存储位置；否则返
   回NULL */
  { int j;
    Node *p;
    p=L; j=0;   /* 从头结点开始扫描 */
    while (p->next!=NULL&&j<i)
    { p=p->next;   /* 扫描下一结点 */
      j++;   /* 已扫描结点计数器 */
    }
```

```
    if(i==j) return p;   /* 找到了第 i 个结点 */
    else return NULL;    /* 找不到,i≤0 或 i>n */
} /* Get */
```

【算法 2.8 在单链表 L 中查找第 i 个结点】

2) 按值查找

算法描述:按值查找是指在单链表中查找是否有结点值等于 e 的结点,若有的话,则返回首次找到的其值为 e 的结点的存储位置;否则返回 NULL。查找过程从单链表的头指针指向的头结点出发,顺着链逐个将结点的值和给定值 e 作比较。

```
Node *Locate( LinkList L, ElemType key)
  /* 在带头结点的单链表 L 中查找其结点值等于 key 的结点,若找到则返回该结点的位置 p;否则
     返回 NULL */
{ Node *p;
   p=L->next;   /* 从表中第一个结点比较 */
   while (p!=NULL)
   if (p->data!=key)
     p=p->next;
   else break;   /* 找到结点 key,退出循环 */
   return p;
}  /* Locate */
```

【算法 2.9 在单链表 L 中查找值等于 key 的结点】

以上两个算法的平均时间复杂度是相同的,即 O(n)。

4. 单链表的插入操作

算法描述:要在带头结点的单链表 L 中第 i 个位置插入一个数据元素 e,需要首先在单链表中找到第 i-1 个结点并由指针 pre 指示;然后申请一个新的结点并由指针 s 指示,其数据域的值为 e,并修改第 i-1 个结点的指针使其指向 s,再使 s 结点的指针域指向原第 i 个结点。插入结点的过程如图 2.11 所示。

```
int InsList(LinkList L, int i, ElemType e)
{ /*在带头结点的单链表 L 中第 i 个位置插入值为 e 的新结点 */
   Node *pre, *s;
   int k;
   pre=L; k=0;
   while(pre!=NULL&&k<i-1)
   /* 在第 i 个元素之前插入(即前插),先找到第 i-1 个数据元素的存储位置,使指针 pre 指向它 */
    { pre=pre->next;
      k=k+1;
    }
```

```
    if(k!=i-1)
   /* 即 while 循环是因为 pre=NULL 或 i<1 而跳出的，所以一定是插入位置不合理所致 */
      { printf("插入位置不合理!");
        return ERROR;
      }
    s=(Node*)malloc(sizeof(Node));   /* 为 e 申请一个新的结点并由 s 指向它 */
    s->data=e;   /* 将待插入结点的值 e 赋给 s 的数据域 */
    s->next=pre->next;   /* 完成插入操作 */
    pre->next=s;

   return OK;
}
```

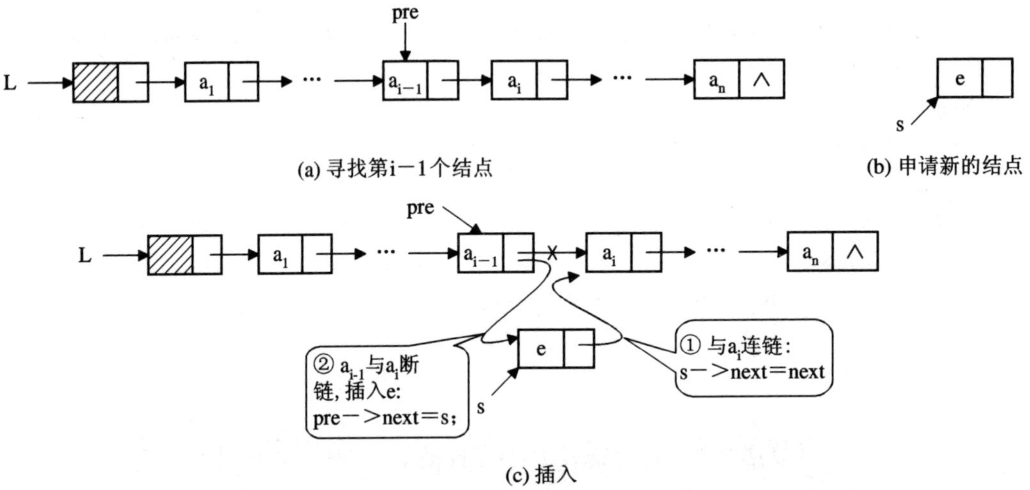

(a) 寻找第i－1个结点

(b) 申请新的结点

(c) 插入

图 2.11　在单链表第 i 个结点前插入一个结点的过程图示

【算法 2.10　单链表的插入操作】

说明　当单链表中有 m 个结点时，插入位置有 m+1 个，即 1≤i≤m+1。当 i=m+1 时，认为是在单链表的尾部插入一个结点。

5. 单链表的删除操作

算法描述：欲在带头结点的单链表 L 中删除第 i 个结点，则首先要通过计数方式找到第 i－1 个结点并使 p 指向第 i－1 个结点，而后删除第 i 个结点并释放结点空间。删除结点的过程如图 2.12 所示。

```
int DelList(LinkList L, int i, ElemType *e)
/* 在带头结点的单链表 L 中删除第 i 个元素，并将删除的元素保存到变量*e 中 */
  {
    Node *p, *r;
    int k;
```

```
    p=L; k=0;
    while(p->next!=NULL&&k<i-1)
    /* 寻找被删除结点i的前驱结点i-1使p指向它 */
    { p=p->next;
      k=k+1;
    }
  if(k!=i-1)    /* 即while循环是因为p->next=NULL或i<1而跳出的 */
  {
    printf("删除结点的位置i不合理!");
    return ERROR;
  }
  r=p->next;
  p->next=p->next->next;    /* 删除结点r */
  *e=r->data;
  free(r);    /* 释放被删除的结点所占的内存空间 */
 return OK;
}
```

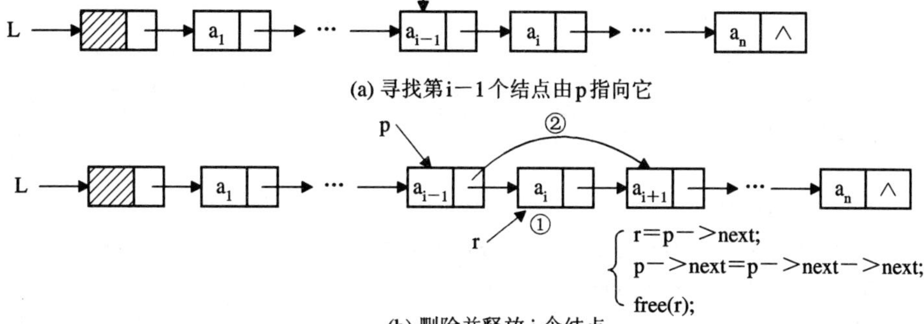

图 2.12 单链表的删除结点过程图示

【算法 2.11 单链表的删除操作】

说明 删除算法中的循环条件(p－>next!＝NULL && k<i－1)与前插算法中的循环条件(pre!＝NULL && k<i－1)不同，因为前插时的插入位置有 m＋1 个(m 为当前单链表中数据元素的个数)。i＝m＋1 是指在第 m＋1 个位置前插入，即在单链表的末尾插入。而删除操作中删除的合法位置只有 m 个，若使用与前插操作相同的循环条件，则会出现指针指空的情况，使删除操作失败。

例 2－2 编写一个算法，求单链表的长度。

算法描述：可以采用"数"结点的方法来求出单链表的长度，用指针 p 依次指向各个结点，从第一个元素开始"数"，一直"数"到最后一个结点(p－>next＝NULL)。

```
int ListLength(LinkList L)
```

```
  /* 本算法用来求带头结点的单链表 L 的长度 */
{ Node *p;
  p=L->next;
  j=0;   /* 用来存放单链表的长度 */
  while(p!=NULL)
  { p=p->next;
     j++;
  }
  return j;
} /* End of function ListLength */
```

【算法 2.12　求单链表的长度】

例 2-3　如果以单链表表示集合，假设集合 A 用单链表 LA 表示，集合 B 用单链表 LB 表示，设计算法求两个集合的差集(即 A-B)。

算法思想：由集合运算的规则可知，集合的差集 A-B 中包含所有属于集合 A 而不属于集合 B 的元素。具体做法是，对于集合 A 中的每个元素 e，在集合 B 的单链表 LB 中进行查找，若存在与 e 相同的元素，则从 LA 中将其删除。

```
void Difference (LinkList LA, LinkList LB)
{ /*此算法求两个集合的差集*/
Node *pre; *p, *r;
pre=LA; p=LA->next;   /* p指向单链表 LA 中的某一结点，而 pre 始终指向 p 的前驱 */
while(p!=NULL)
  {
    q=LB->next;
    /* 依次扫描单链表 LB 中的结点，看是否有与单链表 LA 中 *p 结点的值相同的结点 */
    while (q!=NULL&&q->data!=p->data) q=q->next;
    if (q!=NULL)
    {
      r=p;
      pre->next=p->next;
      p=p->next;
      free(r);
    }
    else
    {
      pre=p; p=p->next;
    }
  } /* while(p!=NULL) */
}
```

链表求集合差完整程序

【算法 2.13　用单链表求两个集合的差集】

2.3.3 循环链表

循环链表(Circular Linked List)是单链表的另一种形式，它是一个首尾相接的链表。其特点是将单链表最后一个结点的指针域由 NULL 改为指向头结点或线性表中的第一个结点，就得到了单链形式的循环链表，并称为循环单链表。类似地，还有多重链的循环链表。在循环单链表中，所有的结点都被链在一个环上；多重循环链表则是将表中的结点链在多个环上。为了使某些操作实现起来方便，在循环单链表中也可设置一个头结点。这样，空循环链表仅由一个自成循环的头结点表示。带头结点的单循环链表如图 2.13 所示。

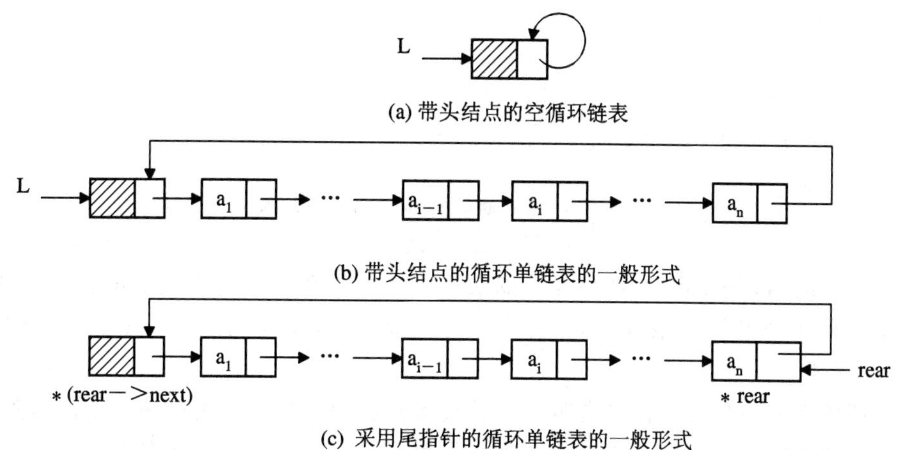

图 2.13 带头结点循环单链表

循环单链表类型的 C 语言定义如下：

```
typedef struct Node
    {ElemType data;
     struct Node * next;
    } Node, * CLinkList;
```

假设采用带头结点和头指针的循环单链表，则初始化和建立循环单链表的算法如下：

1. 初始化循环单链表

```
InitCLinkList(CLinkList * CL)
    /* CL 用来接收待初始化的循环单链表的头指针变量的地址 */
    {
      * CL=(CLinkList)malloc(sizeof(Node));          /* 建立头结点 */
     (* CL)->next= * CL;                             /* 建立空的循环单链表 CL */
    }
```

2. 建立循环单链表

假设线性表中结点的数据类型是字符，逐个输入这些字符，并以“$”作为输入结束标志符。

```
void CreateCLinkList(CLinkList CL)
```

```
/* CL是已经初始化好的带头结点的空循环链表的头指针。
  通过键盘输入元素值，利用尾插法建立循环单链表CL */
{ Node *rear, *s;
  char c;
  rear=CL;          /* rear指针动态指向循环单链表的当前表尾，其初值指向头结点 */
  c=getchar();      /* 读入第一个元素 */
  while(C!='$')  /* 只要读入的元素不是结束标志，就存入新结点s并链到表尾，直到读入结束标志 */
  {
      s=(Node * malloc(sizeof(Node));
      s->data=c;
      rear->next=s;
      rear=s;
      c=getchar();
  }
  rear->next=CL;/* 让最后一个结点的next链域指向头结点 */
}
```

带头结点的循环单链表的各种操作的实现算法与带头结点的单链表的实现算法类似，差别仅在于算法中的循环条件不是p!=NULL或p->next !=NULL，而是p!=L或p->next!=L。

在循环单链表中附设尾指针有时比附设头指针会使操作变得更简单。如在用头指针表示的循环单链表中，找开始结点a_1的时间复杂度是O(1)，然而要找到终端结点a_n，则需要从头指针开始遍历整个链表，其时间复杂度是O(n)。如果用尾指针rear来表示循环单链表，则查找开始结点和终端结点都很方便，它们的存储位置分别是rear->next->next和rear，显然，查找时间复杂度都是O(1)。因此，实用中多采用尾指针表示循环单链表。

例2-4 有两个带头结点的循环单链表LA、LB，编写一个算法，将两个循环单链表合并为一个循环单链表，其头指针为LA。

算法思想：先找到两个循环单链表的尾，并分别由指针p、q指向它们；然后将第一个循环单链表的尾与第二个循环单链表的第一个结点链接起来，并修改第二个循环单链表的尾Q，使它的链域指向第一个表的头结点。

```
LinkList merge_1(LinkList LA, LinkList LB)
{ /* 此算法将两个采用头指针的循环单链表的首尾连接起来 */
   Node *p, *q;
   p=LA;
   q=LB;
   while (p->next!=LA) p=p->next; /* 找到循环单链表LA的表尾，用p指向它 */
   while (q->next!=LB) q=q->next; /* 找到循环单链表LB的表尾，用q指向它 */
   q->next=LA; /* 修改循环单链表LB的尾指针，使之指向循环单链表LA的头结点 */
   p->next=LB->next; /* 修改循环单链表LA的尾指针，使之指向循环单链表LB中的第一个
                        结点 */
   free(LB);
  return(LA);
```

```
}
```

【算法 2.14　循环单链表的合并算法(1)】

采用上面的方法，需要遍历链表，找到表尾，其执行时间是 O(n)。若在尾指针表示的单循环链表上实现，则只需要修改指针，无须遍历，其执行时间是 O(1)。

```
LinkList merge_2(LinkList RA, LinkList RB)
{ /* 此算法将两个采用尾指针的循环单链表首尾连接起来 */
   Node *p;
   p=RA->next; /* 保存单链表 RA 的头结点地址 */
   RA->next=RB->next->next; /* 单链表 RB 的开始结点链到单链表 RA 的终端结点之后 */
   free(RB->next); /* 释放单链表 RB 的头结点 */
   RB->next=p; /* 单链表 RA 的头结点链到单链表 RB 的终端结点之后 */
   return RB; /* 返回新循环单链表的尾指针 */
}
```

【算法 2.15　循环单链表的合并算法(2)】

2.3.4　双向链表

循环单链表的出现，虽然能够实现从任一结点出发沿着链能找到其前驱结点，但时间耗费是 O(n)。如果希望从单链表中快速确定某一个结点的前驱，另一个解决方法就是在单链表的每个结点里再增加一个指向其前驱的指针域 prior。这样形成的链表中就有两条方向不同的链，我们可称之为**双(向)链表**(Double Linked List)。双链表的结构定义如下：

```
typedef struct DNode
{ ElemType data;
  struct DNode *prior, *next;
}DNode, *DoubleList;
```

双链表的结点结构如图 2.14 所示。

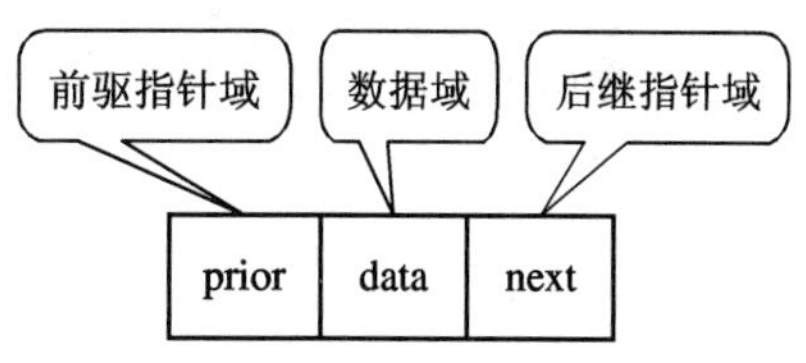

图 2.14　双链表的结点结构

与单链表类似，双链表一般也是由头指针唯一确定的，增加头结点也能使双链表的某些运算变得方便。同时双向链表也可以有循环表，称为双向循环链表，其结构如图 2.15 所示。

由于在双向链表中既有前向链又有后向链，因此寻找任一个结点的直接前驱结点与直接后继结点变得非常方便。设指针 p 指向双链表中某一结点，则有下式成立：

p->prior->next = p = p->next->prior

在双向链表中，那些只涉及后继指针的算法，如求表长度、取元素、元素定位等，与单链表中相应的算法相同，但对于前插和删除操作则涉及前驱和后继两个方向的指针变化，因此与单链表中的算法不同。

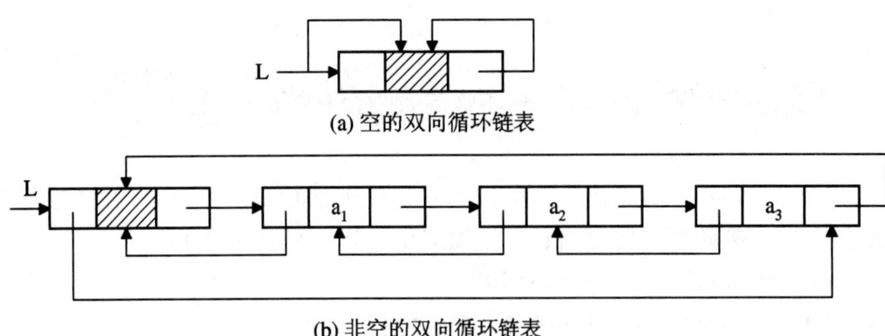

图 2.15　双向循环链表图示

1. 双向链表的前插操作

算法描述：欲在双向链表第 i 个结点之前插入(即前插)一个新的结点，则指针的变化情况如图 2.16 所示。

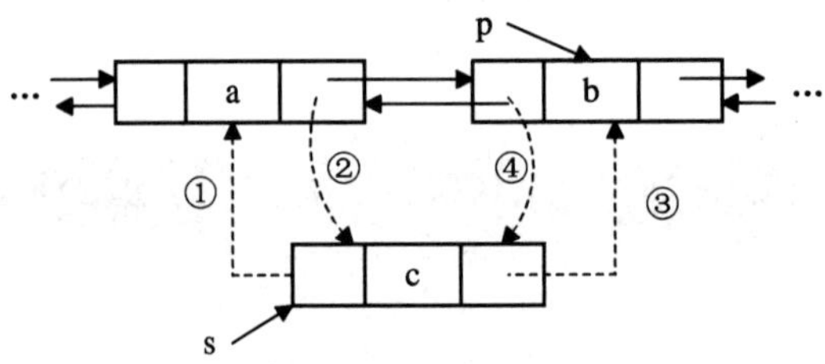

图 2.16　双向链表插入操作图示

```
int DlinkIns(DoubleList L, int i, ElemType e)
  {
   DNode *s, *p;
   ... /* 先检查待插入的位置 i 是否合法(实现方法同单链表的前插操作) */
   ... /* 若位置 i 合法，则让指针 p 指向它 */
   s=(DNode*)malloc(sizeof(DNode));
   if (s)
   {
       s->data=e;
       s->prior=p->prior; p->prior->next=s;
       s->next=p; p->prior=s;
       return TRUE;
   }
   else return FALSE;
}
```

【算法 2.16　双向链表的插入操作】

2. 双向链表的删除操作

算法描述：欲删除双向链表中的第 i 个结点，则指针的变化情况如图 2.17 所示。

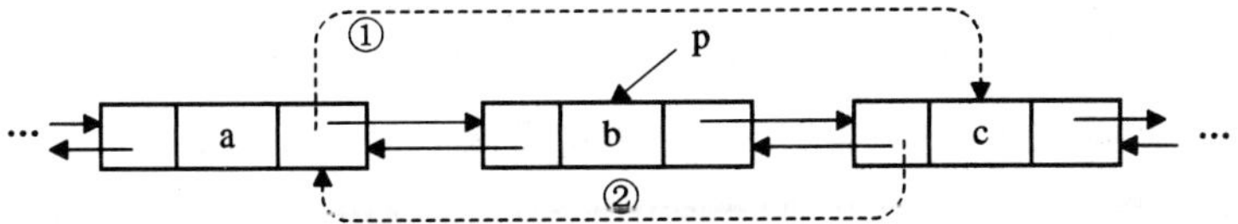

图 2.17　双向链表删除操作图示

```
int DlinkDel(DoubleList L, int i, ElemType *e)
  {
    DNode *p;
    ... /* 首先检查待插入的位置 i 是否合法(实现方法同单链表的删除操作) */
    ... /* 若位置 i 合法，则让指针 p 指向它 */
    *e=p->data;
    p->prior->next=p->next;
    p->next->prior=p->prior;
    free(p);
    return TRUE;
  }
```

【算法 2.17　双向链表的删除操作】

例 2-5　设一个循环双链表 L=(a，b，c，d)，编写一个算法，将该链表转换为 L=(b，a，c，d)。

算法思想：本例题实际上是交换表中前两个元素的次序。

```
void swap(DLinkList L)
{
   DNode *p, *q, *h;
   h=L->next;             /* h 指向循环双链表中的第一个结点，即 a */
   p=h->next;             /* p 指向 b 结点 */
   q=h->prior;            /* 保存 a 结点的前驱 */
   h->next=p->next;       /* a 结点的后继指向 c 结点 */
   p->next->prior=h;      /* c 结点的前驱指向 a 结点 */
   p->prior=q;            /* 将 b 结点插入，作为该链表的第一个结点 */
   p->next=h;
   h->prior=p;
   L->next=p;             /* 将该链表的头结点的 next 域指向 b 结点 */
}
```

【算法 2.18　交换循环双链表中前两个元素的次序】

*2.3.5　静态链表

以上介绍的各种链表都是由指针实现的，链表中结点空间的分配和回收(即释放)都是由系统提供的标准函数 malloc 和 free 动态实现的，故称之为动态链表。但是有的高级语言，如 BASIC 语言、FORTRAN 语言等，没有提供“指针”这种数据类型，此时若仍想采用链表作存储结构，就必须使用“游标(Cursor)”来模拟指针，由程序员自己编写“分配结点”和“回收结点”的过程。

用游标实现链表，其方法是：定义一个较大的结构数组作为备用结点空间(即存储池)。当申请结点时，每个结点应含有两个域：data 域和 next 域。data 域用来存放结点的数据信息，需注意的是，此时的 next 域不再是指针而是游标指示器，游标指示器指示其后继结点在结构数组中的相对位置(即数组下标)。数组的第 0 个分量可以设计成链表的头结点，头结点的 next 域指示了表中第一个结点的位置；当前最后一个结点的域为－1 时，表示静态单链表的结束。我们把这种用游标指示器实现的单链表叫作**静态单链表**(Static Linked List)。静态链表同样可以借助一维数组来描述：

```
#define Maxsize= 静态链表可能达到的最大长度
typedef struct
  {ElemType data;
   int cursor;
  }Component, StaticList[Maxsize];
```

假设有如上的静态链表 S 中存储着线性表(a, b, c, d, f, g, h, i)，Maxsize=11，如图 2.18 所示，要在第 4 个元素后插入元素 e，方法是：先在当前表尾加入一个元素 e，即使 S[9]. data=e；然后修改第四个元素的游标域，将 e 插入到链表中，即 S[9]. cursor=S[4]. cursor，S[4]. cursor=9。若要删除第 8 个元素 h，则先顺着游标链通过记数找到第 7 个元素存储位置 6，删除操作的具体做法是令 S[6]. cursor :=S[7]. cursor。

0		1
1	a	2
2	b	3
3	c	4
4	d	5
5	f	6
6	g	7
7	h	8
8	i	−1
9		
10		

(a) 初始化

0		1
1	a	2
2	b	3
3	c	4
4	d	9
5	f	6
6	g	7
7	h	8
8	i	−1
9	e	5
10		

(b) 插入 e 后

0		1
1	a	2
2	b	3
3	c	4
4	d	9
5	f	6
6	g	8
7	h	8
8	i	−1
9	e	5
10		

(c) 删除 h 后

图 2.18　静态链表的插入和删除操作示例

上述例子中未考虑对已释放空间的回收，这样在经过多次插入和删除操作后，会造成静态链表的“假满”，即表中有很多的空闲空间，但却无法再插入元素。造成这种现象的原因是未对已删除的元素所占的空间进行回收。解决这个问题的方法是将所有未被分配的结点空间以及因删除操作而回收的结点空间用游标链成一个备用静态链表。当进行插入操作时，先从备用链表上取一个分量来存放待插入的元素，然后将其插入到已用链表的相应位置。当进行删除操作时，则将被删除的结点空间链接到备用链表上以备后用。这种方法是指在已申请的大的存储空间中有一个已用的静态单链表，还有一个备用单链表。已用静态单链表的头指针为 0，备用静态单链表的头指针需另设一个变量 av 来表示。

以下介绍静态单链表的几个基本操作算法。

1. 初始化

所谓初始化操作，是指将这个静态单链表初始化为一个备用静态单链表。设 space 为静态单链表的名字，av 为备用单链表的头指针，其算法如下：

```
void initial(StaticList space, int *av)
{
  int k;
  space[0].cursor=-1;   /* 设置已用静态单链表的头指针指向位置 0 */
  for(k=1; k<Maxsize-1; k++) space[k].cursor=k+1;   /* 连链 */
  space[Maxsize-1].cursor=-1;   /* 标记链尾 */
  *av=1; /* 设置备用单链表头指针初值 */
} /* initial */
```

【算法 2.19　静态单链表初始化】

2. 分配结点

```
int getnode(StaticList space, int *av)
/* 从备用单链表摘下一个结点空间，分配给待插入静态单链表中的元素 */
{ int i;
  i=*av;
  *av=space[*av].cursor;
  return i;
}
```

【算法 2.20　分配结点】

3. 结点回收

```
void freenode(StaticList space, int *av, int k)
/* 将下标为 k 的空闲结点插入到备用单链表 */
{ space[k].cursor=*av;
  *av=k;
}
```

【算法 2.21　空闲结点回收】

4. 前插操作

在已用静态单链表 space 的第 i 个数据元素之前插入一个数据元素 x。

算法描述：① 先从备用单链表上取一个可用的结点；② 将其插入到已用静态单链表第 i 个元素之前。

```
void insbefore(StaticList space, int i, int *av)
{
  int j, k, m;
  j= *av ;   /* j 为从备用单链表中取到的可用结点空间的下标 */
  *av=space[*av].cursor;   /* 修改备用单链表的头指针 */
  space[j].data=x;
  k=space[0].cursor ; /* k 为已用静态单链表的第一个元素的下标值 */
  for(m=1; m<i-1; m++)   /* 寻找第 i -1 个元素的位置 k */
      k=space[k].cursor ;
  space[j].cursor=space[k].cursor;   /* 修改游标域，实现插入操作 */
  space[k].cursor=j;
} /* insbefore */
```

【算法 2.22　在已用静态单链表的第 i 个元素之前插入元素 x】

5. 删除操作

删除已用静态单链表中第 i 个元素。

算法描述：① 寻找第 i−1 个元素的位置，然后通过修改相应的游标域进行删除；② 将被删除的结点空间链到可用静态单链表中，实现回收。

```
void delete(StaticList space; int i; int *av )
  {
    int j, k, m;
    k=space[0].cursor;
    for(m=1, m<i-1; m++) /* 寻找第 i-1 个元素的位置 k */
       k=space[k].cursor ;
    j=space[k].cursor ;
    space[k].cursor=space[j].cursor ;   /* 从已用静态单链表中删除第 i 个元素 */
    space[j].cursor= *av; /* 将第 i 个元素占据的空间回收，即将其链入备用单链表 */
    *av=j ;   /* 置备用单链表头指针以新值 */
  }
```

【算法 2.23　删除已用静态单链表中的第 i 个元素】

线性表存储结构
选取练习

2.3.6　顺序表和链表的比较

上面介绍了线性表的两种存储结构：顺序表和链表，它们各有优缺点。

在实际应用中究竟选用哪一种存储结构呢？这要根据具体的要求和性质来决定。通常从以下几方面来考虑。

1. 基于空间的考虑

顺序表的存储空间是静态分配的，在程序执行之前必须明确规定它的存储规模。若线性表的长度 n 变化较大，则存储规模难于预先确定，估计过大将造成空间浪费，估计太小又将使空间溢出的机会增多。在静态链表中，虽然初始存储池也是静态分配的，但若同时存在若干个结点类型相同的链表，则它们可以共享空间，使各链表之间能够相互调节余缺，减少溢出机会。动态链表的存储空间是动态分配的，只要内存空间尚有空闲，就不会产生溢出。因此，当线性表的长度变化较大，难以估计其存储规模时，采用动态链表作为存储结构较好。

在链表中的每个结点，除了数据域外，还要额外设置指针(或光标)域，从存储密度来讲，这是不经济的。所谓存储密度(Storage Density)，是指结点数据本身所占的存储量和整个结点结构所占的存储量之比，即

$$存储密度=\frac{结点数据本身所占的存储量}{结点结构所占的存储总量}$$

一般地，存储密度越大，存储空间的利用率就越高。显然，顺序表的存储密度为 1，而链表的存储密度小于 1。例如单链表的结点的数据均为整数，指针所占空间和整型量相同，则单链表的存储密度为 50%。因此若不考虑顺序表中的备用结点空间，则顺序表的存储空间利用率为 100%，而单链表的存储空间利用率为 50%。由此可知，当线性表的长度变化不大，易于事先确定其大小时，为了节约存储空间，宜采用顺序表作为存储结构。

2. 基于时间的考虑

顺序表是由向量实现的，它是一种随机存取结构，对表中任一结点都可以在 O(1)时间内直接地存取；而链表中的结点，需从头指针起顺着链找才能取得。因此，若线性表的操作主要是进行查找，很少做插入和删除操作，则宜采用顺序表作存储结构。

在链表中的任何位置上进行插入和删除操作，都只需要修改指针。而在顺序表中进行插入和删除操作，平均要移动表中近一半的结点，尤其是当每个结点的信息量较大时，移动结点的时间开销就相当可观。因此，对于频繁进行插入和删除操作的线性表，宜采用链表作存储结构。若表的插入和删除操作主要发生在表的首尾两端，则宜采用尾指针表示的单循环链表。

3. 基于语言的考虑

对于没有提供指针类型的高级语言，若要采用链表结构，则可以使用光标实现的静态链表。虽然静态链表在存储分配上有不足之处，但它和动态链表一样，具有插入和删除操作方便的特点。

值得指出的是，即使是对那些具有指针类型的语言，静态链表也有其用武之地。特别是当线性表的长度不变，仅需改变结点之间的相对关系时，静态链表可能比动态链表更方便。

2.4 一元多项式的表示及相加

对于符号多项式的各种操作，实际上都可以利用线性表来处理。比较典型的是关于一

元多项式的处理。在数学上，一个一元多项式 $P_n(x)$ 可按升幂的形式写成：

$$P_n(x)=p_0+p_1x+p_2x^2+p_3x^3+\cdots+p_nx^n$$

它实际上可以由 n+1 个系数唯一确定。因此，在计算机内，可以用一个线性表 P 来表示：

$$P=(p_0, p_1, p_2, \cdots, p_n)$$

其中每一项的指数隐含在其系数的序号里了。

假设 $Q_m(x)$ 是一个一元多项式，则它也可以用一个线性表 Q 来表示，即

$$Q=(q_0, q_1, q_2, \cdots, q_m)$$

若假设 $m<n$，则两个多项式相加的结果 $R_n(x)=P_n(x)+Q_m(x)$，也可以用线性表 R 来表示：

$$R=(p_0+q_0, p_1+q_1, p_2+q_2, \cdots, p_m+q_m, p_{m+1}, \cdots, p_n)$$

我们可以采用顺序存储结构来实现顺序表的方法，使得多项式的相加的算法定义十分简单，即 p[0]存系数 p_0、p[1]存系数 p_1、…、p[n]存系数 p_n，对应单元的内容相加即可。但是在通常的应用中，多项式的指数有时可能会很高并且变化很大。例如

$$R(x)=1+5x^{10\,000}+7x^{20\,000}$$

若采用顺序存储，则需要 20 001 个空间，而存储的有用数据只有三个，这无疑是一种浪费。若只存储非零系数项，则必须存储相应的指数信息才行。

假设一元多项式 $P_n(x)=p_1x^{e_1}+p_2x^{e_2}+\cdots+p_mx^{e_m}$，其中 p_i 是指数为 e_i 的项的系数(且 $0\leqslant e_1\leqslant e_2\leqslant\cdots\leqslant e_m=n$)，若只存非零系数，则多项式中每一项由两项构成(指数项和系数项)，用线性表来表示，即

$$((p_1, e_1), (p_2, e_2), \cdots, (p_m, e_m))$$

采用这样的方法存储，在最坏情况下，即 n+1 个系数都不为零，则比只存储系数的方法多存储 1 倍的数据。但对于非零系数多的多项式则不宜采用这种表示。

对于线性表的两种存储结构，一元多项式也有两种存储表示方法。在实际应用中，可以视具体情况而定。下面给出用单链表实现一元多项式相加运算的方法。

(1) 用单链表存储一元多项式的结点结构如下：

```
typedef struct Polynode
{
   int coef;
   int exp;
   struct Polynode * next;
} Polynode, * Polylist;
```

(2) 通过键盘输入一组一元多项式的系数和指数，以输入系数 0 为结束标志，并约定建立一元多项式链表时，总是按指数从大到小的顺序排列。

算法描述：从键盘接受输入的系数和指数；用尾插法建立一元多项式的链表。

```
Polylist polycreate()
{
     Polynode * head, * rear, * s;
     int c, e;
     head=(Polynode * )malloc(sizeof(Polynode));    /* 建立一元多项式的头结点 */
```

```
    rear=head;   /* rear 始终指向单链表的尾，便于尾插法建表 */
    scanf("%d, %d", &c, &e);   /* 键入一元多项式的系数项和指数项 */
    while(c!=0)   /* 若 c=0，则代表该多项式的输入结束 */
   {
    s=(Polynode *)malloc(sizeof(Polynode));   /* 申请新的结点 */
    s->coef=c ;
    s->exp=e ;
    rear->next=s ;   /* 在当前表尾做插入操作 */
    rear=s;
    scanf("%d, %d", &c, &e);
   }
  rear->next=NULL; /* 将该表的最后一个结点的 next 置 NULL，以示表结束 */
  return(head);
}
```

【算法 2.24 用尾插法建立一元多项式的链表】

(3) 图 2.19 所示为两个多项式的单链表，分别表示多项式 $A(x)=7+3x+9x^8+5x^{17}$ 和多项式 $B(x)=8x+22x^7-9x^8$。

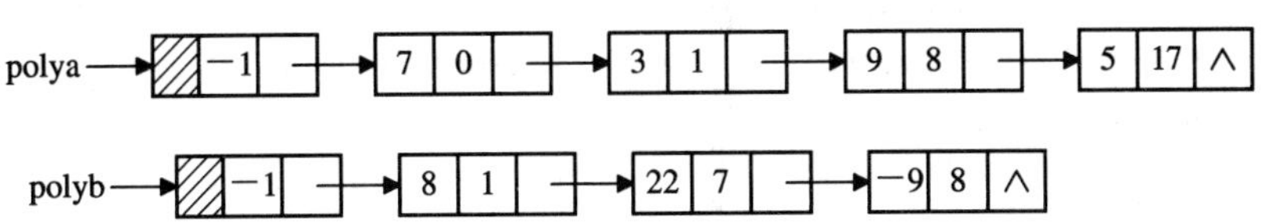

图 2.19 多项式的单链表表示法

多项式相加的运算规则是：两个多项式中所有指数相同的项的对应系数相加，若和不为零，则构成“和多项式”中的一项；所有指数不相同的项均复抄到“和多项式”中。以单链表作为存储结构，并且“和多项式”中的结点无须另外生成，则可看成是将多项式 B 加到多项式 A 中，由此得到下列运算规则(设 p、q 分别指向多项式 A、B 的一项，比较结点的指数项)：

若 p->exp<q->exp，则结点 p 所指的结点应是“和多项式”中的一项，令指针 p 后移。

若 p->exp>q->exp，则结点 q 所指的结点应是“和多项式”中的一项，将结点 q 插入在结点 p 之前，且令指针 q 在原来的链表上后移。

若 p->exp=q->exp，则将两个结点中的系数相加，当和不为零时修改结点 p 的系数域，释放 q 结点；若和为零，则“和多项式”中无此项，从 A 中删去 p 结点，同时释放 p 和 q 结点。

```
void polyadd(Polylist polya; Polylist polyb)
/* 此函数用于将两个多项式相加，然后将和多项式存放在多项式 polya 中，并将多项式 ployb 删除 */
{
```

```
    Polynode *p, *q, *pre; *temp;
    int sum;
    p=polya->next ;    /* 令 p 和 q 分别指向 polya 和 polyb 多项式链表中的第一个结点 */
    q=polyb->next ;
    pre=polya;   /* pre 指向和多项式的尾结点 */
    while (p!=NULL && q!=NULL) /* 当两个多项式均未扫描结束时 */
    {
      if (p->exp< q->exp)
         /* 如果 p 指向的多项式项的指数小于 q 的指数，那么将 p 结点加入到和多项式中 */
      { pre->next=p; pre=pre->next;
        p=p->next;
      }
      else if ( p->exp==q->exp)/* 若指数相等，则相应的系数相加 */
      { sum=p->coef + q->coef ;
        if (sum!=0)
        { p->coef=sum;
          pre->next=p; pre=pre->next;
          p=p->next; temp=q; q=q->next; free(temp);
        }
        else
        { temp=p->next ; free(p); p=temp ;
           /* 若系数和为零，则删除结点 p 与 q，并将指针指向下一个结点 */
           temp=q->next; free(q); q=temp ;
        }
      }
    else
      { pre->next=q; pre=pre->next;    /* 将 q 结点加入到和多项式中 */
          q =q->next;
      }
    }
      if(p!=NULL)   /* 若多项式 A 中还有剩余，则将剩余的结点加入到和多项式中 */
          pre->next=p;
      else   /* 否则，将 B 中的结点加入到和多项式中 */
          pre->next=q;
}
```

【算法 2.25　多项式相加】

假设 A 多项式有 M 项，B 多项式有 N 项，则上述算法的时间复杂度为 O(M+N)。图 2.20 所示为图 2.19 中两个多项式的和，其中孤立的结点代表被释放的结点。

通过对多项式加法的介绍，我们可以将其推广到实现两个多项式的相乘，这是因为乘法可以分解为一系列的加法运算。

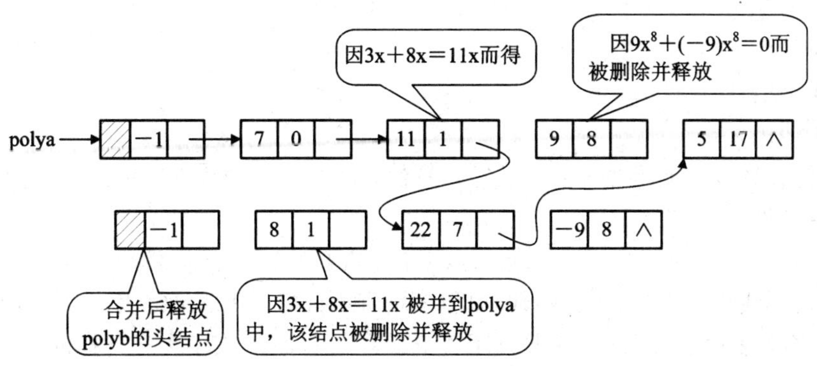

图 2.20　多项式相加得到的多项式和

习　　题

第 2 章习题参考答案

2.1　描述以下三个概念的区别：头指针，头结点，首元素结点。

2.2　填空：

(1) 在顺序表中插入或删除一个元素，需要平均移动__________元素，具体移动的元素个数与__________有关。

(2) 在顺序表中，逻辑上相邻的元素，其物理位置__________相邻。在单链表中，逻辑上相邻的元素，其物理位置__________相邻。

(3) 在带头结点的非空单链表中，头结点的存储位置由__________指示，首元素结点的存储位置由__________指示，除首元素结点外，其他任一元素结点的存储位置由__________指示。

2.3　已知 L 是无表头结点的单链表，且 P 结点既不是首元素结点，也不是尾元素结点。按要求从下列语句中选择合适的语句序列。

a. 在 P 结点后插入 S 结点的语句序列是：______________________________。

b. 在 P 结点前插入 S 结点的语句序列是：______________________________。

c. 在表首插入 S 结点的语句序列是：______________________________。

d. 在表尾插入 S 结点的语句序列是：______________________________。

供选择的语句有：

(1) P－>next＝S;

(2) P－>next＝ P－>next－>next;

(3) P－>next＝ S－>next;

(4) S－>next＝ P－>next;

(5) S－>next＝ L;

(6) S－>next＝ NULL;

(7) Q＝P;

(8) while(P－>next!＝Q) P＝P－>next;

(9) while(P－>next!＝NULL) P＝P－>next;

(10) P＝Q；

(11) P＝L；

(12) L＝S；

(13) L＝P；

2.4 已知顺序表 L 递增有序，试写一算法，将 X 插入到线性表的适当位置上，以保持线性表的有序性。

2.5 写一算法，从顺序表中删除自第 i 个元素开始的 k 个元素。

2.6 已知线性表中的元素(整数)以值递增有序排列，并以单链表作存储结构。试写一高效算法，删除表中所有大于 mink 且小于 maxk 的元素(若表中存在这样的元素)，分析你的算法的时间复杂度。

(注意：mink 和 maxk 是给定的两个参变量，它们的值为任意的整数。)

2.7 试分别以不同的存储结构实现线性表的就地逆置算法，即在原表的存储空间将线性表(a_1, a_2, …, a_n)逆置为(a_n, a_{n-1}, …, a_1)。

(1) 以顺序表作存储结构。

(2) 以单链表作存储结构。

2.8 假设两个按元素值递增有序排列的线性表 A 和 B，均以单链表作为存储结构，请编写算法，将线性表 A 和 B 归并成一个按元素值递减有序排列的线性表 C，并要求利用原表(即线性表 A 和 B)的结点空间存放线性表 C。

2.9 假设有一个循环链表的长度大于 1，且表中既无头结点也无头指针。已知 s 为指向链表某个结点的指针，试编写算法在链表中删除指针 s 所指结点的前驱结点。

2.10 已知有单链表表示的线性表中含有三类字符的数据元素(如字母字符、数字字符和其他字符)，试编写算法来构造三个以循环链表表示的线性表，使每个表中只含同一类的字符，且利用原表中的结点空间作为这三个表的结点空间，头结点可另辟空间。

2.11 设线性表 A＝(a_1, a_2, …, a_m)，B＝(b_1, b_2, …, b_n)，试写一个按下列规则合并 A、B 为线性表 C 的算法，使得

$$C=(a_1, b_1, \cdots, a_m, b_m, b_{m+1}, \cdots, b_n) \quad (m\leqslant n)$$

或者

$$C=(a_1, b_1, \cdots, a_n, b_n, a_{n+1}, \cdots, a_m) \quad (m>n)$$

线性表 A、B、C 均以单链表作为存储结构，且线性表 C 利用线性表 A 和 B 中的结点空间构成。

(注意：单链表的长度值 m 和 n 均未显式存储。)

2.12 将一个用循环链表表示的稀疏多项式分解成两个多项式，使这两个多项式中各自仅含奇次项或偶次项，并要求利用原链表中的结点空间来构成这两个链表。

2.13 建立一个带头结点的线性链表，用以存放输入的二进制数，链表中每个结点的 data 域存放一个二进制位，并在此链表上实现对二进制数加 1 的运算。

2.14 设多项式 P(x)采用书中所述链接方法存储。写一算法，对给定的 x 值，求 P(x)的值。

实 习 题

一、将若干城市的信息存入一个带头结点的单链表，结点中的城市信息包括城市名、城市的位置坐标。要求：

(1) 给定一个城市名，返回其位置坐标；

(2) 给定一个位置坐标 P 和一个距离 D，返回所有与 P 的距离小于等于 D 的城市。

二、约瑟夫环问题。

约瑟夫环问题的一种描述是：编号为 1、2、…、n 的 n 个人按顺时针方向围坐一圈，每人持有一个密码(正整数)。一开始任选一个整数作为报数上限值 m，从第一个人开始顺时针自 1 开始顺序报数，报到 m 时停止报数。报 m 的人出列，将他的密码作为新的 m 值，从他在顺时针方向上的下一个人开始重新从 1 报数，如此下去，直至所有的人全部出列为止。试设计一个程序，求出出列顺序。

利用单向循环链表作为存储结构模拟此过程，按照出列顺序打印出各人的编号。

例如 m 的初值为 20；n=7，7 个人的密码依次为 3、1、7、2、4、8、4，出列的顺序为 6、1、4、7、2、3、5。

第 2 章习题扩展

第 2 章知识框架

第3章 ◇◇◇◇◇

限定性线性表——栈和队列

在第 2 章中，我们学习了线性表，其中对于线性表的操作允许在表的任何位置进行，使用比较灵活，同时也使得实现操作时需要考虑的因素较多。本章介绍的限定性线性表是一类操作受限制的特殊线性表，其特殊性在于限制线性表插入和删除等运算的位置。栈和队列技术在各种类型的软件系统中应用广泛。栈技术被广泛应用于编译软件和程序设计中，而在操作系统和事务管理中则广泛应用了队列技术。讨论栈和队列的结构特征与操作实现特点，有着重要的意义。

3.1 栈

3.1.1 栈的定义

栈作为一种限定性线性表，是将线性表的插入和删除运算限制为仅在表的一端进行。通常将线性表中允许进行插入、删除操作的一端称为栈顶(Top)，因此栈顶的当前位置是动态变化的，它由一个称为栈顶指针的位置指示器指示；而表的另一端被称为栈底(Bottom)。当栈中没有元素时称为空栈。栈的插入操作被形象地称为进栈或入栈，删除操作称为出栈或退栈。

根据上述定义，每次进栈的元素都被放在原栈顶元素之上而成为新的栈顶，而每次出栈的总是当前栈中“最新”的元素，即最后进栈的元素。在图 3.1(a)所示的栈中，元素是以 a_1、a_2、a_3、…、a_n 的顺序进栈的，而退栈的次序却是 a_n、…、a_3、a_2、a_1。栈的修改是按后进先出的原则进行的，因此栈又称为**后进先出**的线性表，简称为 LIFO 表。在日常生活中也可以见到很多“后进先出”的例子，如手枪子弹夹中的子弹，子弹的装入与子弹弹出膛均在弹夹的最上端进行，先装入的子弹后发出，而后装入的子弹先发出；又如铁路调度站(参见图 3.1(b))，也是栈结构的实际应用。

栈的基本操作除了进栈(栈顶插入)、出栈(删除栈顶)运算外，还有建立栈(栈的初始化)、判栈空、判栈满及取栈顶元素等运算。下边给出栈的抽象数据类型定义：

ADT Stack {

数据元素：可以是任意类型的数据，但必须属于同一个数据对象。

数据关系：栈中数据元素之间是线性关系。

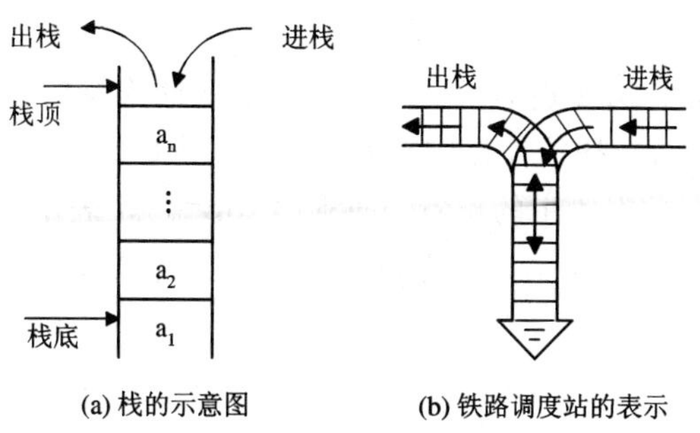

图 3.1　栈

基本操作：

(1) InitStack(S)

操作前提：S 为未初始化的栈。

操作结果：将 S 初始化为空栈。

(2) ClearStack(S)

操作前提：栈 S 已经存在。

操作结果：将栈 S 置成空栈。

(3) IsEmpty(S)

操作前提：栈 S 已经存在。

操作结果：判栈空函数，若 S 为空栈，则函数值为 TRUE，否则为 FALSE。

(4) IsFull(S)

操作前提：栈 S 已经存在。

操作结果：判栈满函数，若 S 栈已满，则函数值为 TRUE，否则为 FALSE。

(5) Push(S,x)

操作前提：栈 S 已经存在。

操作结果：在 S 的顶部插入(亦称压入)元素 x；若 S 栈未满，将 x 插入栈顶位置，若栈已满，则返回 FALSE，表示操作失败，否则返回 TRUE。

(6) Pop(S, x)

操作前提：栈 S 已经存在。

操作结果：删除(亦称弹出)栈 S 的顶部元素，并用 x 带回该值；若栈为空，返回值为 FALSE，表示操作失败，否则返回 TRUE。

(7) GetTop(S, x)

操作前提：栈 S 已经存在。

操作结果：取栈 S 的顶部元素。与 Pop(S, x)不同之处在于 GetTop(S,x)不改变栈顶的位置。

} **ADT Stack**

3.1.2　栈的表示和实现

栈作为一种特殊的线性表，在计算机中也主要有两种基本的存储结构：顺序存储结构和链式存储结构。我们称顺序存储的栈为顺序栈，称链式存储的栈为链栈。

1. 顺序栈

顺序栈是用顺序存储结构实现的栈，即利用一组地址连续的存储单元依次存放自栈底到栈顶的数据元素，同时由于栈的操作的特殊性，还必须附设一个位置指针 top(栈顶指针)来动态地指示栈顶元素在顺序栈中的位置。通常以 top＝－1 表示空栈。顺序栈的存储结构可以用 C 语言中的一维数组来表示。栈的顺序存储结构定义如下：

```
#define TRUE 1
#define FALSE 0
#define Stack_Size 50
typedef struct
{
  StackElementType elem[Stack_Size];   /*用来存放栈中元素的一维数组*/
  int top;                    /*用来存放栈顶元素的下标*/
}SeqStack;
```

图 3.2 给出了顺序栈的进栈和出栈过程。

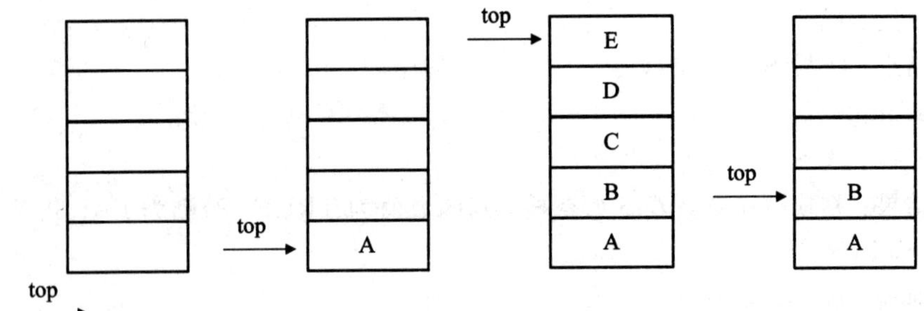

图 3.2　顺序栈中的进栈和出栈

顺序栈基本操作的实现如下：

(1) 初始化。

```
void InitStack(SeqStack *S)
{/*构造一个空栈 S*/
 S->top= -1;
}
```

(2) 判栈空。

```
int IsEmpty(SeqStack *S)   /*判栈 S 为空栈时返回值为真；反之为假*/
{
  return(S->top==-1? TRUE:FALSE);
}
```

(3) 判栈满。

```
int IsFull(SeqStack *S)
{
  return(S->top == Stack_Size-1? TRUE:FALSE);
}
```

(4) 进栈。

```
int Push(SeqStack *S, StackElementType x)
```

```
{
  if(S->top== Stack_Size-1) return(FALSE);    /*栈已满*/
  S->top++;
  S->elem[S->top]=x;
  return(TRUE);
}
```

(5) 出栈。

```
int Pop(SeqStack *S, StackElementType *x)
{ /* 将栈S的栈顶元素弹出，放到x所指的存储空间中 */
  if(S->top==-1)    /*栈为空*/
    return(FALSE);
  else
    {
      *x= S->elem[S->top];
      S->top--;   /* 修改栈顶指针 */
      return(TRUE);
    }
}
```

(6) 取栈顶元素。

```
int GetTop(SeqStack *S, StackElementType *x)
{ /* 将栈S的栈顶元素弹出，放到x所指的存储空间中，但栈顶指针保持不变 */
   if(S->top==-1)    /*栈为空*/
     return(FALSE);
   else
   {
     *x = S->elem[S->top];
     return(TRUE);
   }
}
```

栈的应用非常广泛，经常会出现在一个程序中需要同时使用多个栈的情况。若使用顺序栈，会因为对栈空间大小难以准确估计，从而产生有的栈溢出、有的栈空间还很空闲的情况。为了解决这个问题，可以让多个栈共享一个足够大的数组空间，通过利用栈的动态特性来使其存储空间互相补充，这就是多栈的共享技术。

在栈的共享技术中最常用的是两个栈的共享技术，它主要利用了"栈底位置不变，而栈顶位置动态变化"的特性。首先为两个栈申请一个共享的一维数组空间S[M]，将两个栈的栈底分别放在一维数组的两端，分别是0和M-1。由于两个栈顶动态变化，这样可以形成互补，使得每个栈可用的最大空间与实际使用的需求有关。由此可见，两个栈共享比两个栈分别申请M/2的空间利用率高。两个栈共享的数据结构定义如下：

```
#define M 100
typedef struct
{
   StackElementType Stack[M];
```

```
    StackElementType top[2];   /* top[0]和 top[1]分别为两个栈顶指示器 */
}DqStack;
```

两个栈共享空间的示意图如图 3.3 所示。下面给出两个栈共享时的初始化、进栈和出栈操作的算法。

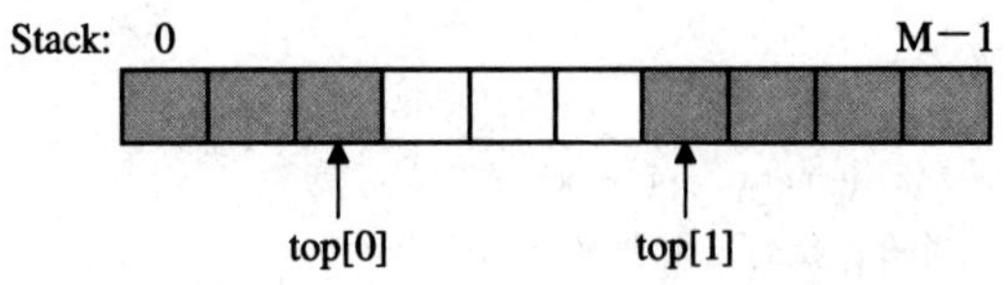

图 3.3 两个栈共享空间示意图

(1) 初始化操作。

```
void InitStack(DqStack *S)
{
   S->top[0]=-1;
   S->top[1]=M;
}
```

(2) 进栈操作算法。

```
int Push(DqStack *S, StackElementType x, int i)
{/*把数据元素 x 压入 i 号堆栈*/
   if(S->top[0]+1==S->top[1])   /*栈已满*/
     return(FALSE);
   switch(i)
   {
     case 0:
        S->top[0]++;
        S->Stack[S->top[0]]=x;
        break;
     case 1:
        S->top[1]--;
        S->Stack[S->top[1]]=x;
        break;
     default:   /*参数错误*/
        return(FALSE)
   }
   return(TRUE);
}
```

(3) 出栈操作算法。

```
int Pop(DqStack *S, StackElementType *x, int i)
{/* 从 i 号堆栈中弹出栈顶元素并送到 x 中 */
   switch(i)
   {
    case 0:
```

```
        if(S->top[0]==-1) return(FALSE);
        *x=S->Stack[S->top[0]];
        S->top[0]--;
        break;
    case 1:
        if(S->top[1]==M) return(FALSE);
        *x=S->Stack[S->top[1]];
        S->top[1]++;
        break;
    default:
        return(FALSE);
    }
    return(TRUE);
}
```

思考 说明读栈顶元素的算法与退栈顶元素的算法的区别，并写出读栈顶算法。

2. 链栈

链栈即采用链表作为存储结构实现的栈。为便于操作，我们采用带头结点的单链表实现栈。由于栈的插入和删除操作仅限制在表头位置进行，所以链表的表头指针就作为栈顶指针，如图 3.4 所示。

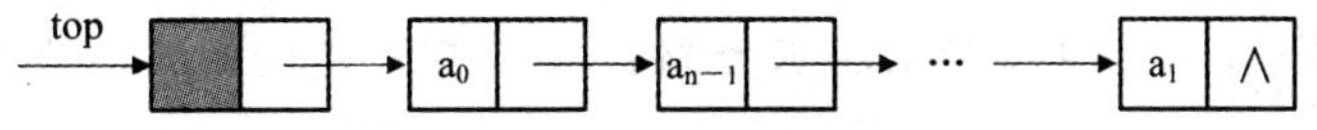

图 3.4 链栈示意图

在图 3.4 中，top 为栈顶指针，始终指向当前栈顶元素前面的头结点。若 top->next =NULL，则代表栈空。采用链栈不必预先估计栈的最大容量，只要系统有可用空间，链栈就不会出现溢出。采用链栈时，栈的各种基本操作的实现与单链表的操作类似。只是对于链栈，在使用完毕时，应该释放其空间。

链栈的结构可用 C 语言定义如下：

```
typedef struct node
{
  StackElementType data;
  struct node *next;
}LinkStackNode;
typedef LinkStackNode *LinkStack;
```

链栈的初始化和其他操作比较简单，这里不再讨论。我们主要介绍一下进栈和出栈操作时的指针变化情况：

(1) 进栈操作。

```
int Push(LinkStack top, StackElementType x)
/* 将数据元素 x 压入栈 top 中 */
{
   LinkStackNode * temp;
```

```
    temp=(LinkStackNode * )malloc(sizeof(LinkStackNode));
    if(temp==NULL) return(FALSE);   /* 申请空间失败 */
    temp->data=x;
    temp->next=top->next;
    top->next=temp;   /* 修改当前栈顶指针 */
    return(TRUE);
}
```

(2) 出栈操作。

```
int Pop(LinkStack top, StackElementType * x)
{ /* 将栈 top 的栈顶元素弹出，放到 x 所指的存储空间中 */
   LinkStackNode * temp;
   temp=top->next;
   if(temp==NULL)   /* 栈为空 */
      return(FALSE);
   top->next=temp->next;
   * x=temp->data;
   free(temp);   /* 释放存储空间 */
   return(TRUE);
}
```

思考 将可利用空间组成链栈，常用的申请一个新结点(如 C 语言中的 malloc 函数)与归还一个无用结点(如 C 语言中的 free 函数)操作，对可利用空间的链栈来说，分别相当于做什么操作？

3.1.3 栈的应用举例

栈结构所具有的“后进先出”特性，使得栈成为程序设计中的有用工具。本节将讨论几个栈应用的典型例子。

1. 数制转换

假设要将十进制数 N 转换为 d 进制数，一个简单的转换算法是重复下述两步，直到 N 等于零：

X = N mod d (其中 mod 为求余运算)

N = N div d (其中 div 为整除运算)

在上述计算过程中，第一次求出的 X 值为 d 进制数的最低位，最后一次求出的 X 值为 d 进制数的最高位，所以上述算法是从低位到高位顺序产生 d 进制数各个数位上的数。

下面以 d=2 为例给出上述算法：输入任意一个非负十进制整数，打印输出与其相应的二进制数。由于上述计算过程是从低位到高位顺序产生二进制数各个数位上的数，而打印输出时应从高位到低位进行，恰好与计算过程相反。根据这个特点，我们可以利用栈来实现，即将计算过程中依次得到的二进制数码按顺序进栈，计算结束后再顺序出栈，并按出栈序列打印输出，这样即可得到给定的十进制数对应的二进制数。这是利用栈“后进先出”特性的最简单的例子。当然，本例用数组直接实现也完全可以，但用栈实现时，逻辑过程更清楚。

```
void Conversion(int N)
{/* 对于任意的一个非负十进制数 N，打印出与其等值的二进制数 */
   Stack S; int x;  /* S 为顺序栈或链栈 */
   InitStack(&S);
   while(N>0)
   {
     x=N%2;
     Push(&S, x);   /* 将转换后的数字压入栈 S */
     N=N/2;
   }
   while(! IsEmpty(&S))
   {
     Pop(&S,&x);
     printf("%d",x);
   }
}
```

2. 括号匹配问题

假设表达式中包含三种括号：圆括号、方括号和花括号，它们可互相嵌套，如([{}]([]))或({([][()])})等均为正确的格式，而{[]})}或{[()]、([]}均为不正确的格式。在检验算法中可设置一个栈，每读入一个括号，若是左括号，则直接入栈，等待相匹配的同类右括号；若读入的是右括号，且与当前栈顶的左括号同类型，则两者匹配，将栈顶的左括号出栈，否则属于不合法的情况。另外，如果输入序列已读尽，而栈中仍有等待匹配的左括号，或者读入了一个右括号，而栈中已无等待匹配的左括号，均属不合法的情况。当输入序列和栈同时变为空时，说明所有括号完全匹配。

```
void BracketMatch(char *str)
/* str[]中为输入的字符串，利用堆栈技术来检查该字符串中的括号是否匹配 */
{
   Stack S; int i; char ch;
   InitStack(&S);
   for(i=0; str[i]!='\0'; i++)   /* 对字符串中的字符逐一扫描 */
   {
     switch(str[i]){
        case '(':
        case '[':
        case '{':
          Push(&S,str[i]);
          break;
        case ')':
        case ']':
        case '}':
          if(IsEmpty(&S))
            { printf("\n 右括号多余!"); return;}
```

```
        else
          {
            GetTop(&S,&ch);
            if(Match(ch,str[i]))   /* 用 Match 判断两个括号是否匹配 */
              Pop(&S,&ch);   /* 已匹配的左括号出栈 */
            else
              { printf("\n 对应的左右括号不同类!"); return;}
          }
    }/* switch */
  }/* for */
  if(IsEmpty(&S))
    printf("\n 括号匹配!");
  else
    printf("\n 左括号多余!");
}
```

3. 表达式求值

表达式求值是高级语言编译中的一个基本问题，是栈的典型应用实例。任何一个表达式都是由操作数(Operand)、运算符(Operator)和界限符(Delimiter)组成的。操作数既可以是常数，也可以是被说明为变量或常量的标识符；运算符可以分为算术运算符、关系运算符和逻辑运算符三类；基本界限符有左右括号和表达式结束符等。

我们仅讨论简单的算术表达式的求值问题。

1) 无括号算术表达式求值

■ 表达式计算

程序设计语言中都有计算表达式的问题，这是语言编译中的典型问题。

(1) 表达式形式：由运算对象、运算符及必要的表达式括号组成；

(2) 表达式运算：运算时要有一个正确的运算形式顺序。

由于某些运算符可能具有比别的运算符更高的优先级，因此表达式不可能严格地从左到右排序，参见图 3.5。

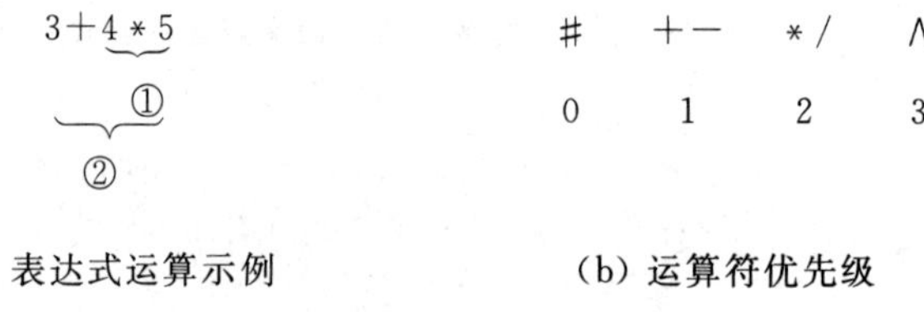

(a) 表达式运算示例　　(b) 运算符优先级

图 3.5　表达式运算及运算符优先级

■ 算法实现

为了正确地处理表达式，使用栈来实现正确的指令序列是一个重要的技术。无括号算术表达式的处理规则如下：

(1) 规定优先级表。

(2) 设置两个栈：OVS(运算数栈)和 OPTR(运算符栈)。

(3) 自左向右扫描，遇操作数进 OVS，遇操作符则与 OPTR 栈顶优先数比较：当前操作符＞OPTR 栈顶，当前操作符进 OPTR 栈；当前操作符≤OPTR 栈顶，OVS 栈顶、次顶和 OPTR 栈顶退栈形成运算 T(i)，T(i)进 OVS 栈。

无括号算术表达式的处理过程参见图 3.6。

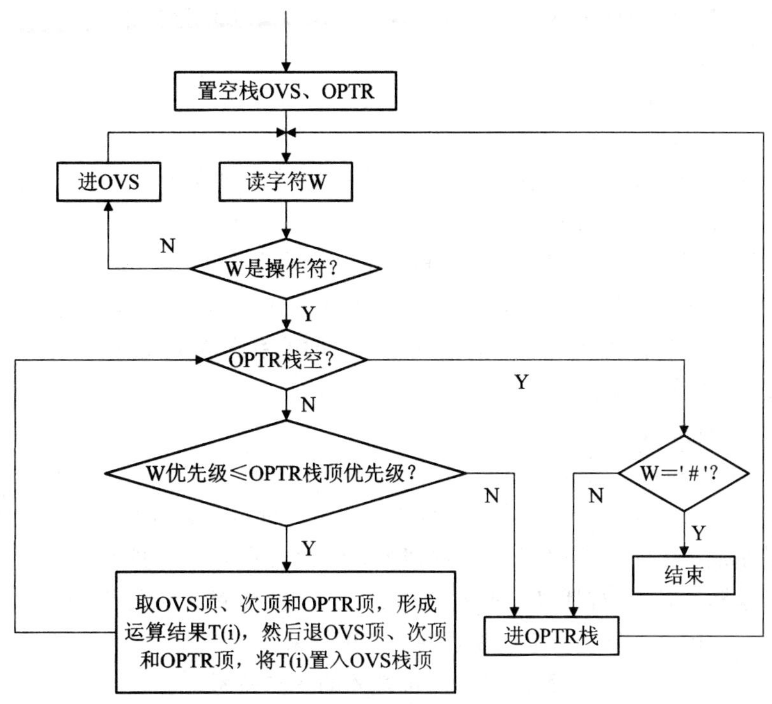

图 3.6　无括号算术表达式的处理过程

例 3-1　在实现 A/B↑C+D∗E 的运算过程中，栈区变化情况如图 3.7 所示。为运算方便，在表达式后面加上一个结束符＃，并将其视为一个优先级最低的特殊运算符，所以实际输入的表达式为 A/B↑C+D∗E＃。

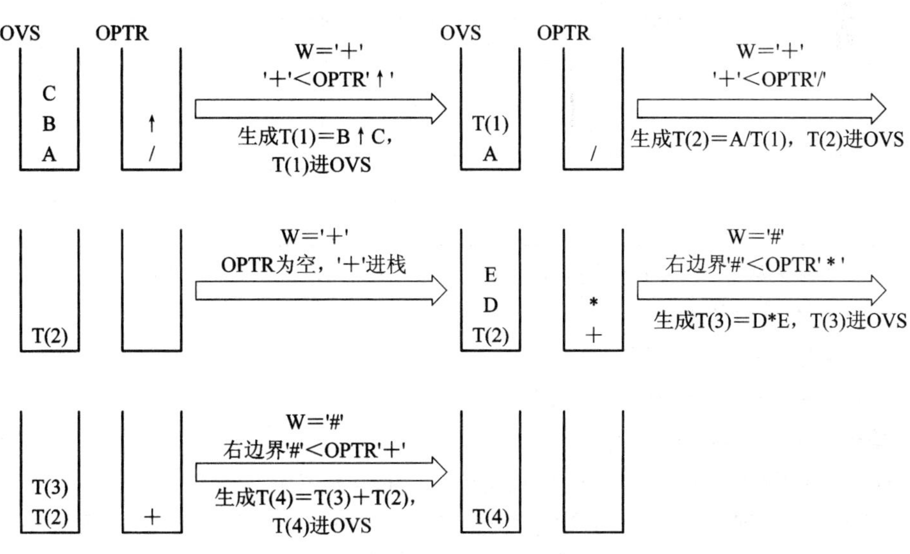

图 3.7　A/B↑C+D∗E 运算过程的栈区变化情况示意图

2）带括号算术表达式求值

假设操作数是整型常数，运算符只含加、减、乘、除等四种运算符，界限符有左右括号和表达式起始、结束符“#”，如#(7＋15)＊(23－28/4)#。引入表达式起始、结束符是为了方便。要对一个简单的算术表达式求值，首先要了解算术四则运算的规则：

(1) 先左，后右；

(2) 先乘、除，后加、减；

(3) 先括号内，后括号外。

下面介绍一种能够按上述规则对简单算术表达式求值的算法，通常称为“算符优先法”。算符优先法适用于一般的表达式求值。

运算符和界限符可统称为算符，它们构成的集合命名为OPS。根据上述三条运算规则，在运算过程中，假设当前处理的运算符为ch，运算符栈顶为θ，也就是θ是先遇到的运算符，进入了栈，ch是当前遇到的运算符。它们之间的关系必为下面三种关系之一：

ch＞θ，ch的优先级高于θ

ch＝θ，ch的优先级等于θ

ch＜θ，ch的优先级低于θ

运算符优先关系表说明及其使用

两者的优先关系可用一张二维表表示，如表3-1所示，空白部分表示不会出现的情况。比如右括号是不会进栈的，因此含有右括号的那一列为空。当前运算符ch为右括号，栈顶为左括号，我们设置为优先级相等，表示该进行脱括号运算。两个#相遇时，算法结束。

表3-1　算符之间的优先关系

ch \ θ	＋	－	＊	/	(	)	#
＋	＜	＜	＜	＜	＜		＞
－	＜	＜	＜	＜	＜		＞
＊	＞	＞	＜	＜	＜		＞
/	＞	＞	＜	＜	＜		＞
(	＞	＞	＞	＞	＞		＞
)	＜	＜	＜	＜	＝		
#	＜	＜	＜	＜	＜		＝

与无括号算数表达式求值相同，它也需要设置两个栈：OVS(运算数栈)和OPTR(运算符栈)，算法基本过程如下：

(1) 初始化OVS和OPTR。

(2) 自左向右扫描，进行如下处理：

① 遇到运算数则进OVS栈。

② 遇到运算符则与OPTR栈的栈顶运算符进行优先级比较：

· 如果当前运算符ch＞OPTR栈顶运算符θ，则当前运算符进OPTR栈，继续读取下一个字符；

· 如果当前运算符ch＝OPTR栈顶运算符，则左右括号相遇，进行脱括号，即运算符栈顶(左括号)退栈，继续读取下一个字符；

• 如果当前运算符 ch<OPTR 栈顶运算符，则 OPTR 退栈一次，得到栈顶运算符 θ，OVS 连续退栈两次，得到运算数 a 和 b，对 a、b 执行 θ 运算，得到结果 T(i)，将 T(i) 进 OVS 栈。

③ 当读到"#"，并且运算符栈顶也是"#"时，算法结束。

算法具体描述如下：

```
int ExpEvaluation()
/* 读入一个简单算术表达式并计算其值。OVS 和 OPTR 分别为运算符栈和运算数栈 */
{
    InitStack(&OVS);
    InitStack(&OPS);
    Push(&OPTR,'#');
    printf("\n\nPlease input an expression (Ending with #) :");
    ch=getchar();
    while(ch! ='#'||GetTop(OPTR)! ='#')      /* GetTop()通过函数值返回栈顶元素 */
      {
        if(ch>='0' && ch<='9')               /* 不是操作符，是操作数 */
        {
            int temp;
            temp=ch-'0';                     /* 先把当前操作数从字符变为数字 */
            ch=getchar();
            while(ch>='0' && ch<='9')        /* 继续判断下一位是否为操作数 */
            {
                temp=temp*10+ch-'0';
                ch=getchar();
            }
          push(&OVS,temp);
        }
      else
            switch(Compare(ch, GetTop(OPTR)))
            {
                case '>':   Push(&OPTR,ch);
                ch=getchar(); break;
                case '=':   Pop(&OPTR,&op);   /* 脱括号 */
                ch=getchar(); break;
                case '<':   Pop(&OPTR,&op);
                            Pop(&OVS,&b);
                            Pop(&OVS,&a);
                            v=Execute(a,op,b);  /* 对 a 和 b 进行 op 运算 */
                            Push(&OVS,v);
                            break;
             }
```

```
    }
    v=GetTop(OVS);
    return (v);
}
```

3.1.4 栈与递归的实现

栈非常重要的一个应用是在程序设计语言中用来实现递归。**递归**是指在定义自身的同时又出现了对自身的调用。如果一个函数在其定义体内直接调用自己，则称其为**直接递归函数**；如果一个函数经过一系列的中间调用语句，通过其他函数间接调用自己，则称其为**间接递归函数**。

1. 递归特性问题

现实中，许多问题具有固有的递归特性。

1）递归函数

例如，很多数学函数是递归定义的，如二阶 Fibonacci 数列：

$$\mathrm{Fib}(n)=\begin{cases}0 & (n=0)\\ 1 & (n=1)\\ \mathrm{Fib}(n-1)+\mathrm{Fib}(n-2) & \text{其他}\end{cases}$$

Ackerman 函数：

$$\mathrm{Ack}(m,n)=\begin{cases}n+1 & (m=0)\\ \mathrm{Ack}(m-1,1) & (m\neq 0,n=0)\\ \mathrm{Ack}(m-1,\mathrm{Ack}(m,n-1)) & (m\neq 0,n\neq 0)\end{cases}$$

上述 Ackerman 函数可用一个简单的 C 语言函数描述如下：

```
int ack(int m,int n)
{
   if(m==0) return n+1;
   else if(n==0) return ack(m-1,1);
        else return ack(m-1,ack(m,n-1));
}
```

2）递归数据结构的处理

在后续章节将要学习的一些数据结构，如广义表、二叉树、树等结构其本身均具有固有的递归特性，因此可以自然地采用递归法进行处理。

递归结构示例

3）递归求解方法

许多问题的求解过程可以用递归分解的方法描述，一个典型的例子是著名的汉诺(Hanoi)塔问题。

汉诺塔问题理解

例 3-2　n 阶 Hanoi 塔问题。假设有三个分别命名为 X、Y 和 Z 的塔座，在塔座 X 上插有 n 个直径大小各不相同且依小到大编号为 1、2、…、n 的圆盘。现要求将 X 塔座上的 n 个圆盘移至塔座 Z 上并仍按同样顺序叠排，圆盘移动时必须遵循下列原则：

(1) 每次只能移动一个圆盘；

(2) 圆盘可以插在 X、Y 和 Z 中的任何一个塔座上；

(3) 任何时刻都不能将一个较大的圆盘压在较小的圆盘之上。

如何实现移动圆盘的操作呢？当 n=1 时，问题比较简单，只要将编号为 1 的圆盘从塔座 X 直接移动到塔座 Z 上即可；当 n>1 时，需利用塔座 Y 作辅助塔座，若能设法将压在编号为 n 的圆盘上的 n−1 个圆盘从塔座 X(依照上述原则)移至塔座 Y 上，则可先将编号为 n 的圆盘从塔座 X 移至塔座 Z 上，然后将塔座 Y 上的 n−1 个圆盘(依照上述原则)移至塔座 Z 上。而如何将 n−1 个圆盘从一个塔座移至另一个塔座问题是一个和原问题具有相同特征属性的问题，只是问题的规模小个 1，因此可以用同样方法求解。由此可得如下算法所示的求解 n 阶 Hanoi 塔问题的函数。

```
void hanoi(int n,char x,char y,char z) /* 将塔座X上按直径由小到大且自上而下编号为1至n的n
个圆盘按规则搬到塔座Z上，Y可用作辅助塔座 */
  {
    if(n==1)
      move(x,1,z);             /* 将编号为1的圆盘从X移动Z */
    else {
      hanoi(n-1,x,z,y);        /* 将X上编号为1至n-1的圆盘移到Y，Z作辅助塔 */
      move(x,n,z);             /* 将编号为n的圆盘从X移到Z */
      hanoi(n-1,y,x,z);        /* 将Y上编号为1至n-1的圆盘移动到Z，X作辅助塔 */
      }
  }
```

看懂递归进行的过程对理解递归具有重要的作用。

下面给出三个盘子搬动时 hanoi(3, a, b, c)递归调用过程，其运行示意图如图 3.8 所示。

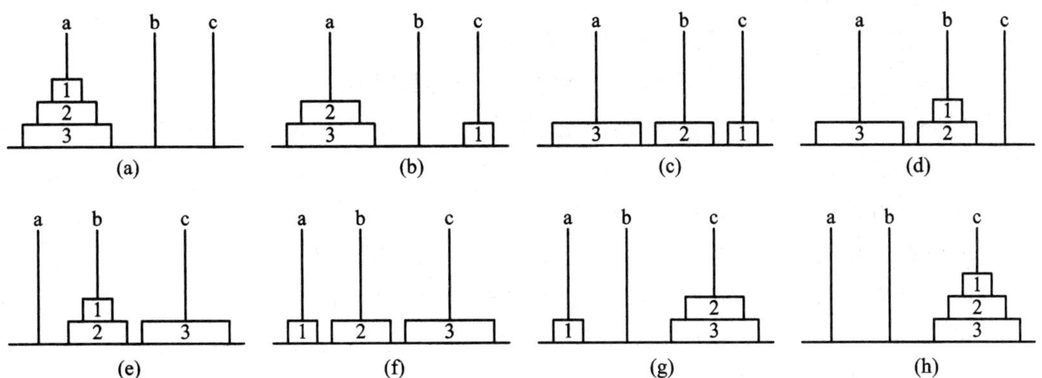

图 3.8　Hanoi 塔的递归函数运行示意图

```
hanoi(2,a,c,b):
    hanoi(1,a,b,c) move(a->c)        1 号搬到 c
    move(a->b)                       2 号搬到 b
    hanoi(1,c,a,b) move(c->b)        1 号搬到 b
    move(a->c)                       3 号搬到 c
hanoi(2,b,a,c):
```

hanoi(1,b,c,a) move(b－>a)　　1号搬到a

move(b－>c)　　2号搬到c

hanoi(1,a,b,c) move(a－>c)　　1号搬到c

还有许多问题，其递归算法比迭代算法在逻辑上更简明，如快速排序法、图的深度优先搜索问题等。

通过上面的例子可看出，递归既是强有力的数学方法，也是程序设计中一个很有用的工具。其优点是对递归问题描述简洁，结构清晰，程序的正确性容易证明。

递归算法就是算法中有直接或间接调用算法本身的算法。递归算法的要点如下：

(1) 问题具有类同自身的子问题的性质，被定义项在定义中的应用具有更小的尺度。

(2) 被定义项在最小尺度上有直接解。

递归算法设计的原则是用自身的简单情况来定义自身，一步比一步更简单，确定递归的控制条件非常重要。设计递归算法的方法是：

(1) 寻找方法，将问题化为原问题的子问题求解(例如 n!＝n＊(n－1)!)。

(2) 设计递归出口，确定递归终止条件(例如求解 n!，当 n＝1 时，n!＝1)。

2. 递归过程的实现

递归进层(i→i＋1 层)系统需要做三件事：

(1) 保留本层参数与返回地址(将所有的实在参数、返回地址等信息传递给被调用函数保存)；

(2) 给下层参数赋值(为被调用函数的局部变量分配存储区)；

(3) 将程序转移到被调函数的入口。

而从被调用函数返回调用函数之前，递归退层(i←i ＋1 层)系统也应完成三件工作：

(1) 保存被调函数的计算结果；

(2) 恢复上层参数(释放被调函数的数据区)；

(3) 依照被调函数保存的返回地址，将控制转移回调用函数。

当递归函数调用时，应按照“后调用先返回”的原则处理调用过程，因此上述函数之间的信息传递和控制转移必须通过栈来实现。系统将整个程序运行时所需的数据空间安排在一个栈中，每当调用一个函数时，就为它在栈顶分配一个存储区；而每当从一个函数退出时，就释放它的存储区。显然，当前正在运行的函数的数据区必在栈顶。

在一个递归函数的运行过程中调用函数和被调用函数是同一个函数，因此与每次调用时相关的一个重要的概念是递归函数运行的“层次”。假设调用该递归函数的主函数为第0层，则从主函数调用递归函数为进入第1层；从第i层递归调用本函数为进入“下一层”，即第i＋1层。反之，退出第i层递归应返回至“上一层”，即第i－1层。为了保证递归函数正确执行，系统需设立一个**递归工作栈**作为整个递归函数运行期间使用的数据存储区。每层递归所需信息构成一个**工作记录**，其中包括所有的实在参数、所有的局部变量以及上一层的返回地址。每进入一层递归，就产生一个新的工作记录压入栈顶。每退出一层递归，就从栈顶弹出一个工作记录。因此当前执行层的工作记录必为递归工作栈栈顶的工作记录，我们称这个记录为**活动记录**；并称指示活动记录的栈顶指针为**当前环境指针**。由于递归工作栈是由系统来管理的，不需要用户操心，所以用递归法编制程序非常方便。

例 3-3 $n!=\begin{cases}1 & (n=0)\\ n*(n-1)! & (n\geqslant 1)\end{cases}$

更小尺度

其递归算法如下，n=3 时的递归调用的变化情况如图 3.9 所示。

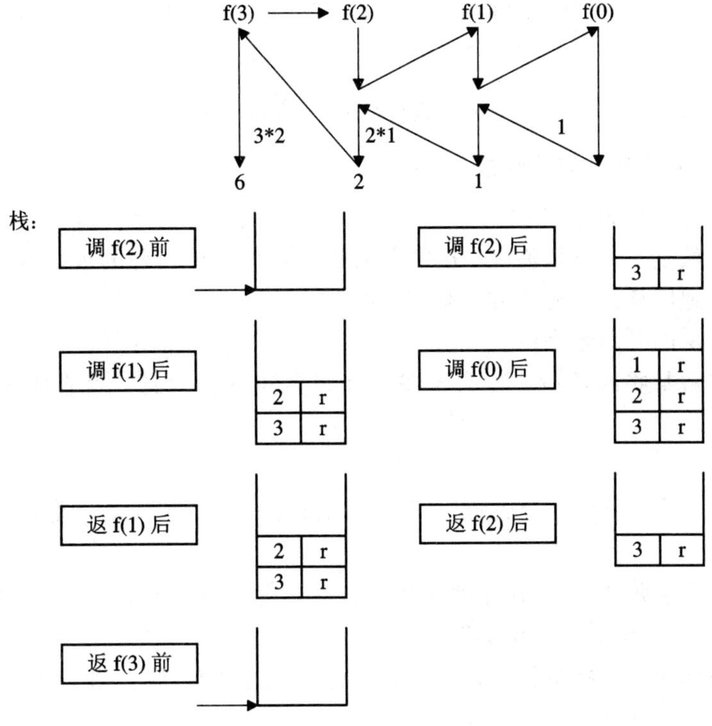

图 3.9 递归调用变化情况示意图

```
int f(int n )    /* 设 n>0 */
{
  if (n==0) return(1);
  else return(n * f(n-1));
}
```

递归进层三件事：保存本层参数、返回地址；

传递参数，分配局部数据空间；

控制转移。

递归退层三件事：恢复上层；

传递结果；

转断点执行。

为便于理解递归运行机制，给出图 3.10。

由图 3.10 可看出，整个计算包括自上而下递归调用进层和自下而上递归返回退层两个阶段，所有递归调用直接或间接依赖 f(0)，所以整个阶段分为两步，计算顺序在第二阶段，先计算 f(0)→f(1)→…→f(n)，并用工作变量 y 记录中间结果。

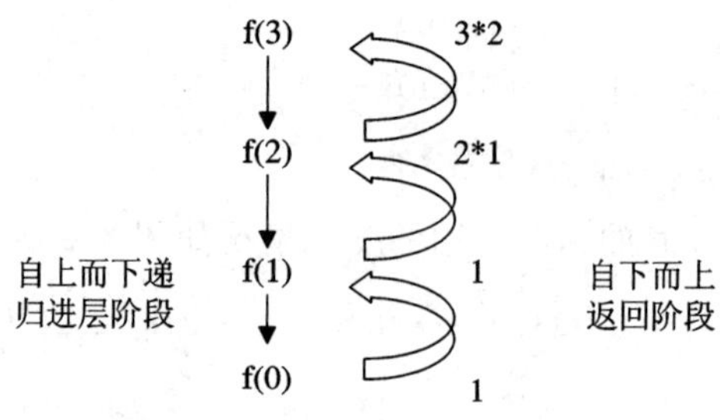

图 3.10 递归调用流程变化示意图

3. 递归算法到非递归算法转换

递归算法具有以下两个特性：

(1) 递归算法是一种分而治之、把复杂问题分解为简单问题的求解问题方法，对求解某些复杂问题，递归算法的分析方法是有效的。

(2) 递归算法的时间效率低。

为此，在求解某些问题时，我们希望用递归算法分析问题，用非递归算法求解具体问题。

1) 消除递归的原因

其一：有利于提高算法时空性能，因为递归执行时需要系统提供隐式栈实现递归，效率低且费时。

其二：无应用递归语句的语言设施环境条件，有些计算机语言不支持递归功能，如FORTRAN 语言、C 语言中无递归机制。

其三：递归算法是一次执行完，这在处理有些问题时不合适，也存在一个把递归算法转化为非递归算法的需求。

理解递归机制是掌握递归编程技能的必要前提。消除递归要基于对问题的分析，常用的有两类消除递归方法：一类是简单递归问题的转换，对于尾递归和单向递归的算法，可用循环结构的算法替代；另一类是基于栈的方式，即将递归中隐含的栈机制转化为由用户直接控制的明显的栈，利用堆栈保存参数。由于堆栈的后进先出特性吻合递归算法的执行过程，因而可以用非递归算法替代递归算法。

这里仅讨论简单递归转化为非递归的问题，基于栈的递归消除将在第 6 章树中再做介绍。

2) 简单递归(尾递归和单向递归)消除

在简单情况下，将递归算法可简化为线性序列执行，可直接转换为循环实现。

例 3-4 斐波那契数列 $\text{Fib}(n)=\begin{cases}0 & (n=0)\\1 & (n=1)\\\text{Fib}(n-1)+\text{Fib}(n-2) & (n>2)\end{cases}$

斐波那契数列的递归算法 Fib(n)如下，Fib(5)递归调用过程如图 3.11 所示。

```
int Fib(int n)
{
   if(n= =0||n= =1) return n;          /* 递归出口 */
   else return Fib(n-1)+Fib(n-2);      /* 递归调用 */
```

```
}
```

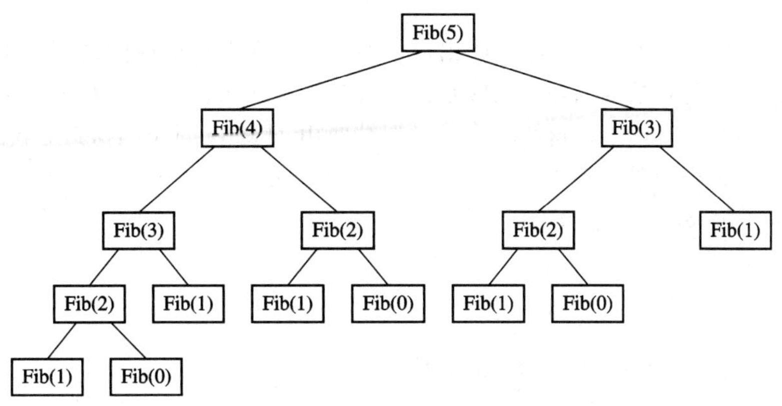

图 3.11　Fib(5)递归调用过程示意图

图 3.11 中的 15 个点表示 15 次运算。如果合并重合点，按图 3.12 所示粗黑线循环实现计算，共需进行 5 次运算。

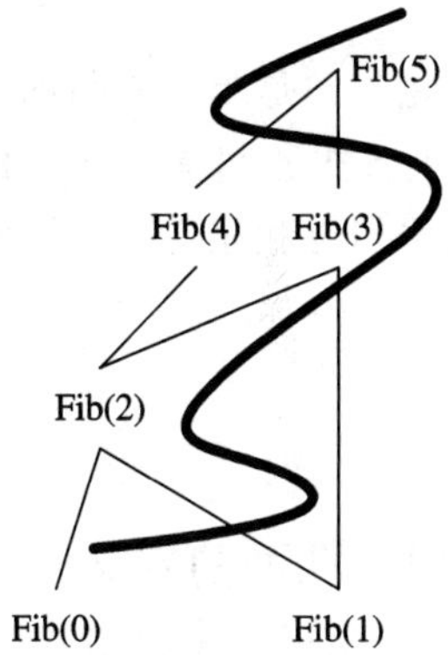

Fib(5)
Fib(4)　Fib(3)
Fib(2)
Fib(0)　Fib(1)

图 3.12　Fib(5)循环调用过程示意图

单向递归的一个典型例子是我们讨论过的计算斐波那契数列的算法 Fib(n)。其中，递归调用语句 Fib(n－1)和 Fib(n－2)只与主调用函数 Fib(n)有关，相互之间参数无关，并且这些递归调用语句也和尾递归一样处于算法的最后。

```
int Fib(int n):
{ int x,y,z;
   if(n==0||n==1) return n;    /* 计算 Fib(0)、Fib(1) */
   else {x=0, y=1;   /* x=Fib(0), y=Fib(1) */
        for( i=2;i<= n; i ++ )
         {z=y;      /* z=Fib(i-1) */
          y=x+y;  /* y=Fib(i-1)+Fib(i-2), 求 Fib(i), 形成第 i 项 */
          x=z};     /* x=Fib(i-1) */
        }
   return y ;
}
```

循环方式计算 Fib(n)的计算 Fib(i)(i=2，…，n)是在已计算过 Fib(i－1)与 Fib(i－2)的基础上进行的，无重复计算，时间复杂度为 O(n)；虽然没有上面递归算法直观，但时空耗费远少于递归算法，速度快。而递归方式的 Fib(n)算法要计算第 n 项斐波那契数列，必须计算 n－1 项与 n－2 项的斐波那契数列，而某次递归计算得出的斐波那契数列，如 Fib(3)无法保存，下一次要用到时还需要递归计算，因此其时间复杂度为 $O(2^n)$。

尾递归是指递归调用语句只有一个，而且是处于算法的最后。我们以阶乘问题的递归算法 Fact(n)为例讨论尾递归算法的运行过程。为讨论方便，我们列出阶乘问题的递归算法 Fact(n)，并简化掉参数 n 的出错检查语句，改写递归调用语句的位置在最后，算法如下：

```
long Fact(int n)
{
   if(n==0) return 1;
```

```
    return n * Fact(n-1);
}
```

分析上述算法可以发现，当递归调用返回时，返回到上一层递归调用的下一语句，而这个返回位置正好是算法的末尾。也就是说，以前每次递归调用时保存的返回地址、函数返回值和函数参数等实际上在这里根本就没有被使用。因此，对于尾递归形式的递归算法，不必利用系统的运行时栈保存各种信息。尾递归形式的算法实际上可变成循环结构的算法。循环结构的阶乘问题算法 Fact(n)如下：

```
long Fact(int n)
{
    int fac=1;
    for(int i=1;i<=n;i++)    /* 依次计算 f(1), …, f(n) */
        fac=fac * i;    /* f(i)= f(i) * i */
    return fac;
}
```

尾递归是单向递归的特例。单向递归是指递归函数中虽然有一处以上的递归调用语句，但各次递归调用语句的参数只与主调用函数有关，相互之间参数无关，并且这些递归调用语句也和尾递归一样处于算法的最后。

3.2 队　　列

3.2.1 队列的定义

队列(Queue)是另一种限定性的线性表，它只允许在表的一端插入元素，而在另一端删除元素，所以队列具有先进先出(Fist In Fist Out，FIFO)的特性。这与我们日常生活中的排队是一致的，最早进入队列的人最早离开，新来的人总是加入到队尾。在队列中，允许插入的一端称为**队尾**(Rear)；允许删除的一端则称为**队头**(Front)。假设队列为 $q=(a_1, a_2, \cdots, a_n)$，那么 a_1 就是队头元素，a_n 则是队尾元素。队列中的元素是按照 a_1、a_2、…、a_n 的顺序进入的，退出队列也必须按照同样的次序依次出队，也就是说，只有在 a_1、a_2、…、a_{n-1} 都离开队列之后，a_n 才能退出队列。

队列在程序设计中也经常出现。一个最典型的例子就是操作系统中的作业排队。在允许多道程序运行的计算机系统中，同时有几个作业运行。如果运行的结果都需要通过通道输出，那就要按请求输出的先后次序排队。凡是申请输出的作业都从队尾进入队列。

下面我们给出队列的抽象数据类型定义：

ADT Queue{

数据元素：可以是任意类型的数据，但必须属于同一个数据对象。

数据关系：队列中数据元素之间是线性关系。

基本操作：

(1) InitQueue(&Q)：初始化操作。设置一个空队列。

(2) IsEmpty(Q)：判空操作。若队列为空，则返回 TRUE；否则返回 FALSE。

(3) EnterQueue(&Q, x)：入队操作。在队列 Q 的队尾插入 x。若操作成功，则返回值为 TRUE；否则返回值为 FALSE。

(4) DeleteQueue(&Q,&x)：出队操作。使队列 Q 的队头元素出队，并用 x 带回其值。若操作成功，则返回值为 TRUE；否则返回值为 FALSE。

(5) GetHead(Q,&x)：取队头元素操作。用 x 取得队头元素的值。若操作成功，则返回值为 TRUE；否则返回值为 FALSE。

(6) ClearQueue(&Q)：队列置空操作。将队列 Q 置为空队列。

(7) DestroyQueue(&Q)：队列销毁操作。释放队列的空间。

}**ADT Queue**

3.2.2 队列的表示和实现

与线性表类似，队列也可以有两种存储表示，即顺序表示和链式表示。

1. 链队列

用链表表示的队列简称为**链队列**。为了操作方便，我们采用带头结点的链表结构，并设置一个队头指针和一个队尾指针，如图 3.13 所示。队头指针始终指向头结点，队尾指针指向当前最后一个元素。空的链队列的队头指针和队尾指针均指向头结点。

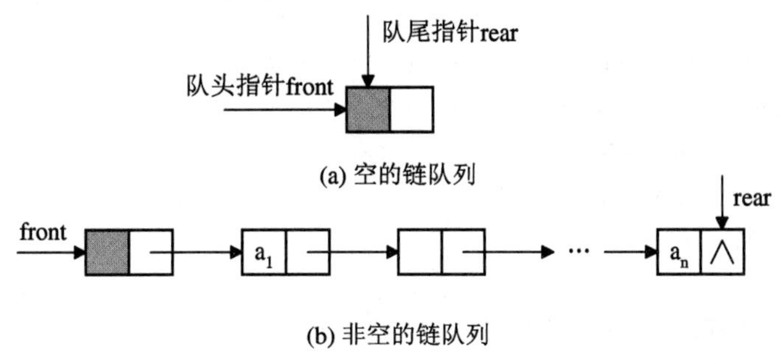

图 3.13 链队列

链队列可以定义如下：

```
#define TRUE 1
#define FALSE 0
typedef struct Node
{
   QueueElementType   data;    /* 数据域 */
   struct Node   *next;    /* 指针域 */
}LinkQueueNode;
typedef struct
{
   LinkQueueNode *front;
   LinkQueueNode *rear;
}LinkQueue;
```

下面给出链队列的基本操作。

(1) 初始化操作。

```
int InitQueue(LinkQueue * Q)
{ /* 将队列 Q 初始化为一个空的链队列 */
   Q->front=(LinkQueueNode *)malloc(sizeof(LinkQueueNode));
   if(Q->front!=NULL)
     {
        Q->rear=Q->front;
        Q->front->next=NULL;
        return(TRUE);
     }
   else return(FALSE);   /* 溢出! */
}
```

(2) 入队操作。

```
int EnterQueue(LinkQueue * Q, QueueElementType x)
{ /* 将数据元素 x 插入到队列 Q 中 */
  LinkQueueNode * NewNode;
  NewNode=(LinkQueueNode * )malloc(sizeof(LinkQueueNode));
  if(NewNode!=NULL)
     {
        NewNode->data=x;
        NewNode->next=NULL;
        Q->rear->next=NewNode;
        Q->rear=NewNode;
        return(TRUE);
     }
   else return(FALSE);   /* 溢出! */
}
```

(3) 出队操作。

```
int DeleteQueue(LinkQueue * Q, QueueElementType * x)
{ /* 将队列 Q 的队头元素出队，并存放到 x 所指的存储空间中 */
  LinkQueueNode * p;
  if(Q->front==Q->rear)
    return(FALSE);
  p=Q->front->next;
  Q->front->next=p->next;   /* 队头元素 p 出队 */
  if(Q->rear==p)   /* 如果队中只有一个元素 p，则 p 出队后成为空队 */
    Q->rear=Q->front;
  * x=p->data;
  free(p);   /* 释放存储空间 */
  return(TRUE);
}
```

2. 循环队列

循环队列是队列的一种顺序表示和实现方法。与顺序栈类似，在队列的顺序存储结构中，我们用一组地址连续的存储单元依次存放从队头到队尾的元素，如一维数组Queue[MAXSIZE]。此外，由于队列中队头和队尾的位置都是动态变化的，因此需要附设两个指针 front 和 rear，分别指示队头元素和队尾元素在数组中的位置。初始化队列时，令 front = rear =0；入队时，直接将新元素送入尾指针 rear 所指的单元，然后尾指针增 1；出队时，直接取出队头指针 front 所指的元素，然后头指针增 1。显然，在非空顺序队列中，队头指针始终指向当前的队头元素，而队尾指针始终指向真正队尾元素后面的单元。当 rear=MAXSIZE 时，认为队满。但此时不一定是真的队满，因为随着部分元素的出队，数组前面会出现一些空单元，如图 3.14(d)所示。由于只能在队尾入队，使得上述空单元无法使用，我们把这种现象称为假溢出。真正队满的条件是 rear−front=MAXSIZE。

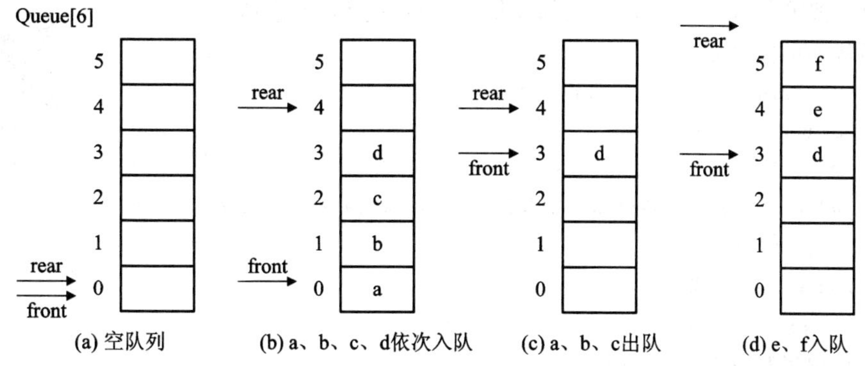

图 3.14　队列的基本操作

为了解决假溢出现象并使得队列空间得到充分利用，一个较巧妙的办法是将顺序队列的数组看成一个环状的空间，即规定最后一个单元的后继为第一个单元，我们形象地称之为循环队列。假设队列数组为 Queue[MAXSIZE]，当 rear+1=MAXSIZE 时，令 rear=0，即可求得最后一个单元 Queue[MAXSIZE−1]的后继：Queue[0]。更简便的办法是通过数学中的取模(求余)运算来实现：rear=(rear+1)mod MAXSIZE，显然，当 rear+1= MAXSIZE 时，rear=0，同样可求得最后一个单元 Queue[MAXSIZE−1]的后继：Queue[0]。所以，借助于取模(求余)运算，可以自动实现队尾指针、队头指针的循环变化。入队操作时，队尾指针的变化是：rear=(rear+1)mod MAXSIZE；而出队操作时，队头指针的变化是：front=(front+1)mod MAXSIZE。图 3.15 给出了循环队列的几种情况。

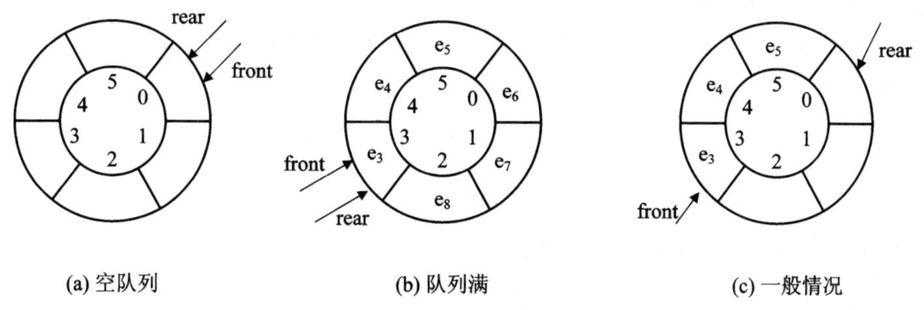

图 3.15　循环队列

与一般的非空顺序队列相同，在非空循环队列中，队头指针始终指向当前的队头元素，而队尾指针始终指向真正队尾元素后面的单元。在图 3.15(c)所示循环队列中，队列头元素

是 e_3，队列尾元素是 e_5，当 e_6、e_7 和 e_8 相继入队后，队列空间均被占满，如图 3.15(b)所示，此时队尾指针追上队头指针，所以有 front ＝rear。反之，若 e_3、e_4 和 e_5 相继从图 3.15(c)所示的队列中删除，则得到空队列，如图 3.15(a)所示，此时队头指针追上队尾指针，所以也存在关系式 front＝rear。可见，只凭 front＝rear 无法判别队列的状态是"空"还是"满"。对于这个问题，可有两种处理方法：一种方法是少用一个元素空间。当队尾指针所指向的空单元的后继单元是队头元素所在的单元时，则停止入队。这样一来，队尾指针永远追不上队头指针，所以队满时不会有 front＝rear。现在队列"满"的条件为(rear＋1)mod MAXSIZE＝front。判队空的条件不变，仍为 rear＝front。另一种方法是增设一个标志量，以区别队列是"空"还是"满"。

下面主要介绍损失一个存储空间以区分队列空与满的方法。

区分队空和队满的第三种方法

循环队列的类型定义：

```
#define MAXSIZE 50    /*队列的最大长度*/
typedef struct
{
  QueueElementType element[MAXSIZE];   /* 队列的元素空间*/
  int front;   /*头指针指示器*/
  int rear ;   /*尾指针指示器*/
}SeqQueue;
```

下面给出循环队列的基本操作。

(1) 初始化操作。

```
void InitQueue(SeqQueue *Q)
{ /* 将*Q初始化为一个空的循环队列 */
  Q->front=Q->rear=0;
}
```

(2) 入队操作。

```
int EnterQueue(SeqQueue *Q, QueueElementType x)
{ /*将元素x入队*/
  if((Q->rear+1)%MAXSIZE==Q->front)   /*队列已经满了*/
    return(FALSE);
  Q->element[Q->rear]=x;
  Q->rear=(Q->rear+1)%MAXSIZE;   /* 重新设置队尾指针 */
  return(TRUE);   /*操作成功*/
}
```

(3) 出队操作。

```
int DeleteQueue(SeqQueue *Q, QueueElementType *x)
{ /*删除队列的队头元素，用x返回其值*/
  if(Q->front==Q->rear) /*队列为空*/
      return(FALSE);
  *x=Q->element[Q->front];
  Q->front=(Q->front+1)%MAXSIZE;   /*重新设置队头指针*/
  return(TRUE);   /*操作成功*/
```

}

这里我们采用了第一种处理假溢出问题的方法。如果采用第二种方法(参做本章习题 3.7)，则需要设置一个标志量 tag。初始化操作即产生一个空的循环队列，此时 Q－＞front＝Q－＞rear＝0，tag＝0；当空的循环队列中有第一个元素入队时，则 tag＝1，表示循环队列非空；当 tag＝1 且 Q－＞front＝Q－＞rear 时，表示队满。

除了栈和队列之外，还有一种限定性数据结构是双端队列(Deque)。双端队列是限定插入和删除操作都可以在表的两端进行的线性表。这两端分别称作端点 1 和端点 2。在实际使用中，还可以有输出受限的双端队列(即一个端点允许插入和删除操作，另一个端点只允许插入操作的双端队列)和输入受限的双端队列(即一个端点允许插入和删除操作，另一个端点只允许删除操作的双端队列)。如果限定双端队列从某个端点插入的元素只能从该端点删除，则该双端队列就蜕变成为两个栈底相邻接的栈了。尽管双端队列看起来似乎比栈和队列更灵活，但实际上在应用程序中远不及栈和队列常用，故在此不做详细讨论。

3.2.3 队列的应用举例

1. 打印杨辉三角形

下面介绍利用队列打印杨辉三角形的算法。杨辉三角形的图案如图 3.16 所示。

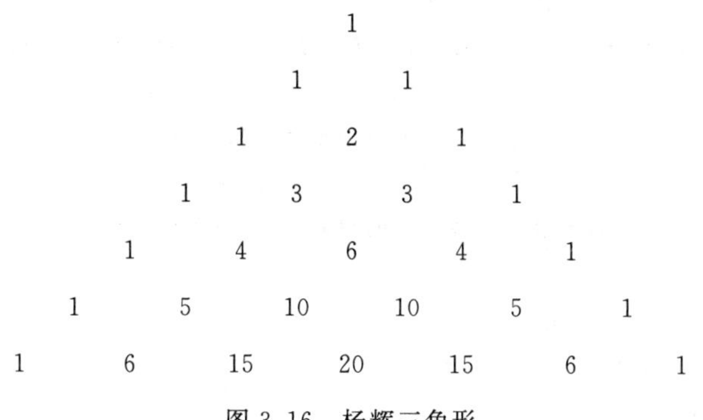

图 3.16 杨辉三角形

由图 3.16 可以看出，杨辉三角形的特点是两个腰上的数字都为 1，其他位置上的数字是其上一行中与之相邻的两个整数之和，所以在打印过程中，第 i 行上的元素要由第 i－1 行中的元素来生成。我们可以利用循环队列实现打印杨辉三角形的过程。在循环队列中依次存放第 i－1 行上的元素，然后逐个出队并打印，同时生成第 i 行元素并入队。在整个过程中，杨辉三角形中元素的入队顺序如图 3.17 所示。

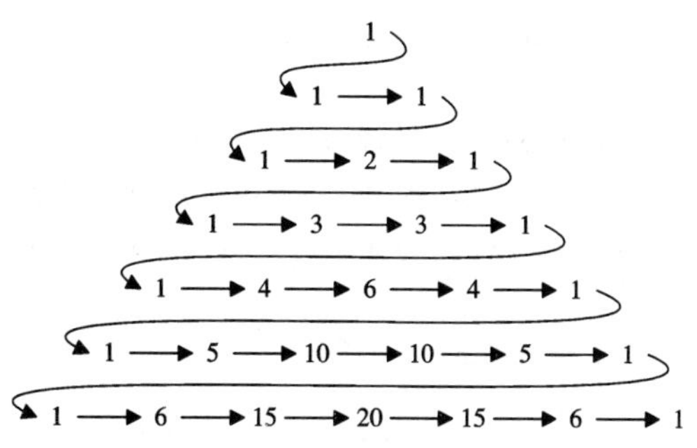

图 3.17 杨辉三角形元素入队顺序

下面以用第 6 行元素生成第 7 行元素为例来介绍其具体操作。

(1) 第 7 行的第一个元素 1 入队。

element[rear]=1;

rear=(rear +1)% MAXSIZE;

(2) 循环做以下操作，产生第 7 行的中间 5 个元素并入队。

element[rear]=element[front]+element[(front+1) %MAXSIZE];

rear=(rear +1)% MAXSIZE;

front=(front+1)%MAXSIZE;

(3) 第 6 行的最后一个元素 1 出队。

front=(front+1)%MAXSIZE;

(4) 第 7 行的最后一个元素 1 入队。

element[rear]=1;

rear=(rear +1)% MAXSIZE;

另外应该注意，所打印的杨辉三角形的最大行数一定要小于循环队列的 MAXSIZE 值。当然，本例用链队列也完全可以实现。

下面给出打印杨辉三角形的前 n 行元素的具体算法：

```
void YangHuiTriangle( )
{ SeqQueue Q;
  InitQueue(&Q);
  EnterQueue(&Q,1);   /* 第一行元素入队 */
  for(n=2;n<=N;n++)   /* 产生第 n 行元素并入队，同时打印第 n-1 行的元素 */
  {
    EnterQueue(&Q,1);   /* 第 n 行的第一个元素入队 */
    for(i=1;i<=n-2;i++)
    /* 利用队中第 n-1 行元素产生第 n 行的中间 n-2 个元素并入队 */
    {
      DeleteQueue(&Q,&temp);
      Printf("%d",temp);   /* 打印第 n-1 行的元素 */
      GetHead(Q,&x);
      temp=temp+x;   /* 利用队中第 n-1 行元素产生第 n 行元素 */
      EnterQueue(&Q,temp);
    }
    DeleteQueue(&Q,&x);
    printf("%d",x);   /* 打印第 n-1 行的最后一个元素 */
    EnterQueue(&Q,1)   /* 第 n 行的最后一个元素入队 */
  }
  while (! ISEmpty(Q))
  {
    DeleteQueue(&Q, &x);
    printf("%d", x)
  }
}
```

上面的算法只是逐个打印出了杨辉三角形前 n 层中的数据元素，并没有按三角形的形式输出，读者可以自己加入坐标数据，然后在屏幕上打印出杨辉三角形。

2. 键盘输入循环缓冲区问题

在操作系统中，循环队列经常用于实时应用程序。例如，当程序正在执行其他任务时，用户可以从键盘上不断键入所要输入的内容。很多字处理软件就是这样工作的。系统在利用这种分时处理方法时，用户键入的内容不能在屏幕上立刻显示出来，直到当前正在工作的那个进程结束为止。但在这个进程执行时，系统是在不断地检查键盘状态，如果检测到用户键入了一个新的字符，就立刻把它存到系统缓冲区中，然后继续运行原来的进程。在当前工作的进程结束后，系统就从缓冲区中取出键入的字符，并按要求进行处理。这里的键盘输入缓冲区采用了循环队列，而队列的特性保证了输入字符先键入、先保存、先处理的要求，循环结构又有效地限制了缓冲区的大小，并避免了假溢出问题。下面我们用一程序来模拟这种应用情况。

问题描述：有两个进程同时存在于一个程序中。其中第一个进程在屏幕上连续显示字符"A"，与此同时，程序不断检测键盘是否有输入，如果有的话，就读入用户键入的字符并保存到输入缓冲区中。在用户输入时，键入的字符并不立即回显在屏幕上。当用户键入一个逗号(,)时，表示第一个进程结束，第二个进程从缓冲区中读取那些已键入的字符并显示在屏幕上。第二个进程结束后，程序又进入第一个进程，重新显示字符"A"，同时用户又可以继续键入字符，直到用户输入一个分号(;)，才结束第一个进程，同时也结束整个程序。

```
#include "stdio.h"
#include "conio.h"
#include "queue.h"
main()
{/*模拟键盘输入循环缓冲区*/
  char ch1, ch2;
  SeqQueue Q;
  int f;
  InitQueue (&Q);              /* 队列初始化 */
  for(;;)
  {
    for(;;)                    /*第一个进程*/
    {
       printf("A");
       if(kbhit())             /*有击键动作*/
       {
         ch1= getch( );    /* 读取键入的字符，但屏幕上不显示 */
         if(ch1==';'||ch1=='.') break;   /* 第一个进程正常中断 */
         f= EnterQueue (&Q, ch1);
         if(f==FALSE)
         {
           printf("循环队列已满\n");
           break;        /* 循环队列满时，强制中断第一个进程*/
         }
       }
```

```
    }
    while (! IsEmpty(Q))        /* 第二个进程 */
    {
        DeleteQueue (&Q, &ch2);
        putchar(ch2);           /* 显示输入缓冲区的内容 */
    }
    if(ch1=='.') break;         /* 整个程序结束 */
  }
}
```

习　　题

第 3 章习题参考答案

3.1　按图 3.1(b)所示铁路调度站铁道(两侧铁道均为单向行驶道)进行车厢调度，回答：

(1) 若进站的车厢序列为 123，则可能得到的出站车厢序列是什么?

(2) 若进站的车厢序列为 123456，能否得到 435612 和 135426 的出站序列，并说明原因(即写出以"S"表示进栈、以"X"表示出栈的栈操作序列)。

3.2　设队列中有 A、B、C、D、E 这 5 个元素，其中队首元素为 A。如果对这个队列重复执行下列 4 步操作：

(1) 输出队首元素；

(2) 把队首元素值插入到队尾；

(3) 删除队首元素；

(4) 再次删除队首元素。

直到队列成为空队列为止，得到输出序列为________。

(A) A C E C C　　　　(B) A C E

(C) A C E C C C　　　(D) A C E C

3.3　给出栈的两种存储结构形式名称，在这两种栈的存储结构中如何判别栈为空或满?

3.4　按照四则运算加、减、乘、除和幂运算(↑)优先关系的惯例，画出对下列算术表达式求值时操作数栈和运算符栈的变化过程：

$$A-B*C/D+E\uparrow F$$

3.5　假设表达式由单字母变量和双目四则运算算符构成。试写一个算法，将一个通常书写形式且书写正确的表达式转换为逆波兰式。

3.6　假设以带头结点的循环链表表示队列，并且只设一个指针指向队尾元素结点(注意不设头指针)，试编写相应的队列初始化、入队列和出队列的算法。

3.7　要求循环队列不损失一个空间全部都能得到利用，设置一个标志域 tag，以 tag 为 0 或 1 来区分头尾指针相同时的队列空与满，请编写与此结构相应的入队与出队算法。

3.8　简述以下算法的功能(其中栈和队列的元素类型均为 int)：

```
(1) void proc_1(Stack S)
    { int i, n, A[255];
      n=0;
```

```
    while(! EmptyStack(S))
      {n++; Pop(&S, &A[n]);}
    for(i=1; i<=n; i++)
      Push(&S, A[i]);
  }
```

(2)
```
void proc_2(Stack S, int e)
  { Stack T; int d;
    InitStack(&T);
    while(! EmptyStack(S))
      { Pop(&S, &d);
        if (d!=e) Push( &T, d);
      }
    while(! EmptyStack(T))
      { Pop(&T, &d);
        Push( &S, d);
      }
  }
```

(3)
```
void proc_3(Queue *Q)
  { Stack S; int d;
     InitStack(&S);
     while(! EmptyQueue( *Q))
       {
          DeleteQueue(Q, &d);
          Push( &S, d);
       }
     while(! EmptyStack(S))
       { Pop(&S, &d);
         EnterQueue(Q, d)
       }
  }
```

实 习 题

一、回文判断。称正读与反读都相同的字符序列为“回文”序列。

试写一个算法，判断依次读入的一个以@为结束符的字母序列，是否为形如'序列 1 & 序列 2'模式的字符序列。其中序列 1 和序列 2 中都不含字符'&'，且序列 2 是序列 1 的逆序列。(例如，'a+b&b+a'是属该模式的字符序列，而'1+3&3-1'则不是。)

二、停车场管理。

设停车场是一个可停放 n 辆车的狭长通道，且只有一个大门可供汽车进出。在停车场内，汽车按到达的先后次序，由北向南依次排列(假设大门在最南端)。若车场内已停满 n 辆车，则后来的汽车需在门外的便道上等候，当有车开走时，便道上的第一辆车即可开入。当停车场内某辆车要离开时，在它之后进入的车辆必须先退出车场为它让路，待该辆车开出大门后，其他车辆再按原次序返回车场。每辆车离开停车场时，应按其停留时间的长短交费(在便道上停留的时间不收费)。

试编写程序，模拟上述管理过程。要求以顺序栈模拟停车场，以链队列模拟便道。从终端读入汽车到达或离去的数据，每组数据包括三项：① 是“到达”还是“离去”；② 汽车牌照号码；③ “到达”或“离去”的时刻。与每组输入信息相应的输出信息为：如果是到达的车辆，则输出其在停车场中或便道上的位置；如果是离去的车辆，则输出其在停车场中停留的时间和应交的费用。(提示：需另设一个栈，临时停放为让路而从车场退出的车。)

三、商品货架管理。

商品货架可以看成一个栈，栈顶商品的生产日期最早，栈底商品的生产日期最近。上货时，需要倒货架，以保证生产日期较近的商品在较下的位置。用队列和栈作为周转，实现上述管理过程。

第 3 章习题扩展

第 3 章知识框架

第4章 ◇◇◇◇◇

串

计算机处理的对象分为数值数据和非数值数据，字符串是最基本的非数值数据。字符串处理在语言编译、信息检索、文字编辑等问题中有着广泛的应用。在这一章中，我们将讨论串的基本存储结构和基本操作。

4.1 串的定义

串(String)是零个或多个字符组成的有限序列，一般记为

$$S = 'a_1 a_2 \cdots a_n' \ (n \geqslant 0)$$

其中，S 是串的**名字**；用单引号括起来的字符序列是串的**值**，$a_i(1 \leqslant i \leqslant n)$可以是字母、数字或其他字符；n 是串中字符的个数，称为串的**长度**。n=0 时的串称为**空串**(Null String)。

串中任意个连续的字符组成的子序列称为该串的**子串**。包含子串的串相应地称为**主串**。通常将字符在串中的序号称为该字符在串中的**位置**。子串在主串中的位置则以子串的第一个字符在主串中的位置来表示。

假如有串 A='China Beijing'，B='Beijing'，C='China'，则它们的长度分别为 13、7 和 5。B 和 C 是 A 的子串，B 在 A 中的位置是 7，C 在 A 中的位置是 1。

当且仅当两个串的值相等时，称这两个串是**相等**的，即只有当两个串的长度相等，并且每个对应位置的字符都相等时才相等。

需要特别指出的是，串的值必须用一对单引号括起来(C 语言中是双引号)，但单引号是界限符，它不属于串，其作用是避免与变量名或常量混淆。

由一个或多个称为空格的特殊字符组成的串称为**空格串**(Blank String)，其长度为串中空格字符的个数。请注意空串和空格串的区别。

串也是线性表的一种，因此串的逻辑结构和线性表极为相似，区别仅在于串的数据对象限定为字符集。

串的抽象数据类型定义如下：

ADT String {

数据对象：$D=\{a_i \mid a_i \in \text{CharacterSet}, i=1, 2, \cdots, n; n \geqslant 0\}$

数据关系：$R=\{<a_{i-1}, a_i> \mid a_{i-1}, a_i \in D, i=2, \cdots, n; n \geq 0\}$

基本操作：

(1) StrAsign(S, chars)

初始条件：chars 是字符串常量。

操作结果：生成一个值等于 chars 的串 S。

(2) StrInsert(S, pos, T)

初始条件：串 S 存在，1≤pos≤StrLength(S)+1。

操作结果：在串 S 的第 pos 个字符之前插入串 T。

(3) StrDelete(S, pos, len)

初始条件：串 S 存在，1≤pos≤StrLength(S)-len+1。

操作结果：从串 S 中删除第 pos 个字符起长度为 len 的子串。

(4) StrCopy(S, T)

初始条件：串 S 存在。

操作结果：由串 T 复制得串 S。

(5) StrEmpty(S)

初始条件：串 S 存在。

操作结果：若串 S 为空串，则返回 TRUE；否则返回 FALSE。

(6) StrCompare(S, T)

初始条件：串 S 和 T 存在。

操作结果：若 $S>T$，则返回值 >0；如 $S=T$，则返回值 $=0$；若 $S<T$，则返回值 <0。

(7) StrLength(S)

初始条件：串 S 存在。

操作结果：返回串 S 的长度，即串 S 中的元素个数。

(8) StrClear(S)

初始条件：串 S 存在。

操作结果：将 S 清为空串。

(9) StrCat(S, T)

初始条件：串 S 和 T 存在。

操作结果：将串 T 的值连接在串 S 的后面。

(10) SubString(Sub, S, pos, len)

初始条件：串 S 存在，1≤pos≤StrLength(S)且 1≤len≤StrLength(S)-pos+1。

操作结果：用 Sub 返回串 S 的第 pos 个字符起长度为 len 的子串。

(11) StrIndex(S, pos, T)

初始条件：串 S 和 T 存在，T 是非空串，1≤pos≤StrLength(S)。

操作结果：若串 S 中存在与串 T 相同的子串，则返回它在串 S 中第 pos 个字符之后第一次出现的位置；否则返回 0。

(12) StrReplace(S, T, V)

初始条件：串 S，T 和 V 存在，且 T 是非空串。

操作结果：用 V 替换串 S 中出现的所有与 T 相等的不重叠的子串。

(13) StrDestroy(S)

初始条件：串 S 存在。

操作结果：销毁串 S。

}**ADT String**

4.2 抽象数据类型串的实现

常用的实现方法有定长顺序串、堆串和块链串，下面分别予以介绍。

4.2.1 定长顺序串

定长顺序串是将串设计成一种结构类型，串的存储分配是在编译时完成的。与前面所介绍的线性表的顺序存储结构类似，用一组地址连续的存储单元存储串的字符序列。

```
#define MAXLEN 20
typedef struct {    /* 串结构定义 */
    char ch[MAXLEN];
    int len;
} SString;
```

其中，MAXLEN 表示串的最大长度；ch 是存储字符串的一维数组，每个分量存储一个字符；len 是字符串的长度。

在程序中，访问字符串可以通过串名进行。由于字符串定义后在程序的执行过程中不可改变，因此如果出现串值序列的长度超过 MAXLEN 时，丢弃超出 MAXLEN 部分的字符序列。这种情况仅在串的插入(StrInsert)、串的连接(StrCat)和串的置换(StrReplace)中可能出现。

在进行串的插入时，插入位置 pos 将串分为两部分(假设为 A、B，长度分别为 LA、LB)，待插入部分(假设为 C，长度为 LC)，则串由插入前的 AB 变为 ACB，可能有三种情况：

(1) 插入后串长 LA+LC+LB≤MAXLEN，则将 B 后移 LC 个元素位置，再将 C 插入。

(2) 插入后串长 LA+LC+LB>MAXLEN 且 pos+LC<MAXLEN，则 B 后移时会有部分字符被舍弃。

(3) 插入后串长 LA+LC+LB>MAXLEN 且 pos+LC>MAXLEN，则 B 的全部字符被舍弃(不需后移)，并且 C 在插入时也有部分字符被舍弃。

与上述类似，在进行串的连接时(假设原来串为 A，长度为 LA；待连接串为 B，长度为 LB)，也可能有三种情况：

(1) 连接后串长 LA+LB≤MAXLEN，则直接将 B 加在 A 的后面。

(2) 连接后串长 LA+LB>MAXLEN 且 LA<MAXLEN，则 B 会有部分字符被舍弃。

(3) 连接后串长 LA+LB>MAXLEN 且 LA=MAXLEN，则 B 的全部字符被舍弃(不需要连接)。

在进行串的置换时，情况较为复杂，假设原串为 A，长度为 LA；被置换串为 B，长度为 LB；置换串为 C，长度为 LC，每次置换位置为 pos，则每次置换有三种可能：

(1) LB=LC：将 C 复制到 A 中 pos 起共 LC 个字符处。

(2) LB>LC：将 A 中 B 后的所有字符前移 LB－LC 个字符位置，然后将 C 复制到 A 中 pos 起共 LC 个字符。

(3) LB<LC：将 A 中 B 后的所有字符后移 LC－LB 个字符位置，然后将 C 复制到 A 中 pos 起共 LC 个字符，此时可能会出现串插入时的三种情况，应按三种情况作相应处理。

下面是定长顺序串部分基本操作的实现。

(1) 串插入函数。

```
StrInsert(s, pos, t)    /* 在串 s 中序号为 pos 的字符之前插入串 t */
SString *s, t;
int pos;
{
int i;
if (pos<0 || pos>s->len) return(0);  /* 插入位置不合法 */
if (s->len + t.len<=MAXLEN) {    /* 插入后串长小于等于 MAXLEN */
   for (i=s->len + t.len-1;i>=t.len + pos;i--)
   s->ch[i]=s->ch[i-t.len];
   for (i=0;i<t.len;i++) s->ch[i+pos]=t.ch[i];
   s->len=s->len+t.len;
   }
else if (pos+t.len<=MAXLEN) {
/* 插入后串长大于 MAXLEN，但串 t 的字符序列可以全部插入 */
   for (i=MAXLEN-1;i>t.len+pos-1;i--) s->ch[i]=s->ch[i-t.len];
   for (i=0;i<t.len;i++) s->ch[i+pos]=t.ch[i];
   s->len=MAXLEN;
   }
else {    /* 串 t 的部分字符序列要舍弃 */
   for (i=0;i<MAXLEN-pos;i++) s->ch[i+pos]=t.ch[i];
   s->len=MAXLEN;
   }
return(1);
}
```

【算法 4.1 串插入函数】

(2) 串删除函数。

```
StrDelete(s, pos, len) /* 在串 s 中删除从序号 pos 起 len 个字符 */
SString *s;
int pos, len;
{
int i;
if (pos<0 || pos>(s->len-len)) return(0);
for (i=pos+len;i<s->len;i++)
  s->ch[i-len]=s->ch[i];
```

```
s->len=s->len - len;
return(1);
}
```

【算法 4.2 串删除函数】

(3) 串复制函数。

```
StrCopy(s, t) /* 将串 t 的值复制到串 s 中 */
SString *s, t;
{
int i;
for (i=0;i<t.len;i++) s->ch[i]=t.ch[i];
s->len=t.len;
}
```

【算法 4.3 串复制函数】

(4) 判空函数。

```
StrEmpty(s) /* 若串 s 为空(即串长为 0),则返回 1; 否则返回 0 */
SString s;
{
if (s.len==0) return(1);
else return(0);
}
```

【算法 4.4 判空函数】

(5) 串比较函数。

```
StrCompare(s, t) /* 若串 s 和 t 相等,则返回 0; 若 s>t,则返回 1; 若 s<t,则返回-1 */
SString s, t;
{
int i;
for (i=0;i<s.len&&i<t.len;i++)
  if (s.ch[i]!=t.ch[i]) return(s.ch[i] - t.ch[i]);
return(s.len - t.len);
}
```

【算法 4.5 串比较函数】

(6) 求串长函数。

```
StrLength(s)/* 返回串 s 的长度 */
```

```
SString s;
{
return(s.len);
}
```

【算法 4.6　求串长函数】

(7) 清空函数。

```
StrClear(s) /* 将串 s 置为空串 */
SString *s;
{
s->len=0;
return(1);
}
```

【算法 4.7　清空函数】

(8) 连接函数。

```
StrCat(s, t) /* 将串 t 连接在串 s 的后面 */
SString *s, t;
{
  int i, flag;
  if (s->len + t.len<=MAXLEN) { /* 连接后串长小于 MAXLEN */
     for (i=s->len; i<s->len + t.len; i++)
        s->ch[i]=t.ch[i-s->len];
     s->len+=t.len;flag=1;
     }
  else if (s->len<MAXLEN) {
     /* 连接后串长大于 MAXLEN，但串 s 的长度小于 MAXLEN，即连接后串 t 的部分字符序列被
舍弃 */
     for (i=s->len;i<MAXLEN;i++)
        s->ch[i]=t.ch[i-s->len];
     s->len=MAXLEN;flag=0;
     }
   else flag=0;/* 串 s 的长度等于 MAXLEN，串 t 不被连接 */
   return(flag);
}
```

【算法 4.8　连接函数】

(9) 求子串函数。

```
SubString(sub, s, pos, len) /* 将串 s 中序号 pos 起 len 个字符复制到 sub 中 */
```

```
SString * sub, s;
int pos, len;
{
int i;
if (pos<0 || pos>s.len || len<1 || len>s.len-pos)
   { sub->len=0;return(0);}
else {
   for (i=0;i<len;i++) sub->ch[i]=s.ch[i+pos];
   sub->len=len;return(1);
   }
}
```

【算法 4.9 求子串函数】

(10) 定位函数。

```
StrIndex(SString s, int pos, SString t)
/* 从主串 s 的下标 pos 开始，找与模式串 t 完全匹配的子串，成功时返回子串的起始下标，不成功时
   返回-1 */
{int i, j, start;
if(t.len==0) return(pos);          /* 在主串的任意位置都可以找到与空串匹配的空串 */
star=pos; i=start; j=0;            /* 主串从 pos 开始，模式串从头(0)开始 */
while(i<s.len && j<t.len)
     if(s.ch[i]==t.ch[j]){i++; j++}      /* 当前对应字符相等时，同步移动到下一个字符 */
     else {start++;               /* 当前对应字符不相等时，修改起始位置，重新开始匹配 */
           i=start; j=0;          /* 主串从修改后的 star 开始，模式串从头(0)开始 */
           }
     if(j>=t.len) return(sart); /* 匹配成功时，返回匹配起始位置 */
     else return(-1);             /* 匹配不成功时，返回-1 */
}
```

【算法 4.10 定位函数】

KMP 算法

4.2.2 堆串

这种存储方法仍然以一组地址连续的存储单元存放串的字符序列，但它们的存储空间是在程序执行过程中动态分配的。系统将一个地址连续、容量很大的存储空间作为字符串的可用空间，每当建立一个新串时，系统就从这个空间中分配一个大小和字符串长度相同的空间存储新串的串值。

假设以一维数组 heap [MAXSIZE] 表示可供字符串进行动态分配的存储空间，并设 int free 指向 heap 中未分配区域的开始地址(初始化时 free=0)。在程序执行过程中，当生成一个新串时，就从 free 指示的位置起，为新串分配一个所需大小的存储空间，同时建立

该串的描述。这种存储结构称为**堆结构**。此时，堆串可定义如下：

```
typedef struct
{ int len;
  int start;
} HeapString;
```

其中，len 域指示串的长度；start 域指示串的起始位置。借助此结构可以在串名和串值之间建立一个对应关系，称为串名的**存储映像**。系统中所有串名的存储映像构成一个符号表。图 4.1 所示是一个堆串的存储映像示例，其中 a='a program'，b='string '，c='process'，free=23。

heap[MAXSIZE]　　free=23

a		p	r	o	g	r	a	m	s	t	r	i	n	g	
p	r	o	c	e	s	s									

符　号　表

符号名	len	start
a	9	0
b	7	9
c	7	16

图 4.1　堆串的存储映像示例

在 C 语言中，已经有一个称为“堆”的自由存储空间，并可用 malloc()和 free()函数完成动态存储管理。因此，我们可以直接利用 C 语言中的“堆”实现堆串。此时，堆串可定义如下：

```
typedef struct
{
   char * ch;
   int len;
} HString;
```

其中，len 域指示串的长度；ch 域指示串的起始地址。

下面我们将以这种定义为准，讨论堆串的基本操作。由于这种类型的串变量，它的串值的存储位置是在程序执行过程中动态分配的，与定长顺序串和链串相比，这种存储方式是非常有效和方便的，但在程序执行过程中会不断地生成新串和销毁旧串。

(1) 串赋值函数。

```
StrAssign(s, tval) /* 将字符常量 tval 的值赋给串 s */
HString *s;
char *tval;
{
  int len, i=0;
  if (s->ch!=NULL) free(s->ch);
  while (tval[i]!='\0') i++;
  len=i;
  if (len) {
     s->ch=(char *)malloc(len);
     if (s->ch==NULL) return(0);
```

```
    for (i=0;i<len;i++) s->ch[i]=tval[i];
    }
  else s->ch=NULL;
  s->len=len;
  return(1);
}
```

【算法 4.11 串赋值函数】

(2) 串插入函数。

```
StrInsert(s, pos, t) /* 在串 s 中序号为 pos 的字符之前插入串 t */
HString *s, t;
int pos;
{
  int i;
  char *temp;
  if (pos<0 || pos>s->len || s->len==0) return(0);
  temp=(char *)malloc(s->len + t.len);
  if (temp==NULL) return(0);
  for (i=0;i<pos;i++) temp[i]=s->ch[i];
  for (i=0;i<t.len;i++) temp[i+pos]=t.ch[i];
  for (i=pos;i<s->len;i++) temp[i + t.len]=s->ch[i];
  s->len+=t.len;
  free(s->ch);s->ch=temp;
  return(1);
}
```

【算法 4.12 串插入函数】

(3) 串删除函数。

```
StrDelete(s, pos, len) /* 在串 s 中删除从序号 pos 起的 len 个字符 */
HString *s;
int pos, len;
{
  int i;
  char *temp;
  if (pos<0 || pos>(s->len - len)) return(0);
  temp=(char *)malloc(s->len - len);
  if (temp==NULL) return(0);
  for (i=0;i<pos;i++) temp[i]=s->ch[i];
  for (i=pos;i<s->len - len;i++) temp[i]=s->ch[i+len];
  s->len=s->len-len;
```

```
  free(s－＞ch);s－＞ch＝temp;
  return(1);
}
```

【算法 4.13　串删除函数】

（4）串复制函数。

```
StrCopy(s, t) /* 将串 t 的值复制到串 s 中 */
HString *s, t;
{
  int i;
  s－＞ch＝(char *)malloc(t.len);
  if (s－＞ch＝＝NULL) return(0);
  for (i＝0;i＜t.len;i＋＋) s－＞ch[i]＝t.ch[i];
  s－＞len＝t.len;
  return(1);
}
```

【算法 4.14　串复制函数】

（5）判空函数。

```
StrEmpty(s) /* 若串 s 为空(即串长为 0)，则返回 1；否则返回 0 */
HString s;
{
  if (s.len＝＝0) return(1);
  else return(0);
}
```

【算法 4.15　判空函数】

（6）串比较函数。

```
StrCompare(s, t) /* 若串 s 和 t 相等，则返回 0；若 s＞t，则返回 1；若 s＜t，则返回－1 */
HString s, t;
{
  int i;
  for (i＝0;i＜s.len&&i＜t.len;i＋＋)
       if (s.ch[i]!＝t.ch[i]) return(s.ch[i] － t.ch[i]);
  return(s.len － t.len);
}
```

【算法 4.16　串比较函数】

(7) 求串长函数。

```
StrLength(s) /* 返回串 s 的长度 */
HString s;
{
return(s.len);
}
```

【算法 4.17　求串长函数】

(8) 清空函数。

```
StrClear(s) /* 将串 s 置为空串 */
HString *s;
{
if (s->ch!=NULL) free(s->ch);
s->ch=NULL;
s->len=0;
return(1);
}
```

【算法 4.18　清空函数】

(9) 连接函数。

```
StrCat(s, t) /* 将串 t 连接在串 s 的后面 */
HString *s, t;
{
int i;
char *temp;
temp=(char *)malloc(s->len + t.len);
if (temp==NULL) return(0);
for (i=0;i<s->len;i++)
    temp[i]=s->ch[i];
for (i=s->len;i<s->len + t.len;i++)
    temp[i]=t.ch[i-s->len];
s->len+=t.len;
free(s->ch);s->ch=temp;
return(1);
}
```

【算法 4.19　连接函数】

(10) 求子串函数。

```
SubString(sub, s, pos, len) /* 将串 s 中序号 pos 起的 len 个字符复制到 sub 中 */
```

```
HString * sub, s;
int pos, len;
{
int i;
if (sub->ch!=NULL) free(sub->ch);
if (pos<0 || pos>s.len || len<1 || len>s.len-pos)
   { sub->ch=NULL;sub->len=0;return(0);}
else {
   sub->ch=(char *)malloc(len);
   if (sub->ch==NULL) return(0);
   for (i=0;i<len;i++) sub->ch[i]=s.ch[i+pos];
   sub->len=len; return(1);
   }
}
```

【算法 4.20　求子串函数】

4.2.3　块链串

由于串也是一种线性表，因此也可以采用链式存储。由于串的特殊性(每个元素只有一个字符)，在具体实现时，每个结点既可以存放一个字符，也可以存放多个字符。每个结点称为**块**；整个链表称为**块链结构**。为了便于操作，再增加一个尾指针。块链结构可定义如下：

```
#define BLOCK_SIZE <每个结点存放的字符个数>
typedef struct Block{
  char          ch[BLOCK_SIZE];
  struct Block   * next;
} Block;
typedef struct {
  Block  * head;
  Block  * tail;
  int    length;
} BLString;
```

当 BLOCK_SIZE 等于 1 时，每个结点存放 1 个字符，插入、删除的处理方法与线性表一样；当 BLOCK_SIZE 大于 1 时，每个结点存放多个字符，当最后一个结点未存满时，不足处用特定字符(如 '#' 补齐)，此时插入、删除的处理方法比较复杂，需要考虑结点的分拆和合并，这里不再详细讨论。

4.3　串的应用举例：文本编辑

文本编辑程序用于源程序的输入和修改，公文书信、报刊和书籍的编辑排版等。常用的文本编辑程序有 Edit、WPS、Word 等。文本编辑的实质是修改字符数据的形式和格式，虽然各个文本编辑程序的功能不同，但基本操作是一样的，都包括串的查找、插入和删除等。

为了编辑方便，可以用分页符和换行符将文本分为若干页，每页有若干行。我们把文本当作一个字符串，称为文本串，页是文本串的子串，行是页的子串。

我们采用堆存储结构来存储文本，同时设立页指针、行指针和字符指针，分别指向当前操作的页、行和字符，同时建立页表和行表分别存储每一页、每一行的起始位置和长度。

假设有如下 PASCAL 语言源程序：

```
FUNC max(x, y: integer): integer;
VAR z: integer;
BEGIN
   IF x>y THEN z:=x;
   ELSE z:=y;
   RETURN(z);
END;
```

该程序输入内存后放到一个堆中，如图 4.2 所示，其中↙为换行符。表 4－1 和表 4－2 分别为图 4.2 中所示文本串的页表和行表。

F	U	N	C		m	a	x	(	x	,	y	:	i	n	t
e	g	e	r	)	:	i	n	t	e	g	e	r	;	↙	V
A	R		z	:	i	n	t	e	g	e	r	;	↙	B	E
G	I	N	↙				I	F		x	>	y		T	H
E	N		z	:	=	x	;	↙				E	L	S	E
	z	:	=	y	;	↙				R	E	T	U	R	N
(	z	)	;	↙	E	N	D	;	↙						

图 4.2　文本格式示例

表 4－1　页　表

页号	起始位置	长度
1	0	107

表 4－2　行　表

行号	起始位置	长度
1	0	31
2	31	15
3	46	6
4	52	21
5	73	14
6	87	14
7	101	5

由以上表格可以看出，当在某行内插入字符时，就要修改行表中该行的长度，若该行的长度超出了分配给它的存储空间，则要重新给它分配存储空间，同时修改它的起始位置和长度。如果要插入或删除一行，就要进行行表的插入或删除；当行的插入或删除涉及页的变化时就要对页表进行修改。

习　题

第 4 章习题参考答案

4.1　设 s='I AM A STUDENT'，t='GOOD'，q='WORKER'。给出下列操作的结果：

StrLength(s)；SubString(sub1，s，1，7)；SubString(sub2，s，7，1)；

StrIndex(s，'A'，4)；StrReplace(s，'STUDENT'，q)；

StrCat(StrCat(sub1，t)，StrCat(sub2，q))。

4.2　编写算法，实现串的基本操作 StrReplace(S, T, V)。

4.3　假设以块链结构表示串，块的大小为 1，且附设头结点。试编写算法，实现串的下列基本操作：

StrAsign(S, chars)；StrCopy(S, T)；StrCompare(S, T)；StrLength(S)；

StrCat(S, T)；SubString(Sub, S, pos, len)。

4.4　叙述以下每对术语的区别：空串和空格串；串变量和串常量；主串和子串；串变量的名字和串变量的值。

4.5　已知：S="(xyz)*"，T="(x+z)*y"。试利用连接、求子串和置换等操作，将 S 转换为 T。

4.6　S 和 T 是用结点大小为 1 的单链表存储的两个串，设计一个算法将串 S 中首次与 T 匹配的子串逆置。

4.7　S 是用结点大小为 4 的单链表存储的串，分别编写算法，在第 k 个字符后插入串 T，以及从第 k 个字符删除 len 个字符。

以下习题中算法用定长顺序串：

4.8　编写下列算法：

(1) 将顺序串 r 中所有值为 ch1 的字符换成 ch2 的字符。

(2) 将顺序串 r 中所有字符按照相反的次序仍存放在 r 中。

(3) 从顺序串 r 中删除其值等于 ch 的所有字符。

(4) 从顺序串 r1 中第 index 个字符起求出首次与串 r2 相同的子串的起始位置。

(5) 从顺序串 r 中删除所有与串 r1 相同的子串。

4.9　写一个函数，将顺序串 s1 中的第 i 个字符到第 j 个字符之间的字符用 s2 串替换。

4.10　写算法，实现顺序串的基本操作 StrCompare(s, t)。

4.11　写算法，实现顺序串的基本操作 StrReplace(&s, t, v)。

实　习　题

一、已知串 S 和 T，试以下面两种方式编写算法，求得所有包含在 S 中而不包含在 T 中的字符构成的新串 R，以及新串 R 中每个字符在串 S 中第一次出现的位置。

(1) 利用 CONCAT、LEN、SUB 和 EQUAL 四种基本运算来实现。

(2) 以顺序串作为存储结构来实现。

二、编写一个行编辑程序 EDLINE，完成以下功能：

(1) 显示若干行。list [[n1]-[n2]]：显示第 n1 行到第 n2 行，n1 缺省时，从第一行开始，n2 缺省时，到最后一行。

(2) 删除若干行。del [[n1]-[n2]]：n1、n2 说明同(1)。

(3) 编辑第 n 行。edit n：显示第 n 行的内容，另输入一行替换该行。

(4) 插入一行。ins n：在第 n 行之前插入一行。

(5) 字符替换。replace str1, str2, [[n1]-[n2]]：在 n1 到 n2 行之间用 str2 替换 str1。

三、设计一个文学研究辅助程序，统计小说中特定单词出现的频率和位置。

第 4 章知识框架

第5章 ◇◇◇◇◇

数组和广义表

数组和广义表可看成是一种扩展的线性数据结构，其特殊性不像栈和队列那样表现在对数据元素的操作受限制，而是反映在数据元素的构成上。在线性表中，每个数据元素都是不可再分的原子类型；而数组和广义表中的数据元素可以推广为一种具有特定结构的数据。本章以抽象数据类型的形式讨论数组和广义表的定义与实现，使读者加深对这两种特殊的线性结构的理解。

5.1 数组的定义和运算

数组是我们十分熟悉的一种数据类型，很多高级语言都支持数组这种数据类型。从逻辑结构上看，数组可以看成是一般线性表的扩充。二维数组可以看成是线性表的线性表。

通常我们以二维数组作为多维数组的代表来讨论。例如，图 5.1 所示的二维数组，我们可以把它看成一个线性表：$A=(\alpha_1, \alpha_2, \cdots, \alpha_n)$，其中 $\alpha_j(1\leqslant j\leqslant n)$本身也是一个线性表，称为**列向量**，即 $\alpha_j=(a_{1j}, a_{2j}, \cdots, a_{mj})$，如图 5.2 所示。

$$A_{m\times n}=\begin{bmatrix} a_{11} & a_{12} & \cdots & a_{1j} & \cdots & a_{1n} \\ a_{21} & a_{22} & \cdots & a_{2j} & \cdots & a_{2n} \\ \vdots & \vdots & & \vdots & & \vdots \\ a_{i1} & a_{i2} & \cdots & a_{ij} & \cdots & a_{in} \\ \vdots & \vdots & & \vdots & & \vdots \\ a_{m1} & a_{m2} & \cdots & a_{mj} & \cdots & a_{mn} \end{bmatrix}$$

图 5.1 $A_{m\times n}$的二维数组

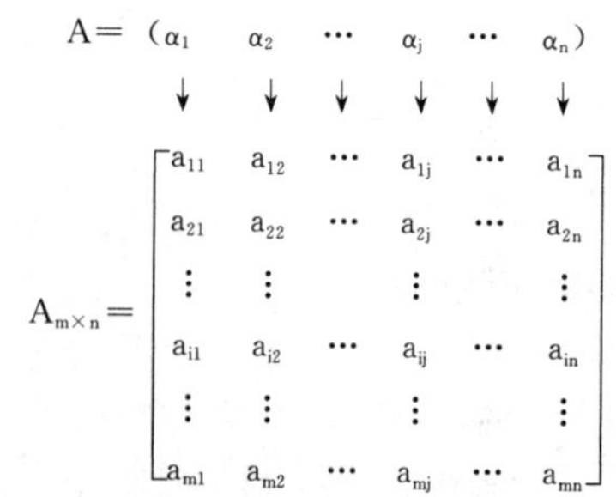

图 5.2 矩阵 $A_{m\times n}$看成 n 个列向量的线性表

同样，我们还可以将数组 $A_{m\times n}$ 看成另外一个线性表：$B=(\beta_1, \beta_2, \cdots, \beta_m)$，其中 $\beta_i(1\leqslant i\leqslant m)$本身也是一个线性表，称为**行向量**，即 $\beta_i=(a_{i1}, a_{i2}, a_{ij}, \cdots, a_{in})$，如图 5.3 所示。

从中我们可以看出，数组实际上是线性表的推广。同理三维数组可以看成是这样的一个线性表，其中每个数据元素均是一个二维数组。另外，从数组的特殊结构可以看出，数组中的每一个元素由一个值和一组下标来描述，“值”代表数组中元素的数据信息，一组下标用来描述该元素在数组中的相对位置信息。数组的维数不同，描述其相对位置的下标的个

$$A_{m\times n}=\begin{bmatrix} a_{11} & a_{12} & \cdots & a_{1j} & \cdots & a_{1n} \\ a_{21} & a_{22} & \cdots & a_{2j} & \cdots & a_{2n} \\ \vdots & \vdots & & \vdots & & \vdots \\ a_{i1} & a_{i2} & \cdots & a_{ij} & \cdots & a_{in} \\ \vdots & \vdots & & \vdots & & \vdots \\ a_{m1} & a_{m2} & \cdots & a_{mj} & \cdots & a_{mn} \end{bmatrix} \begin{matrix} \longleftarrow \beta_1 \\ \longleftarrow \beta_2 \\ \longleftarrow \vdots \\ \longleftarrow \beta_i \\ \longleftarrow \vdots \\ \longleftarrow \beta_m \end{matrix} \quad B=(\beta_1,\beta_2,\cdots,\beta_i,\cdots,\beta_m)$$

图 5.3　矩阵 $A_{m\times n}$ 看成 m 个行向量的线性表

数也不同。例如，在二维数组中，元素 a_{ij} 由两个下标值 i、j 来描述，其中 i 表示该元素所在的行号，j 表示该元素所在的列号。同样我们可以将这个特性推广到多维数组，对于 n 维数组而言，其元素由 n 个下标值来描述其在 n 维数组中的相对位置。

以上我们以二维数组为例介绍了数组的结构特性，实际上数组是一组有固定个数的元素的集合。也就是说，一旦定义了数组的维数和每一维的上下限，数组中元素的个数就固定了。例如二维数组 $A_{3\times4}$，它有 3 行、4 列，即由 12 个元素组成。由于这个性质，使得对数组的操作不像对线性表的操作那样可以在其表中任意一个合法的位置插入或删除一个元素。对于数组的操作一般只有两类：

(1) 获得特定位置的元素值；

(2) 修改特定位置的元素值。

经过以上的讨论，我们给出数组的抽象数据类型的定义如下：

ADT Array{

数据对象：$D=\{a_{j_1j_2\cdots j_n}\mid n>0$，称为数组的维数，$j_i$ 是数组的第 i 维下标，$1\leqslant j_i\leqslant b_i$，$b_i$ 为数组第 i 维的长度，$a_{j_1j_2\cdots j_n}\in \text{ElementSet}\}$

数据关系：$R=\{R_1, R_2, \cdots, R_n\}$

$R_i=\{<a_{j_1\cdots j_i\cdots j_n}, a_{j_1\cdots j_{i+1}\cdots j_n}>\mid 1\leqslant j_k\leqslant b_k, 1\leqslant k\leqslant n$ 且 $k\neq i, 1\leqslant j_i\leqslant b_i-1,$
$a_{j_1\cdots j_i\cdots j_n}, a_{j_1\cdots j_{i+1}\cdots j_n}\in D, i=1, \cdots, n\}$

基本操作：

(1) InitArray(A, n, $bound_1$, …, $bound_n$)：若维数 n 和各维的长度合法，则构造相应的数组 A，并返回 TRUE。

(2) DestroyArray(A)：销毁数组 A。

(3) GetValue(A, e, $index_1$, …, $index_n$)：若下标合法，则用 e 返回数组 A 中由 $index_1$, …, $index_n$ 所指定的元素的值。

(4) SetValue(A, e, $index_1$, …, $index_n$)：若下标合法，则将数组 A 中由 $index_1$, …, $index_n$ 所指定的元素的值置为 e。

}**ADT Array**

这里定义的数组，与 C 语言的数组略有不同，下标是从 1 开始的。

5.2　数组的顺序存储和实现

对于数组 A，一旦给定其维数 n 及各维长度 $b_i(1\leqslant i\leqslant n)$，则该数组中元素的个数是固定的，不可以对数组做插入和删除操作，不涉及移动元素操作，因此对于数组而言，采用顺序存储法比较合适。

在计算机中，内存储器的结构是一维的。用一维的内存表示多维数组，就必须按某种次序，将数组元素排成一个线性序列，然后将这个线性序列存放在存储器中。换句话说，可以用向量作为数组的顺序存储结构。

数组的顺序存储结构有两种：一种是按行序存储，如高级语言中的 BASIC 语言、COBOL 语言和 PASCAL 语言都是以行序为主；另一种是按列序存储，如高级语言中的 FORTRAN 语言就是以列序为主。显然，二维数组 $A_{m\times n}$以行为主的存储序列为

$$a_{11}, a_{12}, \cdots, a_{1n}, a_{21}, a_{22}, \cdots, a_{2n}, \cdots, a_{m1}, a_{m2}, \cdots, a_{mn}$$

而以列为主的存储序列为

$$a_{11}, a_{21}, \cdots, a_{m1}, a_{12}, a_{22}, \cdots, a_{m2}, \cdots, a_{1n}, a_{2n}, \cdots, a_{mn}$$

假设有一个 3×4×2 的三维数组 A，共有 24 个元素，其逻辑结构如图 5.4 所示。

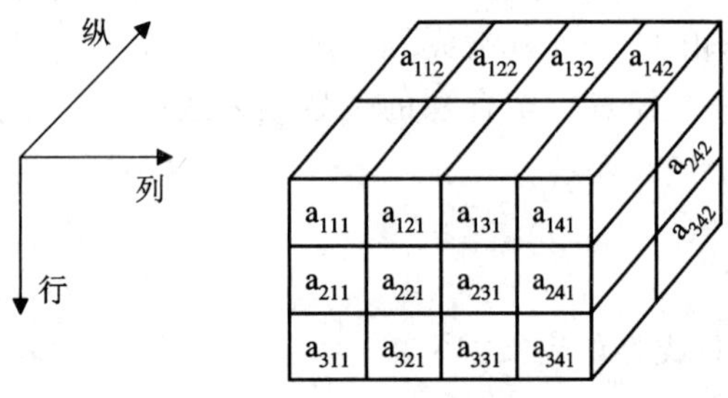

图 5.4　三维数组的逻辑结构图

三维数组存储顺序

三维数组元素的标号由三个数字表示，即行、列、纵三个方向。a_{142}表示第 1 行、第 4 列、第 2 纵的元素。如果对 $A_{3\times4\times2}$(下标从 1 开始)采用以行为主序的方法存放，即行下标变化最慢、纵下标变化最快，则顺序为

$$a_{111}, a_{112}, a_{121}, a_{122}, \cdots, a_{331}, a_{332}, a_{341}, a_{342}$$

若采用以纵为主序的方法存放，即纵下标变化最慢、行下标变化最快，则顺序为

$$a_{111}, a_{211}, a_{311}, a_{121}, a_{221}, a_{321}, \cdots, a_{132}, a_{232}, a_{332}, a_{142}, a_{242}, a_{342}$$

以上的存放规则可推广到多维数组的情况。总之，知道了多维数组的维数，以及每维的上下界，就可以方便地将多维数组按顺序存储结构存放在计算机中了。同时，根据数组的下标，可以计算出其在存储器中的位置。因此，数组的顺序存储是一种随机存取的结构。

以二维数组 $A_{m\times n}$为例，假设每个元素只占一个存储单元，“以行为主”存放数组，下标从 1 开始，首元素 a_{11}的地址为 Loc[1, 1]，求任意元素 a_{ij}的地址。a_{ij}是排在第 i 行，第 j 列，并且前面的第 i−1 行有 n×(i−1)个元素，第 i 行第 j 个元素前面还有 j−1 个元素。由此得到如下地址计算公式

$$\mathrm{Loc}[i, j] = \mathrm{Loc}[1, 1] + n\times(i-1) + (j-1)$$

根据计算公式，可以方便地求得 a_{ij}的地址是 Loc[i, j]。如果每个元素占 size 个存储单元，则任意元素 a_{ij}的地址计算公式为

$$\mathrm{Loc}[i, j] = \mathrm{Loc}[1, 1] + (n\times(i-1) + j - 1)\times size$$

三维数组 A(1..r, 1..m, 1..n)可以看成是 r 个 m×n 的二维数组，如图 5.5 所示。

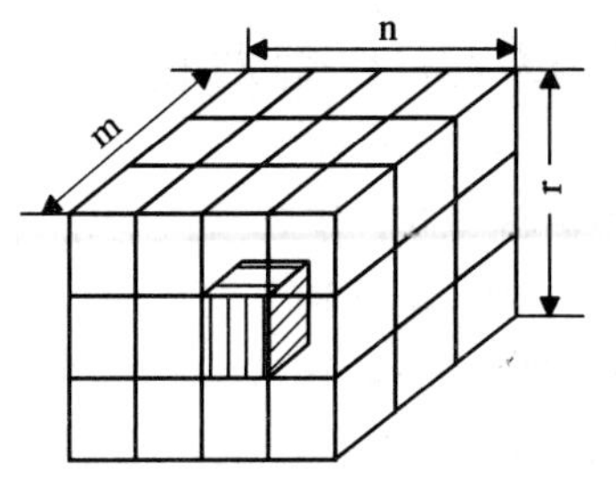

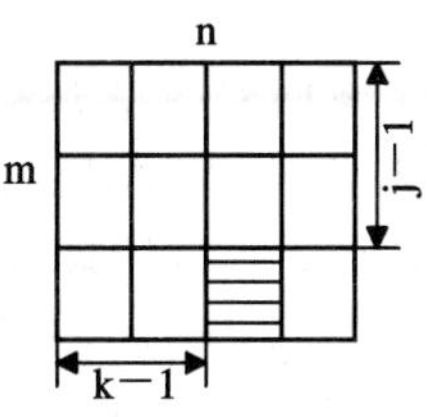

图 5.5　三维数组看成 r 个 m×n 的二维数组

假定每个元素占一个存储单元，采用以行为主序的方法存放，即行下标 r 变化最慢，纵下标 n 变化最快。首元素 a_{111} 的地址为 Loc[1, 1, 1]，求任意元素 a_{ijk} 的地址。显然，a_{i11} 的地址为 Loc[i, 1, 1]=Loc[1, 1, 1]+(i−1)×m×n，因为在该元素之前，有 i−1 个m×n 的二维数组。由 a_{i11} 的地址和二维数组的地址计算公式，不难得到三维数组任意元素 a_{ijk} 的地址：

$$Loc[i, j, k] = Loc[1, 1, 1] + (i-1)\times m\times n + (j-1)\times n + (k-1)$$

其中，$1\leqslant i\leqslant r$，$1\leqslant j\leqslant m$，$1\leqslant k\leqslant n$。

如果将三维数组推广到一般情况，即用 j_1、j_2、j_3 代替数组下标 i、j、k，并且 j_1、j_2、j_3 的下限为 c_1、c_2、c_3，上限分别为 d_1、d_2、d_3，每个元素占一个存储单元，则三维数组中任意元素 $a(j_1, j_2, j_3)$的地址为

$$Loc[j_1, j_2, j_3] = Loc[c_1, c_2, c_3] + l\times(d_2-c_2+1)\times(d_3-c_3+1)\times(j_1-c_1) + l\times(d_3-c_3+1)\times(j_2-c_2) + l\times(j_3-c_3)$$

其中，l 为每个元素所占存储单元数。

令 $\alpha_1=l\times(d_2-c_2+1)\times(d_3-c_3+1)$，$\alpha_2=l\times(d_3-c_3+1)$，$\alpha_3=1$，则

$$\begin{aligned}Loc[j_1, j_2, j_3] &= Loc[c_1, c_2, c_3] + \alpha_1\times(j_1-c_1) + \alpha_2\times(j_2-c_2) + \alpha_3(j_3-c_3)\\ &= Loc[c_1, c_2, c_3] + \sum\alpha_i\times(j_i-c_i) \quad (1\leqslant i\leqslant 3)\end{aligned}$$

由公式可知 $Loc[j_1, j_2, j_3]$与 j_1, j_2, j_3 呈线性关系。

对于 n 维数组 $A(c_1 : d_1, c_2 : d_2, \cdots, c_n : d_n)$，我们只要把上式推广，就可以容易地得到 n 维数组中任意元素 $a_{j_1j_2\cdots j_n}$ 的存储地址的计算公式：

$$Loc[j_1, j_2, \cdots, j_n] = Loc[c_1, c_2, \cdots, c_n] + \sum_{i=1}^{n}\alpha_i(j_i-c_i)$$

其中，$\alpha_i = l\prod_{k=i+1}^{n}(d_k-c_k+1)\ (1\leqslant i\leqslant n)$。

在高级语言的应用层上，我们一般不会涉及 $Loc[j_1, j_2, \cdots, j_n]$的计算公式，这一计算内存地址的任务是由高级语言的编译系统为我们完成的。我们在使用时，只需给出数组的下标范围，编译系统将根据用户提供的必要参数进行地址分配，用户则不必考虑其内存情况。但是由 $Loc[j_1, j_2, j_3]$计算公式可以看出，数组的维数越高，则数组元素存储地址的计算量越大，计算花费的时间越多。因此，在定义和使用数组时，应根据具体情况来具体分析。

5.3 特殊矩阵的压缩存储

早在线性代数中，我们就学习了关于矩阵的知识。矩阵是科学计算、工程数学，尤其是数值分析经常研究的对象。在计算机高级语言中，矩阵通常可以采用二维数组的形式来描述。但是有些高阶矩阵中，非零元素非常少(远小于 m×n)，此时若仍采用二维数组顺序存放就不合适了，因为很多存储空间存储的都是 0，只有很少的一些空间存放的是有效数据，这将造成存储单元的很大浪费。另外，还有一些矩阵元素的分布有一定规律，我们可以利用这些规律，只存储部分元素，从而提高存储空间的利用率。上述矩阵叫作特殊矩阵。在实际应用中这类矩阵往往阶数很高，如 2000×2000 的矩阵。对于这种大容量的存储，在程序设计中必须考虑对其进行有效的压缩存储。压缩原则为对有规律的元素和值相同的元素只分配一个存储空间，对于零元素不分配空间。

下面介绍几种特殊矩阵及对它们进行压缩存储的方式。

5.3.1 三角矩阵

三角矩阵大体分为三类：下三角矩阵、上三角矩阵和对称矩阵。对于一个 n 阶矩阵 A 来说，若当 $i<j$ 时，有 $a_{ij}=0$，则称此矩阵为**下三角矩阵**；若当 $i>j$ 时，有 $a_{ij}=0$，则称此矩阵为**上三角矩阵**；若矩阵中的所有元素均满足 $a_{ij}=a_{ji}$，则称此矩阵为**对称矩阵**。

下面以 n×n 下三角矩阵 A(如图 5.6 所示)为例来讨论三角矩阵的压缩存储。

$$A=\begin{bmatrix} a_{11} & & & & \text{0} \\ a_{21} & a_{22} & & & \\ a_{31} & a_{32} & a_{33} & & \\ \vdots & \vdots & \vdots & \ddots & \\ a_{n1} & a_{n2} & a_{n3} & \cdots & a_{nn} \end{bmatrix}$$

图 5.6 下三角矩阵 A

对于下三角矩阵的压缩存储，我们只存储下三角的非零元素，对于零元素则不存。我们按“行序为主序”进行存储，得到的序列是 a_{11}，a_{21}，a_{22}，a_{31}，a_{32}，a_{33}，…，a_{n1}，a_{n2}，…，a_{nn}。由于下三角矩阵的元素个数为 n(n+1)/2，即

$$\left.\begin{array}{l} \text{第 1 行：1 个} \\ \text{第 2 行：2 个} \\ \text{第 3 行：3 个} \\ \quad\vdots \qquad \vdots \\ \text{第 n 行：n 个} \end{array}\right\} 1+2+3+4+5+\cdots+n=\frac{n(n+1)}{2}$$

因此可压缩存储到一个大小为 n(n+1)/2 的一维数组 C 中，如图 5.7 所示。

数组 C	a_{11}	a_{21}	a_{22}	a_{31}	a_{32}	…	a_{nn}
Loc[i, j]	1	2	3	4	5	…	n(n+1)/2

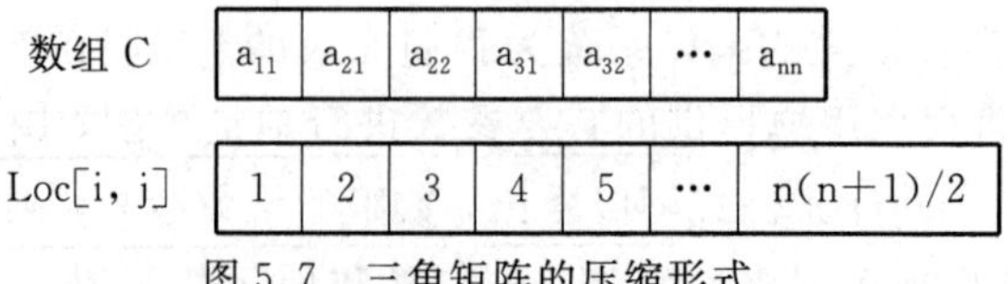

图 5.7 三角矩阵的压缩形式

下三角矩阵中元素 $a_{ij}(i>j)$在一维数组 A 中的位置为

$$\text{Loc}[i, j] = \text{Loc}[1, 1] + \text{前 } i-1 \text{ 行非零元素个数} + \text{第 } i \text{ 行中 } a_{ij} \text{ 前非零元素个数}$$

前 $i-1$ 行元素个数等于 $1+2+3+4+\cdots+(i-1)=i(i-1)/2$，第 i 行中 a_{ij} 前非零元素个数等于 $j-1$，所以有

$$\text{Loc}[i, j] = \text{Loc}[1, 1] + \frac{i(i-1)}{2} + j - 1$$

同样，对于上三角矩阵，也可以将其压缩存储到一个大小为 $n(n+1)/2$ 的一维数组 C 中。其中元素 $a_{ij}(i<j)$ 在数组 C 中的存储位置为

$$\text{Loc}[i, j] = \text{Loc}[1, 1] + \frac{j(j-1)}{2} + i - 1$$

对称矩阵压缩存储

对于对称矩阵，因其元素满足 $a_{ij}=a_{ji}$，我们可以为每一对相等的元素分配一个存储空间，即只存储下三角(或上三角)矩阵，从而将 n^2 个元素压缩到 $n(n+1)/2$ 个空间中。

5.3.2 带状矩阵

所谓的带状矩阵，即在矩阵 A 中，所有的非零元素都集中在以主对角线为中心的带状区域中。其中最常见的是三对角带状矩阵，如图 5.8 所示。

$$A_{n\times n}=\begin{bmatrix} a_{11} & a_{12} & & & & \\ a_{21} & a_{22} & a_{23} & & & \\ & a_{32} & a_{33} & a_{34} & & \\ & & a_{43} & a_{44} & a_{45} & \\ & & & \cdots & \cdots & \cdots \\ & & & & \cdots & \cdots \end{bmatrix}$$

图 5.8　三对角带状矩阵 A

三对角带状矩阵有如下特点：

$$\text{当}\begin{cases} i=1, j=1, 2 \\ 1<i<n, j=i-1, i, i+1 \\ i=n, j=n-1, n \end{cases}$$

时，a_{ij} 非零，其他元素均为零。

对于三对角带状矩阵的压缩存储，我们以行序为主序进行存储，并且只存储非零元素。具体压缩存储方法如下。

1. 确定存储三对角带状矩阵所需的一维向量空间的大小

在这里我们假设每个非零元素所占空间的大小为 1 个单元。从图中观察得知，三对角带状矩阵中，除了第一行和最后一行只有 2 个非零元素外，其余各行均有 3 个非零元素。由此得到，所需一维向量空间的大小为 $2+2+3(n-2)=3n-2$，如图 5.9 所示。

数组 C	a_{11}	a_{12}	a_{21}	a_{22}	a_{23}	a_{31}	…	a_{nn}
Loc[i, j]	1	2	3	4	5	6	…	3n−2

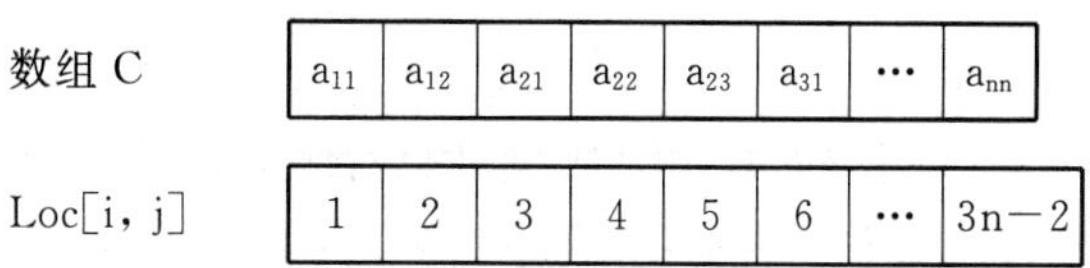

图 5.9　带状矩阵的压缩形式

2. 确定非零元素在一维数组空间中的位置

Loc[i ，j] = Loc[1，1]＋前 i－1 行非零元素个数＋第 i 行中 a_{ij} 前非零元素个数。

前 i－1 行元素个数等于 3×(i－1)－1(因为第 1 行只有 2 个非零元素)。

第 i 行中 a_{ij} 前非零元素个数等于 j－i＋1，其中

$$j-i=\begin{cases}-1 & (j<i)\\ 0 & (j=i)\\ 1 & (j>i)\end{cases}$$

由此得到

$$\begin{aligned}Loc[i,j] &= Loc[1,1]+3(i-1)-1+j-i+1\\ &= Loc[1,1]+2(i-1)+j-1\end{aligned}$$

5.3.3 稀疏矩阵

所谓的稀疏矩阵，从直观上讲，是指矩阵中大多数元素为零的矩阵。一般地，当非零元素个数只占矩阵元素总数的 30％或低于这个百分数时，我们称这样的矩阵为**稀疏矩阵**。在如图 5.10 所示的矩阵 M、N 中，非零元素个数均为 8 个，矩阵元素总数均为6×7＝42 个，显然 8/42＜30％，所以 M、N 都是稀疏矩阵。

$$M_{6\times7}=\begin{bmatrix}0 & 12 & 9 & 0 & 0 & 0 & 0\\ 0 & 0 & 0 & 0 & 0 & 0 & 0\\ -3 & 0 & 0 & 0 & 0 & 14 & 0\\ 0 & 0 & 24 & 0 & 0 & 0 & 0\\ 0 & 18 & 0 & 0 & 0 & 0 & 0\\ 15 & 0 & 0 & -7 & 0 & 0 & 0\end{bmatrix},\quad N_{7\times6}=\begin{bmatrix}0 & 0 & -3 & 0 & 0 & 15\\ 12 & 0 & 0 & 0 & 18 & 0\\ 9 & 0 & 0 & 24 & 0 & 0\\ 0 & 0 & 0 & 0 & 0 & -7\\ 0 & 0 & 0 & 0 & 0 & 0\\ 0 & 0 & 14 & 0 & 0 & 0\\ 0 & 0 & 0 & 0 & 0 & 0\end{bmatrix}$$

图 5.10 稀疏矩阵

1. 稀疏矩阵的三元组表表示法

对于稀疏矩阵的压缩存储，我们采取只存储非零元素的方法。由于稀疏矩阵中非零元素 a_{ij} 的分布一般是没有规律的，因此，对于稀疏矩阵的压缩存储就要求在存储非零元素的同时还必须存储一些辅助信息，即该非零元素在矩阵中所处的行号和列号。我们将这种存储方法称为稀疏矩阵的三元组表表示法。每个非零元素在一维数组中的表示形式如图 5.11 所示。

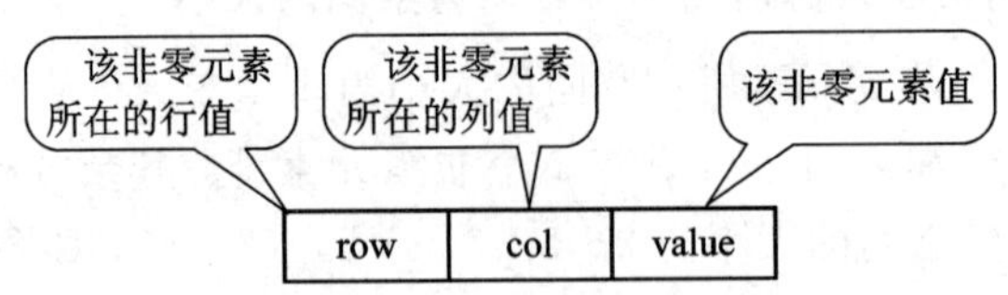

图 5.11 三元组的结构

把这些三元组按"行序为主序"用一维数组进行存放，即将 j 矩阵的任何一行的全部非零元素的三元组按列号递增存放。由此得到矩阵 M、N 的三元组表，如图 5.12 所示。

1	1	2	12
2	1	3	9
3	3	1	−3
4	3	6	14
5	4	3	24
6	5	2	18
7	6	1	15
8	6	4	−7

(a) 矩阵 M 的三元组表

1	1	3	3
2	1	6	15
3	2	1	12
4	2	5	18
5	3	1	9
6	3	4	24
7	4	6	−7
8	6	3	14

(b) 矩阵 N 的三元组表

图 5.12　稀疏矩阵的三元组表表示

虽然稀疏矩阵的三元组表表示法节约了存储空间，但比起矩阵正常的存储方式来讲，其实现相同操作要耗费较多的时间，同时也增加了算法的难度，即以耗费更多时间为代价来换取空间的节省。三元组表的类型说明如下：

```
#define MAXSIZE 1000    /* 非零元素的个数最多为 1000 */
  typedef struct
  {
    int row, col;   /* 该非零元素的行下标和列下标 */
    ElementType e;   /* 该非零元素的值 */
  }Triple;
  typedef struct
  {
    Triple data[MAXSIZE+1];   /* 非零元素的三元组表, data[0]未用 */
    int m, n, len;          /* 矩阵的行数、列数和非零元素的个数 */
 }TSMatrix;
```

1) 用三元组表实现稀疏矩阵的转置运算

下面首先以稀疏矩阵的转置运算为例，介绍采用三元组表时的实现方法。所谓的矩阵转置，是指变换元素的位置，把位于(row，col)位置上的元素换到(col，row)位置上，也就是说，把元素的行列互换。如图 5.10 所示的 6×7 矩阵 M，它的转置矩阵就是 7×6 的矩阵 N，并且 N(row，col)= M(col，row)，其中，1≤row≤7 ，1≤col≤6。

采用矩阵的正常存储方式时，实现矩阵转置的经典算法如下：

```
void TransMatrix(ElementType source[n][m], ElementType dest[m][n])
{/* source 和 dest 分别为被转置的矩阵和转置以后的矩阵(用二维数组表示) */
   int i, j;
   for(i=0; i<m; i++)
     for (j=0; j< n; j++)
        dest[i][ j]=source[j] [i] ;
}
```

显然，稀疏矩阵的转置仍为稀疏矩阵，所以我们可以采用三元组表实现矩阵的转置。假设 A 和 B 是矩阵 source 和矩阵 dest 的三元组表，实现转置的简单方法步骤如下：

(1) 矩阵 source 的三元组表 A 的行、列互换就可以得到 B 中的元素，如图 5.13 所示。

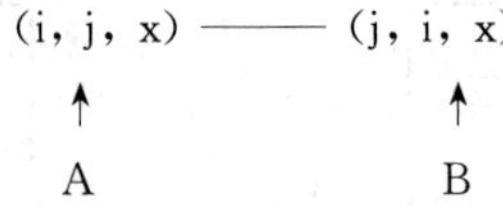

图 5.13　稀疏矩阵的转置示例

（2）为了保证转置后的矩阵的三元组表 B 也是以“行序为主序”进行存放，则需要对行、列互换后的三元组表 B 按 B 的行下标（即 A 的列下标）大小重新排序，如图 5.14 所示。

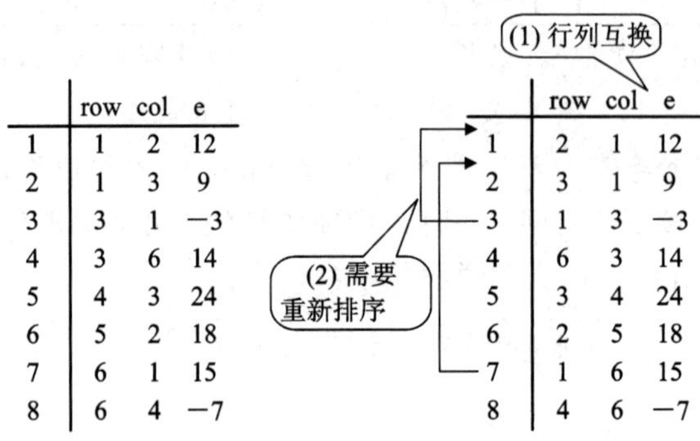

	row	col	e
1	1	2	12
2	1	3	9
3	3	1	−3
4	3	6	14
5	4	3	24
6	5	2	18
7	6	1	15
8	6	4	−7

	row	col	e
1	2	1	12
2	3	1	9
3	1	3	−3
4	6	3	14
5	3	4	24
6	2	5	18
7	1	6	15
8	4	6	−7

图 5.14　矩阵的转置（用三元组表示矩阵）

从中我们可以看出，步骤（1）很容易实现，但步骤（2）重新排序时势必要移动元素，从而影响算法的效率。为了避免元素的移动，我们可以采取以下两种处理方法：

方法 1：

为了避免行、列互换后重新排序，我们按照三元组表 A 的列序（即转置后三元组表 B 的行序）进行转置，并依次送入 B 中，这样转置后得到的三元组表 B 恰好是以“行序为主序”的。如图 5.15 所示，第一遍扫描三元组表 A 时，逐个找出其中所有 col=1 的三元组，转置后按顺序送到三元组表 B 中。同理，第二遍扫描三元组表 A 时，逐个找出其中所有col=2 的三元组，转置后按顺序送到三元组表 B 中。第 k 遍扫描三元组表 A 时，逐个找出其中所有 col=k 的三元组，转置后按顺序送到三元组表 B 中。显然，$1 \leqslant k \leqslant A.n$。

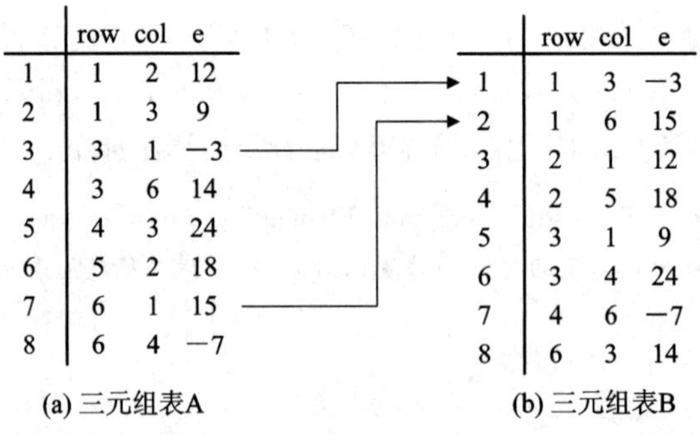

	row	col	e
1	1	2	12
2	1	3	9
3	3	1	−3
4	3	6	14
5	4	3	24
6	5	2	18
7	6	1	15
8	6	4	−7

(a) 三元组表A

	row	col	e
1	1	3	−3
2	1	6	15
3	2	1	12
4	2	5	18
5	3	1	9
6	3	4	24
7	4	6	−7
8	6	3	14

(b) 三元组表B

图 5.15　矩阵的转置

我们附设一个位置计数器 j，用于指向当前转置后元素应放入三元组表 B 中的位置。处理完一个元素后，j 加 1，j 的初值为 1。具体转置算法如下：

```
void TransposeTSMatrix(TSMatrix A, TSMatrix  * B)
{ /* 把矩阵 A 转置到 B 所指向的矩阵中去，矩阵用三元组表表示 */
```

```
    int i , j, k ;
    B->m= A.n ; B->n= A.m ; B->len= A.len ;
    if(B->len>0)
     {
        j=1;
        for(k=1; k<=A.n; k++)
          for(i=1; i<=A.len; i++)
            if(A.data[i].col==k)
            {
              B->data[j].row=A.data[i].col
              B->data[j].col=A.data[i].row;
              B->data[j].e=A.data[i].e;
              j++;
            }
     }
}
```

【算法5.1　基于稀疏矩阵的三元组表示矩阵的转置算法】

算法的时间耗费主要是在双重循环中，其时间复杂度为O(A.n×A.len)，最坏情况下，当A.len=A.m×A.n时，时间复杂度为$O(A.m\times A.n^2)$。采用正常方式实现矩阵转置的算法时间复杂度为O(A.m×A.n)。

方法2：

依次按三元组表A的次序进行转置，转置后直接放到三元组表B的**正确位置**上。这种转置算法称为快速转置算法。

为了能将待转置三元组表A中元素一次定位到三元组表B的**正确位置**上，需要预先计算以下数据：

(1) 待转置矩阵source每一**列**中非零元素的个数(即转置后矩阵dest每一行中非零元素的个数)。

(2) 待转置矩阵source每一**列中第一个**非零元素在三元组表B中的正确位置(即转置后矩阵dest每一**行**中**第一个**非零元素在三元组B中的正确位置)。

为此，需要设两个数组num[ ]和position[ ]，其中num[col]用来存放三元组表A中第col列中非零元素个数(三元组表B中第col行非零元素的个数)，position[col]用来存放转置前三元组表A中第col列(转置后三元组表B中第col行)中第一个非零元素在三元组表B中的正确位置。

num[col]的计算方法如下：

将三元组表A扫描一遍，对于其中列号为k的元素，给相应的num[k]加1。

position[col]的计算方法：

position[1]=1，

position[col]=position[col-1]+num[col-1]，其中2≤col≤A.n。

通过上述方法，我们可以得到图5.10中的M的num[col]和position[col]的值，如

图 5.16 所示。

col	1	2	3	4	5	6	7
num[col]	2	2	2	1	0	1	0
position[col]	1	3	5	7	8	8	9

图 5.16　图 5.10 中矩阵 M 的 num[col]和 position[col]的值

将三元组表 A 中所有的非零元素直接放到三元组表 B 中正确位置上的方法如下：

position[col]的初值为三元组表 A 中第 col 列（三元组表 B 的第 col 行）中第一个非零元素的正确位置，当三元组表 A 中第 col 列有一个元素加入到三元组表 B 时，则 position[col]＝position[col]＋1，即将 position[col]始终指向三元组表 A 中第 col 列中下一个非零元素的正确位置。

具体算法如下：

```
FastTransposeTSMatrix (TSMatrix  A, TSMatrix  * B)
{ /* 基于矩阵的三元组表示，采用快速转置法，将矩阵 A 转置为 B 所指的矩阵 */
int col, t, p, q;
int num[MAXSIZE], position[MAXSIZE];
B->len=A.len; B->n=A.m; B->m=A.n;
if(B->len)
  {
    for(col=1; col<=A.n; col++)
      num[col]=0;
    for(t=1; t<=A.len; t++)
      num[A.data[t].col]++;    /* 计算每一列的非零元素的个数 */
    position[1]=1;
    for(col=2; col<A.n; col++)    /* 求 col 列中第一个非零元素在 B.data[ ]中的正确位置 */
      position[col]=position[col-1]+num[col-1];
    for(p=1; p<A.len. p++)
      {
        col=A.data[p].col; q=position[col];
        B->data[q].row=A.data[p].col;
        B->data[q].col=A.data[p].row;
        B->data[q].e=A.data[p].e
        position[col]++;
      }
  }
}
```

【算法 5.2　快速稀疏矩阵转置算法】

快速转置算法的时间主要耗费在四个并列的单循环上，这四个并列的单循环分别执行了 A.n，A.len，A.n－1，A.len 次，因而总的时间复杂度为 O(A.n)＋O(A.len)＋

O(A.n)+O(A.len)，即为 O(A.n+A.len)。当待转置矩阵 M 中非零元素个数接近于 A.m×A.n 时，其时间复杂度接近于经典算法的时间复杂度 O(A.m×A.n)。

快速转置算法在空间耗费上除了三元组表所占用的空间外，还需要两个辅助向量空间，即 num[1..A.n]和 position[1..A.n]。可见，算法在时间上的节省，是以更多的存储空间为代价的。

我们也可以将计算 position[col]的方法稍加改动，使算法只占用一个辅助向量空间。读者可以作为练习。下面，我们进一步讨论如何用三元组表实现矩阵的乘法运算。

2) 用三元组表实现稀疏矩阵的乘法运算

两个矩阵相乘也是矩阵的一种常用的运算。设矩阵 M 是 m1×n1 矩阵，N 是 m2×n2 矩阵；若可以相乘，则必须满足矩阵 M 的列数 n1 与矩阵 N 的行数 m2 相等，才能得到结果矩阵 Q=M×N(一个 m1×n2 的矩阵)。

数学中矩阵 Q 中的元素的计算方法如下：

$$Q[i][j]=\sum_{k=1}^{n1}M[i][k]\times N[k][j]$$

其中，$1\leqslant i\leqslant m1$，$1\leqslant j\leqslant n2$。

根据数学上矩阵相乘的原理，我们可以得到矩阵相乘的经典算法：

```
for(i=1; i<=m1; i++)
  for(j=1; j<=n2; j++)
    { Q[i][j]=0;
      for(k=1; k<=n1; k++)
        Q[i][j]= Q[i][j]+M[i][k] * N[k][j];
    }
```

图 5.17 给出了一个矩阵相乘的例子。当矩阵 M、N 是稀疏矩阵时，我们可以采用三元组表的表示形式来实现矩阵的相乘。

$$M=\begin{bmatrix}3 & 0 & 0 & 5\\ 0 & -1 & 0 & 0\\ 2 & 0 & 0 & 0\end{bmatrix},\quad N=\begin{bmatrix}0 & 2\\ 1 & 0\\ -2 & 4\\ 0 & 0\end{bmatrix},\quad Q=\begin{bmatrix}0 & 6\\ -1 & 0\\ 0 & 4\end{bmatrix}$$

图 5.17　Q=M×N

矩阵 M 的三元组表 a.data、矩阵 N 的三元组表 b.data、矩阵 Q 的三元组表 c.data 分别如图 5.18(a)～(c)所示。

row	col	e
1	1	3
1	4	5
2	2	−1
3	1	2

(a) a.data

row	col	e
1	2	2
2	1	1
3	1	−2
3	2	4

(b) b.data

row	col	e
1	2	6
2	1	−1
3	2	4

(c) c.data

图 5.18　矩阵 M、N、Q 的三元组表

经典算法中，不论 M[i][k]、N[k][j]是否为零，都要进行一次乘法运算，而实际上这

是没有必要的。采用三元组表的方法来实现时，因为三元组只对矩阵的非零元素做存储，所以可以采用固定三元组表 a 中的元素(i, k, M_{ik})($1\leqslant i\leqslant m1$, $1\leqslant k\leqslant n1$)，在三元组表 b 中找所有行号为 k 的对应元素(k, j, N_{kj})($1\leqslant k\leqslant m2$, $1\leqslant j\leqslant n2$)进行相乘、累加，从而得到 Q[i][j]，即以三元组表 a 中的元素为基准，依次求出其与三元组表 b 的有效乘积。

算法中附设两个向量 num[ ]、first[ ]，其中 num[row]表示三元组表 b 中第 row 行非零元素个数($1\leqslant row\leqslant m2$)，first[row]表示三元组表 b 中第 row 行第一个非零元素所在的位置。显然，first[row+1]−1 指向三元组表 b 中第 row 行最后一个非零元素的位置。

first[1]=1;

first[row]=first[row−1]+num[row−1]，$2\leqslant row\leqslant m2+1$。

这里，first[m2+1]−1 表示最后一行最后一个非零元素的存储位置。当三元组表 a 中第 i 行非零元素的列号等于三元组表 b 中非零元素的行号时，则元素相乘并将结果累加。

以图 5.19 中矩阵为例，矩阵 N 对应的向量 num[row]、first[row] 如图 5.20 所示。

$$M=\begin{bmatrix}3&0&0&7\\0&0&-1&0\\-1&-2&0&0\\0&0&0&0\\0&0&0&2\end{bmatrix},\quad N=\begin{bmatrix}0&0&-2&0&-1\\0&0&-3&0&0\\-1&0&0&0&0\\0&0&0&3&0\end{bmatrix},\quad Q=\begin{bmatrix}0&0&-6&21&-3\\1&0&0&0&0\\0&0&8&0&1\\0&0&0&0&0\\0&0&0&6&0\end{bmatrix}$$

图 5.19　Q=M×N

row	1	2	3	4	(5)
num[row]	2	1	1	1	
first[row]	1	3	4	5	6

图 5.20　图 5.19 中矩阵 N 对应的向量 num[row]、first[row]

相乘基本操作：对于三元组表 a 中每个元素 a.data[p](p=1, 2, 3, …, a.len)，找出三元组表 b 中所有满足条件 a.data[p].col=b.data[q].row 的元素 b.data[q]，求得 a.data[p].e 与 b.data[q].e 的乘积，而这个乘积只是 Q[i] [j]的一部分，应对每个元素设一个累计和变量，其初值为 0。扫描完三元组表 a，求得相应元素的乘积并累加到适当的累计和的变量上。

需要注意的是，两个稀疏矩阵相乘的结果不一定是稀疏矩阵，如图 5.21 所示。反之，相乘的每个分量 M[i] [k]×N[k] [j]不为零，但累加的结果 Q[i] [j]可能是零。

$$\begin{bmatrix}1&0&0\\1&0&0\\1&0&0\end{bmatrix}\times\begin{bmatrix}1&1&1\\0&0&0\\0&0&0\end{bmatrix}=\begin{bmatrix}1&1&1\\1&1&1\\1&1&1\end{bmatrix}$$

图 5.21　矩阵相乘

为方便实现，将三元组表的类型说明修改如下：

```
#define MAXSIZE 1000     /*非零元素的个数最多为 1000*/
#define MAXROW 1000      /*矩阵最大行数为 1000*/
typedef struct
{
    int row, col;    /*该非零元素的行下标和列下标*/
    ElementType e;    /*该非零元素的值*/
```

```
}Triple;
typedef struct
{
   Triple data[MAXSIZE+1];       /* 非零元素的三元组表，data[0]未用 */
    int first[MAXROW+1];       /* 三元组表中各行第一个非零元素所在的位置 */
    int m, n, len;           /* 矩阵的行数、列数和非零元素的个数 */
}TriSparMatrix;
```

具体算法如下：

```
int MulSMatrix(TriSparMatrix M, TriSparMatrix N, TriSparMatrix * Q)
{
   /* 采用改进的三元组表表示法，求矩阵乘积 Q=M×N */
   int arow, brow, p;
   int ctemp[MAXSIZE];
   if(M.n! =N.m) return FALSE;        /* 返回 FALSE，表示求矩阵乘积失败 */
   Q->m=M.m; Q->n=N.n; Q->len=0;
   if(M.len * N.len! =0)
   {
    for(arow=1; arow<=M.m; arow++)        /* 逐行处理 M */
    {
       for(p=1; p<=N.n; p++)
         ctemp[p]=0 ;       /* 当前行各元素的累加器清零 */
       Q->first[arow]=Q->len+1;
       for(p=M.first[arow]; p<M.first[arow+1]; p++)
           /* p 指向 M 当前行中每一个非零元素 */
         {
           brow=M.data[p].col;        /* M 中的列号应与 N 中的行号相等 */
           for(q=N.first[brow]; q<N.first[brow+1]; q++)
             {
               ccol=N.data[q].col;    /* 乘积元素在 Q 中列号 */
               ctemp[ccol]+=M.data[p].e * N.data[q].e;
             } /* for q */
         }   /* 求得 Q 中第 crow 行的非零元素 */
       for(ccol=1; ccol<Q->n; col++)     /* 压缩存储该非零元素 */
         if(ctemp[ccol])
         {
           if(++Q->len>MAXSIZE) return 0;
           Q->data[Q->len]={arow, ccol, ctemp[ccol]};
         }/* if */
    }/* for arow */
   }/* if */
   return(TRUE);       /* 返回 TRUE，表示求矩阵乘积成功 */
```

```
}
```

【算法 5.3　基于三元组表的矩阵乘法】

该算法的时间主要耗费在乘法运算及累加上，其时间复杂度为 O(A. len×B. n)。当 A. len 接近于 A. m×A. n 时，该算法时间复杂度接近于经典算法的时间复杂度 O(A. m×A. n×B. n)。

2. 稀疏矩阵的链式存储结构：十字链表

与用二维数组存储稀疏矩阵比较，用三元组表表示的稀疏矩阵不仅节约了空间，而且使得矩阵某些运算的运算时间比经典算法还少。但是在进行矩阵加法、减法和乘法等运算时，有时矩阵中的非零元素的位置和个数会发生很大的变化。如 A＝A＋B，将矩阵 B 加到矩阵 A 上，此时若还用三元组表表示法，势必会为了保持三元组表“以行序为主序”而大量移动元素。为了避免大量移动元素，我们将介绍稀疏矩阵的链式存储法——十字链表，它能够灵活地插入因运算而产生的新的非零元素，删除因运算而产生的新的零元素，实现矩阵的各种运算。

在十字链表中，矩阵的每一个非零元素用一个结点表示，该结点除了(row，col，value)以外，还要有以下两个链域：

right：用于链接同一行中的下一个非零元素；

down：用于链接同一列中的下一个非零元素。

整个结点的结构如图 5.22 所示。在十字链表中，同一行的非零元素通过 right 域链接成一个单链表，同一列的非零元素通过 down 域链接成一个单链表。这样，矩阵中任一非零元素 M[i] [j]所对应的结点既处在第 i 行的行链表上，又处在第 j 列的列链表上，这好像是处在一个十字交叉路口上，所以称其为十字链表。同时我们再附设一个存放所有行链表的头指针的一维数组和一个存放所有列链表的头指针的一维数组。整个十字链表的结构如图 5.23 所示。

<table>
<tr><td>row</td><td>col</td><td>value</td></tr>
<tr><td colspan="3">down　　　　right</td></tr>
</table>

图 5.22　十字链表中结点的结构示意图

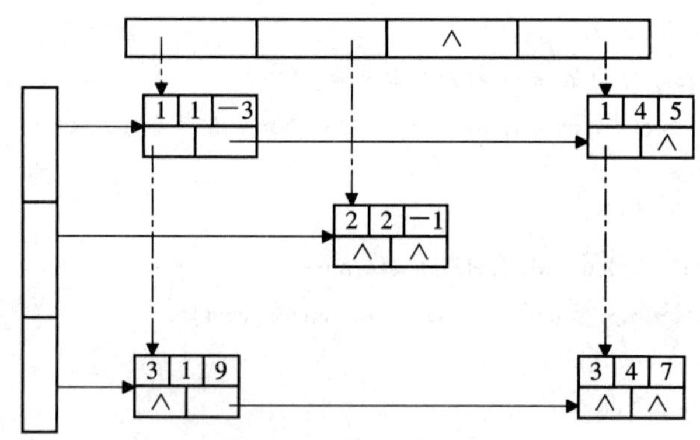

图 5.23　十字链表的结构

十字链表的结构类型说明如下：

十字链表建立中的伪代码说明

```
typedef struct OLNode
{
   int row, col;      /* 非零元素的行和列下标 */
   ElementType value;
   struct OLNode * right, * down;   /* 非零元素所在行表、列表的后继链域 */
}OLNode; * OLink;
typedef struct
{
   OLink * row_head, * col_head;   /* 行、列链表的头指针向量 */
   int m, n, len;         /* 稀疏矩阵的行数、列数、非零元素的个数 */
}CrossList;
CreateCrossList (CrossList * M)
{/* 采用十字链表存储结构，创建稀疏矩阵 M */
scanf(&m, &n, &t);   /* 输入 M 的行数，列数和非零元素的个数 */
M->m=m; M->n=n; M->len=t;
If(! (M->row_head=(OLink * )malloc((m+1)sizeof(OLink)))) exit(OVERFLOW);
If(! (M->col_head=(OLink * )malloc((n+1)sizeof(OLink)))) exit(OVERFLOW);
M->row_head[ ]=M->col_head[ ]=NULL;
   /* 初始化行、列头指针向量，各行、列链表为空的链表 */
for(scanf(&i, &j, &e); i! =0; scanf(&i, &j, &e))
   {
   if(! (p=(OLNode * ) malloc(sizeof(OLNode)))) exit(OVERFLOW);
   p->row=i; p->col=j; p->value=e;   /* 生成结点 */
   if(M->row_head[i]==NULL) M->row_head[i]=p;
   else
    { /* 在行链表中寻找插入位置并完成插入 */
      q=M->row_head[i]
      while( q->right! =NULL && q->right->col<j)
            q=q->right;
      p->right=q->right;
      q->right=p;
    }
   if(M->col_head[j]==NULL) M->col_head[j]=p;
   else
    { /* 在列链表中寻找插入位置并完成插入 */
      q=M->col_head[j];
      while ( q->down! =NULL && q->down->row<i)
            q=q->down;
      p->down=q->down;
      q->down=p;
```

```
    }
  }
}
```

【算法 5.4　建立稀疏矩阵的十字链表】

建立十字链表的算法的时间复杂度为 O(t×s)，s=max(m, n)。

5.4　广　义　表

广义表，顾名思义，也是线性表的一种推广。广义表被广泛地应用于人工智能等领域的表处理语言 LISP 语言中。在 LISP 语言中，广义表是一种最基本的数据结构，就连 LISP 语言的程序也表示为一系列的广义表。

5.4.1　广义表的概念

在第 2 章中，线性表被定义为一个有限的序列(a_1, a_2, a_3, …, a_n)，其中 a_i 被限定为是单个数据元素。广义表也是 n 个数据元素(d_1, d_2, d_3, …, d_n)的有限序列，但不同的是，广义表中的 d_i 既可以是单个元素，还可以是一个广义表，通常记作：GL=(d_1, d_2, d_3, …, d_n)。其中，GL 是广义表的名字，通常广义表的名字用大写字母表示；n 是广义表的长度。若 d_i 是一个广义表，则称 d_i 是广义表 GL 的子表。在广义表 GL 中，d_1 是广义表 GL 的表头，而广义表 GL 其余部分组成的表(d_2, d_3, …, d_n)称为广义表的表尾。由此可见广义表的定义是递归定义的，因为在定义广义表时又使用了广义表的概念。下面给出一些广义表的例子，以加深对广义表概念的理解。

- D=()　空表；其长度为零。
- A=(a, (b, c))　表长度为 2 的广义表，其中第一个元素是单个数据 a，第二个元素是一个子表(b, c)。
- B=(A, A, D)　长度为 3 的广义表，其前两个元素为表 A，第三个元素为空表 D。
- C=(a,C)　长度为 2 递归定义的广义表，C 相当于无穷表 C=(a,(a,(a,(…))))。

其中，A、B、C、D 是广义表的名字。

下面以广义表 A 为例，说明求表头、表尾的操作：

head(A)=a　表 A 的表头是 a。

tail(A)=((b, c))　表 A 的表尾是((b, c))。广义表的表尾一定是一个表。

从上面的例子可以看出：

(1) 广义表的元素可以是子表，而子表还可以是子表……由此可见，广义表是一个多层的结构。

(2) 广义表可以被其他广义表共享，如广义表 B 就共享表 A。在表 B 中不必列出表 A 的内容，只要通过子表的名称就可以引用该表。

(3) 广义表具有递归性，如广义表 C。

5.4.2 广义表的存储结构

由于广义表 GL=(d_1, d_2, d_3, …, d_n)中的数据元素既可以是单个元素，也可以是子表，因此对于广义表来说，难以用顺序存储结构来表示它，通常用链式存储结构来表示。

1. 广义表的头尾链表存储结构

广义表中的每个元素用一个结点来表示，表中有两类结点：一类是单个元素(原子)结点，另一类是子表结点。任何一个非空的广义表都可以将其分解成表头和表尾两部分，反之，一对确定的表头和表尾可以唯一地确定一个广义表。因此，一个表结点可由三个域构成：标志域、指向表头的指针域和指向表尾的指针域，而元素(原子)结点只需要两个域：标志域和值域，其结点结构如图 5.24 所示。

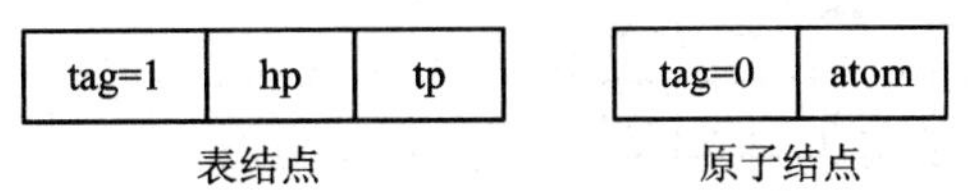

图 5.24 广义表的头尾链表结点结构

广义表的头尾链表存储结构类型定义如下：

```
typedefenum {ATOM, LIST} ElemTag;   /* ATOM=0，表示原子；LIST=1，表示子表 */
  typedefstruct GLNode
  { ElemTag tag;                  /* 标志位 tag 用来区别原子结点和表结点 */
    union
    { AtomType atom;                        /* 原子结点的值域 atom */
    struct { struct GLNode * hp, * tp;} htp;   /* 表结点的指针域 htp，包括表头指针域 hp 和表
                                                  尾指针域 tp */
    }atom_htp;       /* atom_htp 是原子结点的值域 atom 和表结点的指针域 htp 的联合体域 */
}GLNode, * GList;
```

前面提到的广义表 A、B、C、D 的存储结构如图 5.25 所示。

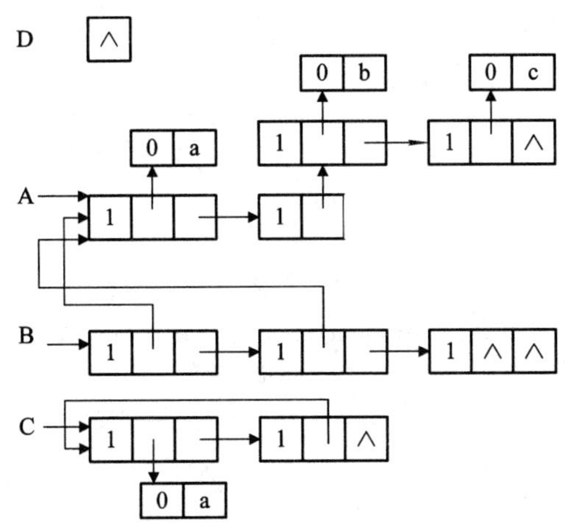

图 5.25 广义表 A、B、C、D 的存储结构

在这种存储结构中，能够很清楚地分清单个元素和子表所在的层次，在某种程度上给

广义表的操作带来了方便。

2. 广义表的同层结点链存储结构

在这种结构中，无论是单个元素结点还是子表结点均由三个域构成。其结点结构如图5.26所示。

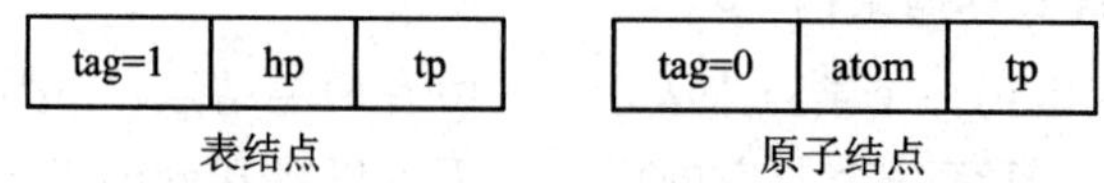

图 5.26 广义表的同层结点链结点结构

广义表 A、B、C、D 的扩展线性链表存储结构如图 5.27 所示。

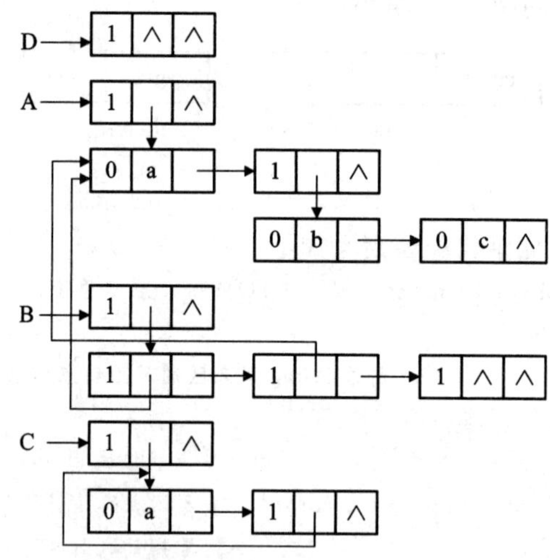

图 5.27 广义表的同层结点链存储结构

广义表的同层结点链存储结构类型定义如下：

```
typedefenum {ATOM, LIST} ElemTag; /* ATOM=0，表示原子；LIST=1，表示子表 */
    typedefstruct GLNode
    {
      ElemTag tag;
      union
      {
        AtomType atom;
        struct GLNode * hp;       /* 表头指针域 */
      } atom_hp;                  /* atom_hp 是原子结点的值域 atom 和表结点的表头指针域 hp
                                     的联合体域 */
      struct GLNode * tp;         /* 同层下一个结点的指针域 */
    }GLNode, * GList;
```

5.4.3 广义表的操作实现

下面以广义表的头尾链表存储结构为例，介绍广义表的几个基本操作。

(1) 求广义表的表头和表尾。

```
GList Head(GList L)
  { /* 求广义表L的表头，并返回表头指针 */
   if(L==NULL) return(NULL);         /* 空表无表头 */
   if(L->tag==ATOM) exit(0);         /* 原子不是表 */
   else return(L->atom_htp.htp.hp);
  }
```

【算法5.5 求广义表L的表头】

```
GList Tail(GList L)
  { /* 求广义表L的表尾，并返回表尾指针 */
   if(L==NULL) return(NULL);         /* 空表无表尾 */
   if(L->tag==ATOM) exit(0);         /* 原子不是表 */
   else return(L->atom_htp.htp.tp);
  }
```

【算法5.6 求广义表L的表尾】

(2) 求广义表的长度和深度。

```
int Length(GList L)
  { /* 求广义表L长度，并返回长度值 */
   int k=0;
   GLNode *s;
   if(L==NULL) return(0);          /* 空表长度为0 */
   if(L->tag==ATOM) exit(0);  /* 原子不是表 */
   s=L;
   while(s!=NULL)                  /* 统计最上层表的长度 */
  { k++;
   s=s->atom_htp.htp.tp;
  }
   return(k);
  }
```

【算法5.7 求广义表的长度】

```
int Depth(GList L)
    { /* 求广义表L的深度，并返回深度值 */
     int d, max;
     GLNode *s;
     if(L==NULL) return(1);           /* 空表深度为1 */
     if(L->tag==ATOM) return(0);      /* 原子深度为0 */
     s=L;
```

```
    while(s! =NULL)                          /* 求每个子表的深度的最大值 */
  { d=Depth(s->atom_htp.htp.hp);
  if(d>max) max=d;
    s=s->atom_htp.htp.tp;
  }
    return(max+1);                           /* 表的深度等于最深子表的深度加 1 */
  }
```

【算法 5.8 求广义表的深度】

习　　题

第 5 章习题参考答案

5.1 假设有 6 行 8 列的二维数组 A，每个元素占用 6 个字节，存储器按字节编址。已知 A 的基地址为 1000，计算：

(1) 数组 A 共占用多少字节；

(2) 数组 A 的最后一个元素的地址；

(3) 按行存储时元素 a_{36} 的地址；

(4) 按列存储时元素 a_{36} 的地址。

5.2 设有三对角矩阵 $A_{n\times n}$，将其三条对角线上的元素逐行地存于数组 B[1..3n－2] 中，使得 B[k]=a_{ij}，求：

(1) 用 i，j 表示 k 的下标变换公式；

(2) 用 k 表示 i，j 的下标变换公式。

5.3 假设稀疏矩阵 A 和 B 均以三元组表作为存储结构。试写出矩阵相加的算法，另设三元组表 C 存放结果矩阵。

5.4 在稀疏矩阵的快速转置算法 5.2 中，将计算 position[col]的方法稍加改动，使算法只占用一个辅助向量空间。

5.5 写一个在十字链表中删除非零元素 a_{ij} 的算法。

5.6 画出下面广义表的两种存储结构图示。

((((a), b)), ((( ), d), (e, f)))

5.7 求下列广义表运算的结果：

(1) HEAD[((a, b), (c, d))];

(2) TAIL[((a, b), (c, d))];

(3) TAIL[HEAD[((a, b), (c, d))]];

(4) HEAD[TAIL[HEAD[((a, b), (c, d))]]];

(5) TAIL[HEAD[TAIL[((a, b), (c, d))]]]。

实　习　题

若矩阵 $A_{m\times n}$ 中的某个元素 a_{ij} 是第 i 行中的最小值，同时又是第 j 列中的最大值，则称此元素为该矩阵中的一个马鞍点。假设以二维数组存储矩阵，试编写算法求出矩阵中的所有马鞍点。

第 5 章知识框架

第6章 ◇◇◇◇◇

树和二叉树

前面第 2～5 章介绍了线性逻辑结构，本章和第 7 章将分别介绍树和图这两种非线性逻辑结构。线性结构中结点间具有唯一前驱、唯一后继关系，而非线性结构的特征是结点间的前驱、后继关系不具有唯一性。其中在树形结构中结点间关系是唯一前驱而后继不唯一，即结点之间是一对多的关系；图结构中结点间前驱与后继可不唯一，即结点之间是多对多的关系。直观地看，树结构是指具有分支关系的结构(其分叉、分层的特征类似于自然界中的树)。树结构应用非常广泛，特别是在大量数据处理方面，如在文件系统、编译系统、目录组织等方面显得更加突出。树和图的理论基础部分属离散数学内容，而在数据结构中所讨论的重点是关于树和图的结构存储及操作实现技术。本章主要讨论树形结构的特性、存储及其操作实现。

6.1 树的概念与定义

树是 n(n⩾0)个结点的有限集合 T。当 n=0 时，称为空树；当 n>0 时，该集合满足如下条件：

(1) 其中必有一个称为**根**(Root)的特定结点，它没有直接前驱，但有零个或多个直接后继。

(2) 其余 n－1 个结点可以划分成 m(m⩾0)个互不相交的有限集 T_1，T_2，T_3，…，T_m，其中 T_i 又是一棵树，称为根的**子树**。每棵子树的根结点有且仅有一个直接前驱，但有零个或多个直接后继。

图 6.1 给出了一棵树的逻辑结构图示，它如同一棵倒长的树。

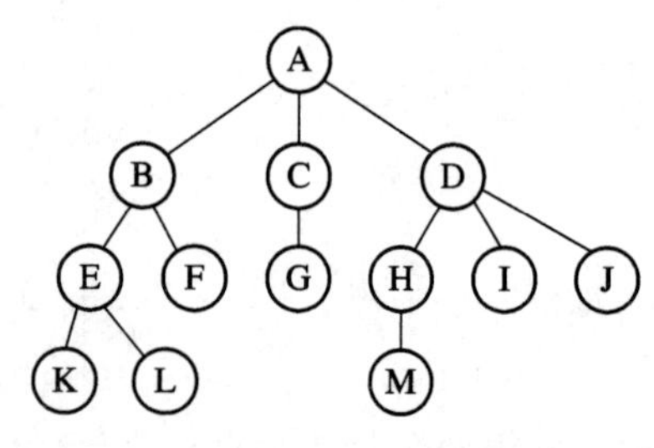

图 6.1　树的逻辑结构图示

在本章中我们将用到以下有关树的术语：

- **结点**：包含一个数据元素及若干指向其他结点的分支信息。
- **结点的度**：一个结点的子树个数称为此结点的度。

· **叶结点**：度为零的结点，即无后继的结点，也称为**终端结点**。

· **分支结点**：度不为零的结点，也称为**非终端结点**。

· **孩子结点**：一个结点的直接后继称为该结点的孩子结点。在图6.1中，B、C是A的孩子。

· **双亲结点**：一个结点的直接前驱称为该结点的双亲结点。在图6.1中，A是B、C的双亲。

· **兄弟结点**：同一双亲结点的孩子结点之间互称兄弟结点。在图6.1中，结点H、I、J互为兄弟结点。

· **祖先结点**：一个结点的祖先结点是指从根结点到该结点的路径上的所有结点。在图6.1中，结点K的祖先是A、B、E。

· **子孙结点**：一个结点的直接后继和间接后继称为该结点的子孙结点。在图6.1中，结点D的子孙是H、I、J、M。

· **树的度**：树中所有结点的度的最大值。

· **结点的层次**：从根结点开始定义，根结点的层次为1，根的直接后继的层次为2，依此类推。

· **树的高度(深度)**：树中所有结点的层次的最大值。

· **有序树**：在树T中，如果各子树T_i之间是有先后次序的，则称为有序树。

· **森林**：$m(m\geqslant 0)$棵互不相交的树的集合。将一棵非空树的根结点删去，树就变成一个森林；反之，给森林增加一个统一的根结点，森林就变成一棵树。

下面我们给出树的抽象数据类型的定义：

ADT Tree{

数据对象D：一个集合，该集合中的所有元素具有相同的特性。

数据关系R：若D为空集，则为空树。若D中仅含有一个数据元素，则R为空集；否则R={H}，H是如下的二元关系：

(1) 在D中存在唯一的称为根的数据元素root，它在关系H下没有前驱。

(2) 除root以外，D中每个结点在关系H下都有且仅有一个前驱。

基本操作：

(1) InitTree(Tree)：将Tree初始化为一棵空树。

(2) DestroyTree(Tree)：销毁树Tree。

(3) CreateTree(Tree)：创建树Tree。

(4) TreeEmpty(Tree)：若Tree为空，则返回TRUE，否则返回FALSE。

(5) Root(Tree)：返回树Tree的根。

(6) Parent(Tree, x)：树Tree存在，x是Tree中的某个结点。若x为非根结点，则返回它的双亲；否则返回“空”。

(7) FirstChild(Tree, x)：树Tree存在，x是Tree中的某个结点。若x为非叶子结点，则返回它的第一个孩子结点；否则返回“空”。

(8) NextSibling(Tree, x)：树Tree存在，x是Tree中的某个结点。若x不是其双亲的最后一个孩子结点，则返回x后面的下一个兄弟结点；否则返回“空”。

(9) InsertChild(Tree, p, Child)：树 Tree 存在，p 指向 Tree 中某个结点，非空树 Child 与 Tree 不相交。将 Child 插入 Tree 中，作 p 所指向结点的子树。

(10) DeleteChild(Tree, p, i)：树 Tree 存在，p 指向 Tree 中某个结点，1≤i≤d，d 为 p 所指向结点的度。删除 Tree 中 p 所指向结点的第 i 棵子树。

(11) TraverseTree(Tree, Visit())：树 Tree 存在，Visit()是对结点进行访问的函数。按照某种次序对树 Tree 的每个结点调用 Visit()函数访问一次且最多一次。若 Visit()失败，则操作失败。

}**ADT Tree**

6.2 二 叉 树

在进一步讨论树之前，我们先讨论一种简单而重要的树结构——二叉树。

6.2.1 二叉树的定义与基本操作

定义：我们把满足以下两个条件的树形结构叫作**二叉树**(Binary Tree)：

(1) 每个结点的度都不大于 2；

(2) 每个结点的孩子结点次序不能任意颠倒。

由此定义可以看出，一个二叉树中的每个结点只能含有 0、1 或 2 个孩子，而且每个孩子有左右之分。我们把位于左边的孩子叫作左孩子，位于右边的孩子叫作右孩子。

图 6.2 给出了二叉树的五种基本形态。

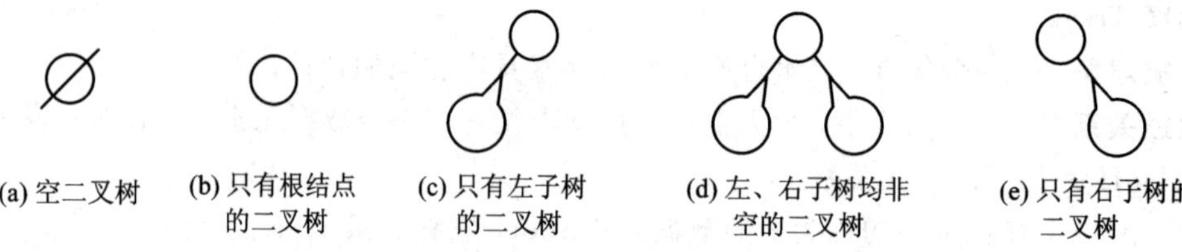

图 6.2 二叉树的五种基本形态

图 6.2 (a)为一棵空的二叉树；图 6.2(b)为一棵只有根结点的二叉树；图 6.2(c)为一棵只有左子树的二叉树(左子树仍是一棵二叉树)；图 6.2(d)为左、右子树均非空的二叉树(左、右子树均为二叉树)；图 6.2(e)为一棵只有右子树的二叉树(右子树也是一棵二叉树)。二叉树也是树，故前面所介绍的有关树的术语都适用于二叉树。

与树的基本操作类似，二叉树有如下基本操作：

(1) InitBiTree(bt)：将 bt 初始化为空二叉树。

(2) CreateBiTree(bt)：创建一棵非空二叉树 bt。

(3) Destroy(bt)：销毁二叉树 bt。

(4) Empty(bt)：若 bt 为空，则返回 TRUE；否则返回 FALSE。

(5) Root(bt)：求二叉树 bt 的根结点。若 bt 为空二叉树，则函数返回“空”。

(6) Parent(bt, x)：求双亲函数。求二叉树 bt 中结点 x 的双亲结点。若结点 x 是二叉树的根结点或二叉树 bt 中无结点 x，则返回“空”。

(7) LeftChild(bt, x)：求左孩子。若结点 x 为叶子结点或 x 不在 bt 中，则返回“空”。

(8) RightChild(bt, x)：求右孩子。若结点 x 为叶子结点或 x 不在 bt 中，则返回“空”。

(9) Traverse(bt)：遍历操作。按某个次序依次访问二叉树中每个结点一次且仅一次。

(10) Clear(bt)：清除操作。将二叉树 bt 置为空树。

6.2.2 二叉树的性质

性质 1 在二叉树的第 i 层上至多有 2^{i-1} 个结点($i\geqslant 1$)。

证明：用数学归纳法。

归纳基础：当 i=1 时，整个二叉树只有一根结点，此时 $2^{i-1}=2^0=1$，结论成立。

归纳假设：假设 i=k 时结论成立，即第 k 层上结点总数最多为 2^{k-1} 个。

现证明当 i=k+1 时结论成立。

因为二叉树中每个结点的度最大为 2，则第 k+1 层的结点总数最多为第 k 层上结点最大数的 2 倍，即 $2\times 2^{k-1}=2^{(k+1)-1}$，故结论成立。

性质 2 深度为 k 的二叉树至多有 2^k-1 个结点($k\geqslant 1$)。

证明：因为深度为 k 的二叉树，其结点总数的最大值是将二叉树每层上结点的最大值相加，所以深度为 k 的二叉树的结点总数至多为

$$\sum_{i=1}^{k} \text{第 i 层上的最大结点个数} = \sum_{i=1}^{k} 2^{i-1} = 2^k - 1$$

故结论成立。

性质 3 对任意一棵二叉树 T，若终端结点数为 n_0，而其度为 2 的结点数为 n_2，则 $n_0=n_2+1$。

证明：设二叉树中结点总数为 n，n_1 为二叉树中度为 1 的结点总数。

因为二叉树中所有结点的度小于等于 2，所以有

$$n = n_0 + n_1 + n_2$$

设二叉树中分支数目为 B，因为除根结点外，每个结点均对应一个进入它的分支，所以有

$$n = B + 1$$

又因为二叉树中的分支都是由度为 1 和度为 2 的结点发出，所以分支数目为

$$B = n_1 + 2n_2$$

整理上述两式可得到

$$n = B + 1 = n_1 + 2n_2 + 1$$

将 $n=n_0+n_1+n_2$ 代入上式，得出 $n_0+n_1+n_2=n_1+2n_2+1$，整理后得 $n_0=n_2+1$，故结论成立。

下面先给出两种特殊的二叉树，然后讨论其有关性质。

满二叉树：深度为 k 且有 2^k-1 个结点的二叉树。在满二叉树中，每层结点都是满的，即每层结点都具有最大结点数。图 6.3(a)所示的二叉树，即为一棵满二叉树。

满二叉树的顺序表示，即从二叉树的根开始，层间从上到下，层内从左到右，逐层进行编号(1, 2, …, n)。例如图 6.3(a)所示的满二叉树的顺序表示为(1, 2, 3, 4, 5, 6, 7, 8, 9, 10, 11, 12, 13, 14, 15)。

完全二叉树：深度为k，结点数为n的二叉树，如果其结点1～n的位置序号分别与满二叉树的结点1～n的位置序号一一对应，则为完全二叉树，如图6.3(b)所示。

满二叉树必为完全二叉树，而完全二叉树不一定是满二叉树。

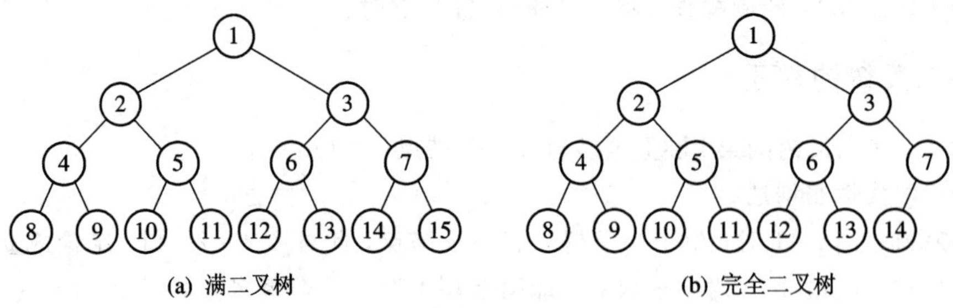

图6.3 满二叉树与完全二叉树

性质4 具有n个结点的完全二叉树的深度为$\lfloor \log_2 n \rfloor+1$。

证明：假设n个结点的完全二叉树的深度为k，根据性质2可知，k－1层满二叉树的结点总数为

$$n_1 = 2^{k-1} - 1$$

k层满二叉树的结点总数为

$$n_2 = 2^k - 1$$

显然有$n_1<n\leqslant n_2$，进一步可以推出

$$n_1+1\leqslant n<n_2+1$$

将$n_1=2^{k-1}-1$和$n_2=2^k-1$代入上式，可得$2^{k-1}\leqslant n<2^k$，即

$$k-1\leqslant \log_2 n<k$$

因为k是整数，所以$k-1=\lfloor \log_2 n \rfloor$，$k=\lfloor \log_2 n \rfloor+1$，故结论成立。

性质5 对于具有n个结点的完全二叉树，如果按照“从上到下”和“从左到右”的顺序对二叉树中的所有结点从1开始顺序编号，则对于任意的序号为i的结点有：

(1) 若$i=1$，则序号为i的结点是根结点，无双亲结点；若$i>1$，则序号为i的结点的双亲结点序号为$\lfloor i/2 \rfloor$。

(2) 若$2\times i>n$，则序号为i的结点无左孩子；若$2\times i\leqslant n$，则序号为i的结点的左孩子结点的序号为$2\times i$。

(3) 若$2\times i+1>n$，则序号为i的结点无右孩子；若$2\times i+1\leqslant n$，则序号为i的结点的右孩子结点的序号为$2\times i+1$。

可以用归纳法证明其中的(2)和(3)，证明如下：

二叉树性质练习题

当$i=1$时，由完全二叉树的定义知，如果$2\times i=2\leqslant n$，说明二叉树中存在两个或两个以上的结点，所以其左孩子存在且序号为2；反之，如果$2>n$，说明二叉树中不存在序号为2的结点，其左孩子不存在。同理，如果$2\times i+1=3\leqslant n$，说明其右孩子存在且序号为3；如果$3>n$，则二叉树中不存在序号为3的结点，其右孩子不存在。

假设对于序号为$j(1\leqslant j\leqslant i)$的结点，当$2\times j\leqslant n$时，其左孩子存在且序号为$2\times j$，当$2\times j>n$时，其左孩子不存在；当$2\times j+1\leqslant n$时，其右孩子存在且序号为$2\times j+1$，当

$2\times j+1>n$ 时，其右孩子不存在。

当 $i=j+1$ 时，根据完全二叉树的定义，若其左孩子存在，则其左孩子结点的序号一定等于序号为 j 的结点的右孩子的序号加 1，即其左孩子结点的序号等于 $(2\times j+1)+1=2(j+1)=2\times i$，且有 $2\times i\leqslant n$；如果 $2\times i>n$，则左孩子不存在。若右孩子结点存在，则其右孩子结点的序号应等于其左孩子结点的序号加 1，即右孩子结点的序号为 $2\times i+1$，且有 $2\times i+1\leqslant n$；如果 $2\times i+1>n$，则右孩子不存在。

故(2)和(3)得证。

由(2)和(3)我们可以很容易证明(1)，证明如下：

当 $i=1$ 时，显然该结点为根结点，无双亲结点。当 $i>1$ 时，设序号为 i 的结点的双亲结点的序号为 m，如果序号为 i 的结点是其双亲结点的左孩子，根据(2)有 $i=2\times m$，即 $m=i/2$；如果序号为 i 的结点是其双亲结点的右孩子，根据(3)有 $i=2\times m+1$，即 $m=(i-1)/2=i/2-1/2$，综合这两种情况，可以得到，当 $i>1$ 时，其双亲结点的序号等于 $\lfloor i/2 \rfloor$。证毕。

6.2.3 二叉树的存储结构

二叉树的结构是非线性的，每一结点最多可有两个后继。

二叉树的存储结构有两种：顺序存储结构和链式存储结构。

1. 顺序存储结构

顺序存储结构是用一组连续的存储单元来存放二叉树的数据元素，参见图 6.4。

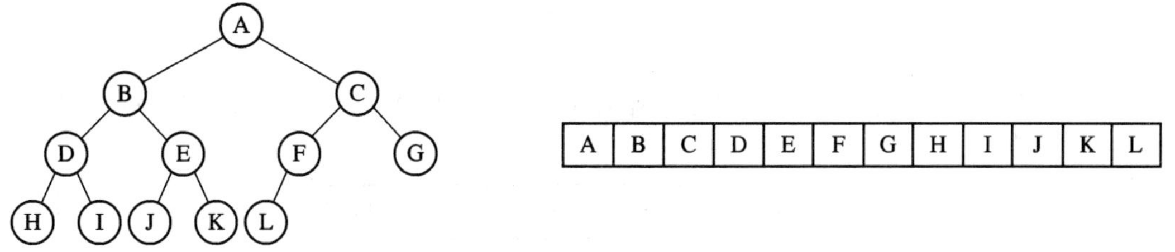

图 6.4 二叉树与顺序存储结构

我们用一维数组作存储结构，将二叉树中编号为 i 的结点存放在数组的第 i 个分量中。这样，可得结点 i 的左孩子的位置为 $LChild(i)=2\times i$；右孩子的位置为 $RChild(i)=2\times i+1$。

显然，这种存储方式对于一棵完全二叉树来说是非常方便的。因为此时该存储结构既不浪费空间，又可以根据公式计算出每一个结点的左、右孩子的位置。但是，对于一般的二叉树，我们必须按照完全二叉树的形式来存储，这就会造成空间浪费。一种极端的情况如图 6.5 所示，从中可以看出，对于一个深度为 k 的二叉树，在最坏的情况下(每个结点只有右孩子)需要占用 2^k-1 个存储单元，而实际该二叉树只有 k 个结点，空间的浪费太大。这是顺序存储结构的一大缺点。

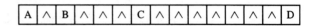

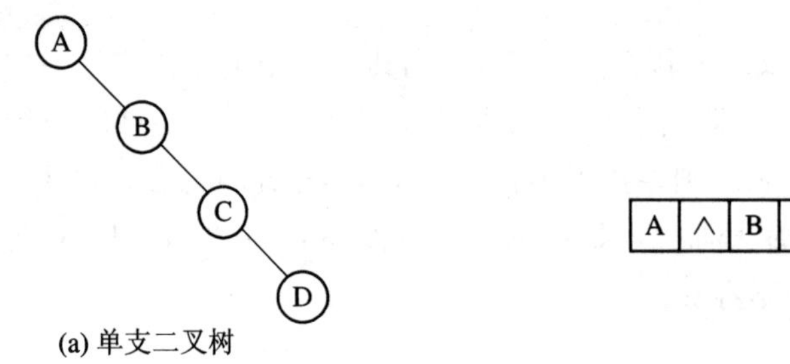

图 6.5 单支二叉树与其顺序存储结构

2. 链式存储结构

对于任意的二叉树来说，每个结点只有两个孩子，一个双亲结点。我们可以设计每个结点至少包括三个域：数据域、左孩子域和右孩子域：

LChild	Data	RChild

其中，LChild 域指向该结点的左孩子；Data 域记录该结点的信息；RChild 域指向该结点的右孩子。

用 C 语言可以这样声明二叉树的二叉链表结点的结构：

```
typedef struct Node
{
  DataType data;
  struct Node * LChild;
  struct Node * RChild;
}BiTNode, * BiTree;
```

有时，为了便于找到父结点，可以增加一个 Parent 域，Parent 域指向该结点的父结点。该结点结构如下：

LChild	Data	Parent	RChild

用第一种结点结构形成的二叉树的链式存储结构称为二叉链表，如图 6.6 所示。用第二种结点结构形成的二叉树的链式存储结构称为三叉链表。

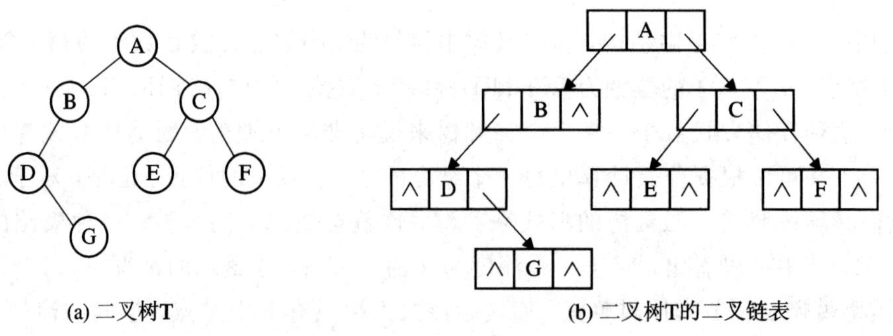

图 6.6 二叉树和二叉链表

若一棵二叉树含有 n 个结点，则它的二叉链表中必含有 2n 个指针域，其中必有 n+1 个空的链域。

证明：分支数目 B=n−1，即非空的链域有 n−1 个，故空链域有 2n−(n−1)=n+1 个。

不同的存储结构实现二叉树的操作也不同。如要找某个结点的父结点，在三叉链表中很容易实现；在二叉链表中则需从根指针出发一一查找。可见，在具体应用中，需要根据二叉树的形态和需要进行的操作来决定二叉树的存储结构。

6.3 二叉树的遍历与线索化

6.3.1 二叉树的遍历

本节将首先介绍二叉树的一种常用运算——遍历。二叉树的遍历是指按一定规律对二叉树中的每个结点进行访问且仅访问一次。其中的访问可指计算二叉树中结点的数据信息，打印该结点的信息，也包括对结点进行任何其他操作。

为什么需要遍历二叉树呢？因为二叉树是非线性的结构，通过遍历将二叉树中的结点访问一遍，得到访问结点的顺序序列。从这个意义上说，遍历操作就是将二叉树中结点按一定规律线性化的操作，目的在于将非线性化结构变成线性化的访问序列。二叉树的遍历操作是二叉树中最基本的运算。

在具体讨论遍历算法之前，我们先来分析一下二叉树中结点的基本组成部分。如图 6.7 所示，二叉树的基本结构是由根结点、左子树和右子树三个基本单元组成的，因此只要依次遍历这三部分，就遍历了整个二叉树。

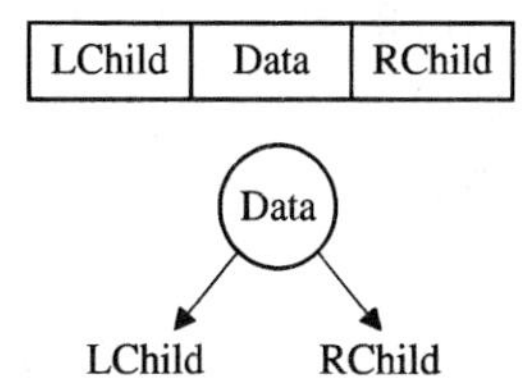

图 6.7 二叉树结点的基本结构

我们用 L、D、R 分别表示遍历左子树、访问根结点、遍历右子树，那么对二叉树的遍历顺序就可以有六种方式：

(1) 访问根，遍历左子树，遍历右子树(记作 DLR)。

(2) 访问根，遍历右子树，遍历左子树(记作 DRL)。

(3) 遍历左子树，访问根，遍历右子树(记作 LDR)。

(4) 遍历左子树，遍历右子树，访问根(记作 LRD)。

(5) 遍历右子树，访问根，遍历左子树(记作 RDL)。

(6) 遍历右子树，遍历左子树，访问根(记作 RLD)。

在以上六种遍历方式中，如果我们规定按先左后右的顺序，那么就只有 DLR 、LDR 和 LRD 三种。根据对根的访问先后顺序不同，分别称 DLR 为先序遍历或先根遍历；LDR 为中序遍历(对称遍历)；LRD 为后序遍历。

注意 *先序、中序、后序遍历是递归定义的，即在其子树中亦按上述规律进行遍历。*

下面分别介绍三种遍历方法的递归定义。

• 先序遍历(DLR)操作过程：

若二叉树为空，则空操作；否则依次执行以下三个操作：

(1) 访问根结点；

(2) 按先序遍历左子树；

(3) 按先序遍历右子树。

· 中序遍历(LDR)操作过程：

若二叉树为空，则空操作；否则依次执行以下三个操作：

(1) 按中序遍历左子树；

(2) 访问根结点；

(3) 按中序遍历右子树。

· 后序遍历(LRD)操作过程：

若二叉树为空，则空操作；否则依次执行以下三个操作：

(1) 按后序遍历左子树；

(2) 按后序遍历右子树；

(3) 访问根结点。

显然，这种遍历是一个递归过程。

对于如图 6.8 所示的二叉树，其先序、中序、后序遍历的序列如下：

先序遍历：A B D F G C E H。

中序遍历：B F D G A C E H。

后序遍历：F G D B H E C A。

最早提出遍历问题是对存储在计算机中的表达式求值。例如，(a+b*c)-d/e，该表达式用二叉树表示如图 6.9 所示。当我们对此二叉树进行先序、中序、后序遍历时，便可获得表达式的前缀、中缀、后缀书写形式：

前缀：-+a*bc/de

中缀：a+b*c-d/e

后缀：abc*+de/-

其中，中缀形式是算术表达式的通常形式，只是没有括号。前缀表达式称为波兰表达式。算术表达式的后缀表达式被称作逆波兰表达式。在计算机内，使用后缀表达式易于求值。

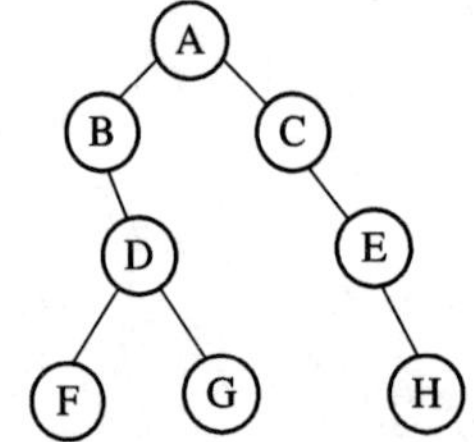

图 6.8 二叉树

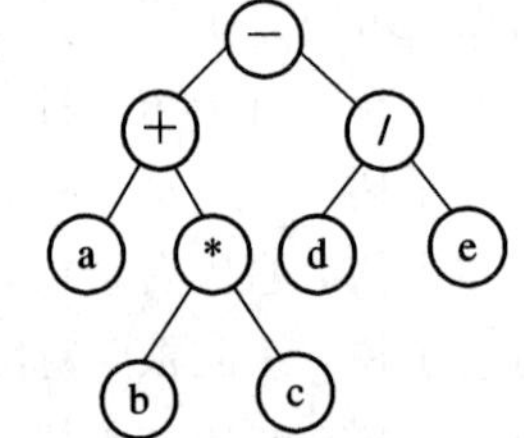

图 6.9 算术式的二叉树表示

下面我们以二叉链表作为存储结构，来讨论二叉树的遍历算法。

1) 先序遍历

```
void PreOrder(BiTree root)
/*先序遍历二叉树，root为指向二叉树(或某一子树)根结点的指针*/
{ if (root!=NULL)
   {
     Visit(root->data);   /*访问根结点*/
     PreOrder(root->LChild);   /*先序遍历左子树*/
```

```
        PreOrder(root ->RChild);    /* 先序遍历右子树 */
    }
}
```

【算法 6.1　先序遍历二叉树】

2）中序遍历

```
void InOrder(BiTree root)
/* 中序遍历二叉树，root为指向二叉树(或某一子树)根结点的指针 */
{ if (root!=NULL)
    {
        InOrder(root ->LChild);    /* 中序遍历左子树 */
        Visit(root ->data);    /* 访问根结点 */
        InOrder(root ->RChild);    /* 中序遍历右子树 */
    }
}
```

【算法 6.2　中序遍历二叉树】

3）后序遍历

```
void PostOrder(BiTree root)
/* 后序遍历二叉树，root为指向二叉树(或某一子树)根结点的指针 */
{ if(root!=NULL)
    {
        PostOrder(root ->LChild);    /* 后序遍历左子树 */
        PostOrder(root ->RChild);    /* 后序遍历右子树 *
        Visit(root ->data);    /* 访问根结点 */
    }
}
```

【算法 6.3　后序遍历二叉树】

显然这三种遍历算法的区别就在于 Visit 语句的位置不同，但都采用了递归的方法。

为了便于理解递归算法，我们以中序遍历为例，说明中序遍历二叉树的递归过程，如图 6.10 所示。

当中序遍历图 6.10(a)时，p 指针首先指向 A 结点。按照中序遍历的规则，先要遍历 A 的左子树。此时递归进层，p 指针指向 B 结点，进一步递归进层到 B 的左子树根。此时由于 p 指针等于 NULL，对 B 的左子树的遍历结束，递归退层到 B 结点。访问 B 结点后递归进层到 B 的右子树。此时 p 指针指向 D 结点。进一步进层到 D 的左子树，由于 D 没有左子树，退层到 D 结点。访问 D 后进层到 D 的右子树，由于 D 没有右子树，又退层到 D 结点，此时完成了对 D 结点的遍历，退层到 B 结点。此时对 B 结点的遍历完成，递归退层到 A 结

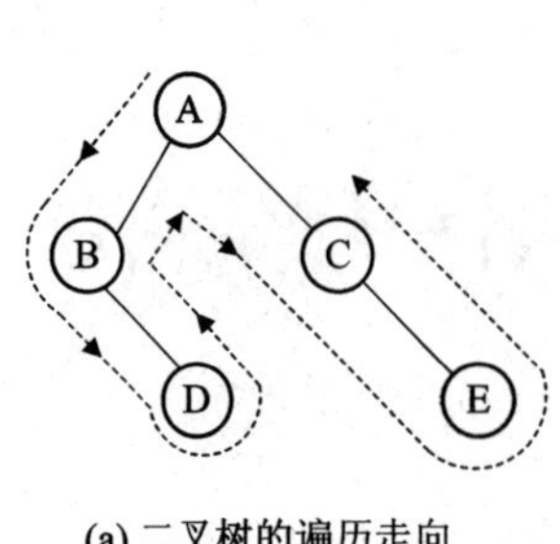

(a) 二叉树的遍历走向

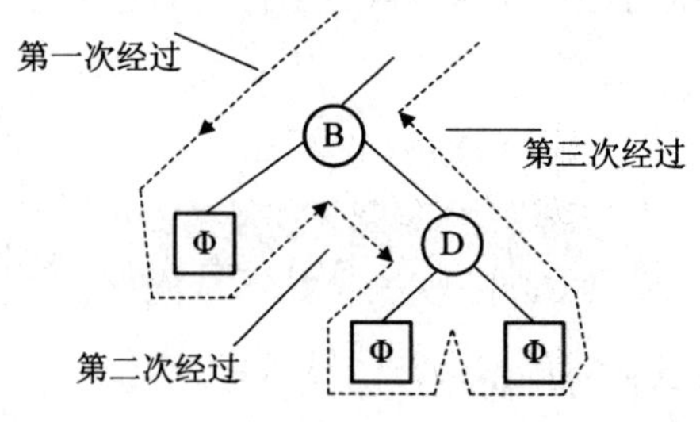

(b) 遍历中三次经过结点的情形

图 6.10　中序遍历二叉树的递归过程

点，访问 A 结点后又进层到 A 的右子树。此时 p 指针指向 C 结点。同样，按照中序的规则，应该递归进层到 C 的左子树，此时 p 指针为 NULL，退层到 C 结点，访问 C 结点后又递归到 C 的右子树。此时 p 指针指向 E 结点，进一步进层到 E 的左子树。因为 p 等于 NULL，所以退层到 E，访问 E 结点后，进层到 E 的右子树。由于 p 等于 NULL，又退层到 E，完成对 E 结点的遍历，进一步退层到 C 结点，完成对 C 的遍历。最后退层到 A。至此完成了对整个二叉树的遍历。

6.3.2　基于栈的递归消除

在第 3 章中，我们曾经介绍了尾递归的直接消除法，由于这类递归问题可化成直线型的规律重复问题，故可用循环代替递归。而在大量复杂的情况下，递归的问题无法直接转换成循环，所以需要采用工作栈消除递归。工作栈提供一种控制结构，当递归算法进层时需要将信息保留；当递归算法退层时需要从栈区退出上层信息。下面将以二叉树的遍历问题为例，给出基于栈的递归消除的分析过程。

1) 中序遍历二叉树的非递归算法

首先应用递归进层的三件事与递归退层的三件事的原则，直接先给出中序遍历二叉树的非递归算法基本实现思路。

```
void Inorder(BiTree root)
{
  int top=0; p=root;
  L1: if (p!=NULL)              /* 遍历左子树 */
  {
    top=top+2;
    if(top>m) return;           /* 栈满溢出处理 */
    s[top-1]=p;                 /* 本层参数进栈 */
    s[top]=L2;                  /* 返回地址进栈 */
    p=p->LChild;                /* 给下层参数赋值 */
    goto L1;                    /* 转向开始 */
  L2: Visit(p->data);           /* 访问根 */
    top=top+2;
    if(top>m) return;           /* 栈满溢出处理 */
```

```
        s[top-1]=p;             /* 遍历右子树 */
        s[top]=L3;
        p=p->RChild;
        goto L1;
    }
    L3: if(top!=0)
    { addr=s[top];
        p=s[top-1];             /* 取出返回地址 */
        top=top-2;              /* 退出本层参数 */

        goto addr;
        }
}
```

【算法 6.4(a)　中序遍历二叉树的非递归算法初步】

可以看到，直接按定义得到的 6.4(a)算法结构并不好，为使程序合理组织，需去掉 goto 语句，用循环句代替 if 与 goto，此时返回断点已无保留的必要，栈区只需保留本层参数即可。整理后的算法框图如图 6.11 所示，相应算法的实现见算法 6.4(b)与算法 6.4(c)。

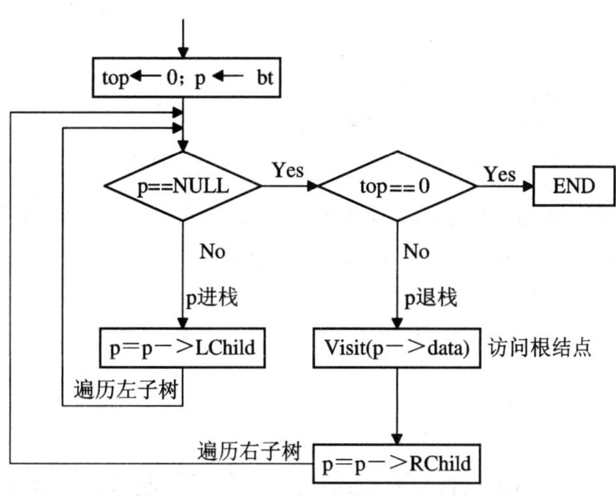

图 6.11　中序遍历二叉树的非递归算法处理流程

```
/* s[m] 表示栈，top 表示栈顶指针 */
void Inorder(BiTree root)    /* 中序遍历二叉树，root 为二叉树的根结点 */
{
    top=0; p=root;
    do{
      while(p!=NULL)
        { if (top>m) return;
```

```
        top=top+1;
        s[top]=p;
        p=p->LChild;
        };  /* 遍历左子树 */
      if(top!=0)
        { p=s[top];
          top=top-1;
          Visit(p->data);   /* 访问根结点 */
          p=p->RChild; }   /* 遍历右子树 */
  } while(p!=NULL || top!=0)
}
```

【算法 6.4(b)　中序遍历二叉树的非递归算法(直接实现栈操作)】

```
void InOrder(BiTree root)/* 中序遍历二叉树的非递归算法 */
{
  InitStack (&S);
  p=root;
  while(p!=NULL || ! IsEmpty(S))
  { if (p!=NULL)   /* 根指针进栈,遍历左子树 */
      {
        Push(&S, p);
        p=p->LChild;
      }
    else
      { /*根指针退栈,访问根结点,遍历右子树*/
        Pop(&S, &p); Visit(p->data);
        p=p->RChild;
      }
  }
}
```

【算法 6.4(c)　中序遍历二叉树的非递归算法(调用栈操作的函数)】

2) 后序遍历二叉树的非递归算法

```
void PostOrder(BiTree root)
{
  BiTNode * p, * q;
  BiTNode * * S;
  int top=0;
  q=NULL;
  p=root;
```

```
    S=(BiTNode * *)malloc(sizeof(BiTNode *) * NUM);
    /* NUM 为预定义的常数 */
    while(p!=NULL || top!=0)
    {
      while(p!=NULL)
      { top++; s[top]=p; p=p->LChild; }    /* 遍历左子树 */
      if(top>0)
      {
          p=s[top];
          if((p->RChild==NULL) ||(p->RChild==q))
            /* 无右孩子，或右孩子已遍历过 */
          { visit(p->data);    /* 访问根结点 */
            q=p;    /* 保存到q，为下一次已处理结点前驱 */
            top--;
            p=NULL;
          }
          else
            p=p->RChild;
        }
      }
      free(s);
}
```

【算法 6.5 后序遍历二叉树的非递归算法(直接栈操作的函数)】

6.3.3 遍历算法应用

二叉树的遍历运算是一个重要的基础，对访问根结点操作的理解可包括各种各样的操作。在下面的应用实例中，一是重点理解访问根结点操作的含义；二是注意对具体的实现问题是否需要考虑遍历的次序问题。

1. 输出二叉树中的结点

遍历算法将走遍二叉树中的每一个结点，故输出二叉树中的结点并无次序要求，因此可用三种遍历中的任何一种算法完成。下面写出先序遍历顺序的实现算法。

```
void PreOrder(BiTree root)
/* 先序遍历输出二叉树结点，root 为指向二叉树根结点的指针 */
{ if (root!=NULL)
    {
      printf (root ->data);          /* 输出根结点 */
      PreOrder(root ->LChild);   /* 先序遍历左子树 */
      PreOrder(root ->RChild);   /* 先序遍历右子树 */
```

```
    }
}
```

【算法 6.6　先序遍历输出二叉树中的结点】

思考　若要求统计二叉树中结点个数，应如何去实现？

2. 输出二叉树中的叶子结点

输出二叉树中的叶子结点与输出二叉树中的结点相比，它是一个有条件的输出问题，即在遍历过程中走到每一个结点时需进行测试，看是否有满足叶子结点的条件。故只需改变算法 6.6 的黑体部分。

```
void PreOrder(BiTree root)
/* 先序遍历输出二叉树中的叶子结点，root 为指向二叉树根结点的指针 */
{ if (root!=NULL)
   {
   if (root->LChild==NULL && root->RChild==NULL)
       printf (root->data);           /* 输出叶子结点 */
   PreOrder(root->LChild);            /* 先序遍历左子树 */
   PreOrder(root->RChild);            /* 先序遍历右子树 */
   }
}
```

【算法 6.7　先序遍历输出二叉树中的叶子结点】

3. 统计叶子结点数目

下面给出的两种方法均可统计出二叉树叶子结点数目。

```
/* LeafCount 是保存叶子结点数目的全局变量，调用之前初始化值为 0 */
void leaf(BiTree root)
{
   if(root!=NULL)
   {
    leaf(root->LChild);
    leaf(root->RChild);
    if (root->LChild==NULL && root->RChild==NULL)
       LeafCount++;
   }
}
```

【算法 6.8(a)　后序遍历统计叶子结点数目】

/* 采用分治算法，如果是空树，则返回 0；如果只有一个结点，则返回 1；否则为左、右子树的叶子

```
结点数之和 */
int leaf(BiTree root)
{
   int LeafCount;
   if(root==NULL)
     LeafCount =0;
   else if((root->lchild==NULL)&&(root->rchild==NULL))
     LeafCount =1;
   else
     LeafCount =leaf(root->lchild)+leaf(root->rchild);
     /* 叶子数为左、右子树的叶子数目之和 */
   return LeafCount;
}
```

【算法 6.8(b)　分治法统计叶子结点数目】

思考　可否按中序遍历统计二叉树中叶子结点个数?

4. 建立二叉链表方式存储的二叉树

给定一棵二叉树，我们可以得到它的遍历序列；反过来，给定一棵二叉树的遍历序列，我们也可以创建相应的二叉链表。这里所说的遍历序列是一种“扩展的遍历序列”。在通常的遍历序列中，均忽略空子树；而在扩展的遍历序列中，必须用特定的元素表示空子树。例如，图 6.8 中二叉树的“扩展先序遍历序列”为

建立二叉树的另一种方法

$$AB.DF..G..C.E.H..$$

其中用小圆点表示空子树。

利用“扩展先序遍历序列” 创建二叉链表的算法如下：

```
void CreateBiTree(BiTree *bt)
{ char ch;
  ch=getchar();
  if(ch=='.') *bt=NULL;
  else
     {
      *bt=(BiTree)malloc(sizeof(BiTNode));
      (*bt)->data=ch;
      CreateBiTree(&((*bt)->LChild));
      CreateBiTree(&((*bt)->RChild));
     }
}
```

【算法 6.9　用“扩展先序遍历序列”创建二叉链表】

5. 求二叉树的高度

设函数表示二叉树 bt 的高度，则递归定义如下：

· 若 bt 为空，则高度为 0。

· 若 bt 非空，则高度应为其左、右子树高度的最大值加 1，如图 6.12 所示。

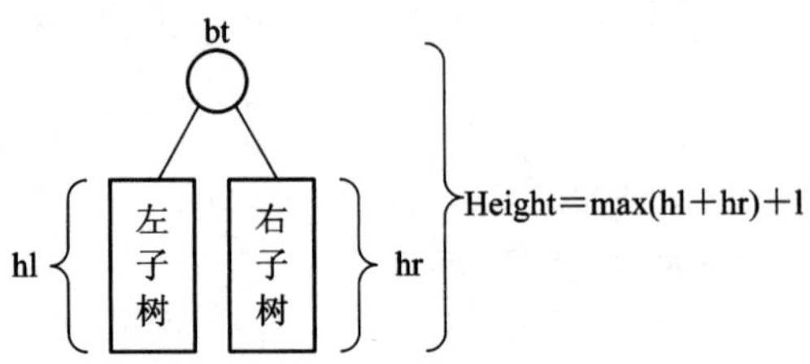

图 6.12　二叉树高度示意图

二叉树的高度为二叉树中结点层次的最大值，即结点的层次自根结点起递推。设根结点为第 1 层的结点，所有 h 层的结点的左、右孩子结点在 h+1 层，则可以通过先序遍历计算二叉树中的每个结点的层次，其中最大值即为二叉树的高度。下面给出后序遍历求二叉树的高度递归算法：

```
int PostTreeHeight(BiTree bt)    /* 后序遍历求二叉树的高度递归算法 */
{
  int hl, hr, max;
  if(bt!=NULL)
  {
    hl=PostTreeHeight(bt->LChild);    /* 求左子树的高度 */
    hr=PostTreeHeight(bt->RChild);    /* 求右子树的高度 */
    max=hl>hr? hl: hr;                /* 得到左、右子树高度较大者 */
    return(max+1);                    /* 返回树的高度 */
  }
  else return(0);                     /* 如果是空树，则返回 0 */
}
```

【算法 6.10　后序遍历求二叉树的高度递归算法】

思考　求二叉树的高度是否可用先序遍历的方式实现？若能，请写出实现算法；若不能，请说明原因。

6. 按树状打印的二叉树

例：假设以二叉链表存储的二叉树中，每个结点所含数据元素均为单字母，要求实现如图 6.13 所示打印结果。

这实际是一个二叉树的横向显示问题。因为二叉树的横向显示应是二叉树竖向显示的 90°旋转，而且二叉树的横向显示算法一定是中序遍历算法，所以把横向显示的二叉树算法改为先右子树再根结点再左子树的 RDL 结构，实现算法如下：

```
void PrintTree(TreeNode Boot, int nLayer)
  /* 按竖向树状打印的二叉树 */
{
   if(Boot==NULL) return;
   PrintTree(Boot->pRight, nLayer+1);
   for(int i=0; i<nLayer; i++)
      printf(" ");
   printf("%c\n", Boot->ch);
   PrintTree(Boot->pLeft, nLayer+1);
}
```

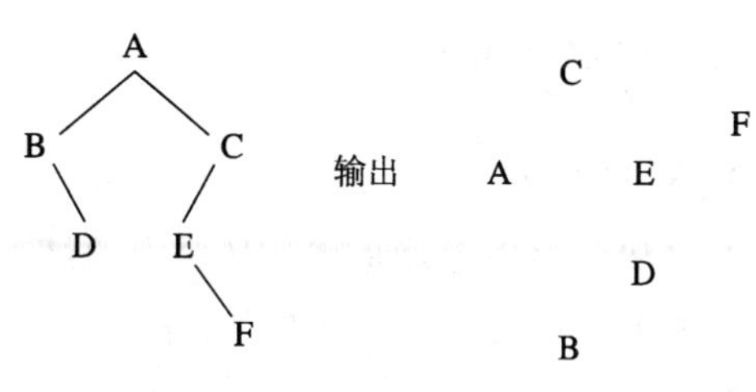

图 6.13　树状打印的二叉树示意

【算法 6.11　按竖向树状打印的二叉树】

二叉树遍历算法的应用扩展

思考　对二叉树实现左、右子树交换，是否可采用先序、中序、后序中的任何一种算法实现，请说明原因。

7. 由遍历序列确定二叉树

二叉树的层次遍历及其应用

从二叉树的遍历已经知道，任意一棵二叉树结点的前序遍历和中序遍历是唯一的。反过来，给定结点的前序序列和中序序列，能否确定一棵二叉树呢？它又是否唯一呢？

由定义可知，二叉树的前序遍历是先访问根结点 D，其次遍历左子树 L，最后遍历右子树 R。即在结点的前序序列中，第一个结点必是根 D。而另一方面，由于中序遍历是先遍历左子树 L，然后访问根 D，最后遍历右子树 R，则根结点 D 将中序序列分割成两部分：在 D 之前是左子树结点的中序序列，在 D 之后是右子树结点的中序序列。反过来，根据左子树的中序序列中结点的个数，又可将前序序列除根以外分成左子树的前序序列和右子树的前序序列两个部分。依次类推，便可递归得到整棵二叉树。

例：已知结点的前序序列和中序序列分别为

前序序列：18，14，7，3，11，22，35，27

中序序列：3，7，11，14，18，22，27，35

则可按上述分解求得整棵二叉树。

首先由前序序列得知二叉树的根为 18，则其左子树的中序序列为(3，7，11，14)，右子树的中序序列为(22，27，35)。反过来，得知其左子树的前序序列必为(14，7，3，11)，右子树的前序序列为(22，35，27)。类似地，可由左子树的前序序列和中序序列构造得 18 的左子树，由右子树的前序序列和中序序列构造得 18 的右子树，如图 6.14 所示。

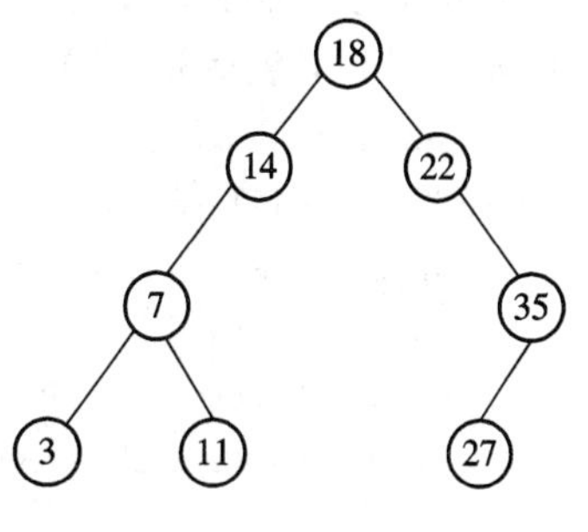

图 6.14　由前序和中序序列构造一棵二叉树

结论　给定一棵二叉树的前序序列和中序序列，可唯一确定一棵二叉树。

6.3.4 线索二叉树

1. 基本概念

二叉树的遍历运算是将二叉树中的结点按一定规律线性化的过程。当以二叉链表作为存储结构时，只能找到结点的左、右孩子信息，而不能直接得到结点在遍历序列中的前驱和后继信息。要得到这些信息可采用以下两种方法：第一种方法是将二叉树遍历一遍，在遍历过程中便可得到结点的前驱和后继信息，但这种动态访问浪费时间；第二种方法是充分利用二叉链表中的空链域，将遍历过程中结点的前驱、后继信息保存下来。下面我们重点讨论第二种方法。

我们知道，在有 n 个结点的二叉链表中共有 2n 个链域，但只有 n－1 个有用的非空链域，其余 n＋1 个链域是空的。我们可以利用剩下的 n＋1 个空链域来存放遍历过程中结点的前驱和后继信息。现作如下规定：若结点有左子树，则其 LChild 域指向其左孩子；否则 LChild 域指向其前驱结点。若结点有右子树，则其 RChild 域指向其右孩子；否则 RChild 域指向其后继结点。为了区分孩子结点和前驱、后继结点，为结点结构增设两个标志域，如下所示：

LChild	Ltag	Data	Rtag	RChild

其中：

$$\text{Ltag}=\begin{cases}0 & \text{LChild 域指示结点的左孩子}\\ 1 & \text{LChild 域指示结点的遍历前驱}\end{cases}$$

$$\text{Rtag}=\begin{cases}0 & \text{RChild 域指示结点的右孩子}\\ 1 & \text{RChild 域指示结点的遍历后继}\end{cases}$$

在这种存储结构中，指向前驱和后继结点的指针叫作**线索**。以这种结构组成的二叉链表作为二叉树的存储结构，叫作**线索链表**。对二叉树以某种次序进行遍历并且加上线索的过程叫作**线索化**。线索化了的二叉树称为**线索二叉树**。

2. 二叉树的线索化

线索化实质上是将二叉链表中的空指针域填上相应结点的遍历前驱或后继结点的地址，而前驱和后继的地址只能在动态的遍历过程中才能得到。因此线索化的过程即为在遍历过程中修改空指针域的过程。对二叉树按照不同的遍历次序进行线索化，可以得到不同的线索二叉树，包括先序线索二叉树、中序线索二叉树和后序线索二叉树。这里我们重点介绍中序线索化的算法。

```
void Inthread(BiTree root)
/* 对 root 所指的二叉树进行中序线索化，其中 pre 始终指向刚访问过的结点，其初值为 NULL */
{ if (root!=NULL)
   { Inthread(root->LChild);   /* 线索化左子树 */
     if (root->LChild==NULL)
        {
          root->Ltag=1; root->LChild=pre;    /* 置前驱线索 */
        }
     if (pre!=NULL&& pre->RChild==NULL)    /* 置后继线索 */
```

```
        {pre-> RChild=root; pre-> Rtag=1; }
      pre=root;
      Inthread(root->RChild);    /* 线索化右子树 */
    }
  }
```

【算法 6.12　建立中序线索树】

对于同一棵二叉树，遍历的方法不同，得到的线索二叉树也不同。图 6.15 所示为一棵二叉树的先序、中序和后序线索树。

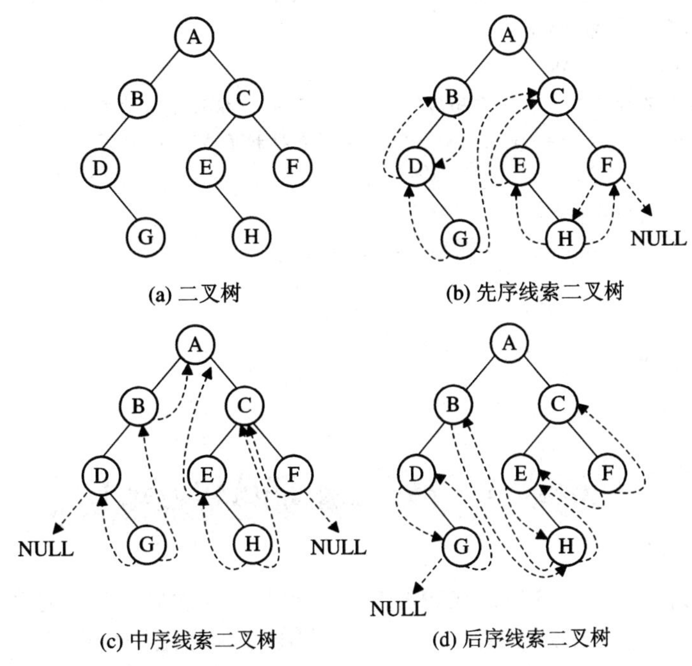

图 6.15　线索二叉树

3. 在线索二叉树中找前驱、后继结点

我们以中序线索二叉树为例，来讨论如何在线索二叉树中查找结点的前驱和后继。

1) 找结点的中序前驱结点

根据线索二叉树的基本概念和存储结构可知，对于结点 p，当 p->Ltag=1 时，p->LChild 指向 p 的前驱。当 p->Ltag=0 时，p->LChild 指向 p 的左孩子。由中序遍历的规律可知，作为根 p 的前驱结点，它是中序遍历 p 的左子树时访问的最后一个结点，即左子树的"最右下端"结点。其查找算法如下：

```
BiTNode * InPre(BiTNode * p)
/* 在中序线索二叉树中查找 p 的中序前驱，并用 pre 指针返回结果 */
{ if(p->Ltag==1) pre= p->LChild;    /* 直接利用线索 */
  else
    { /* 在 p 的左子树中查找"最右下端"结点 */
```

```
        for(q= p->LChild; q->Rtag==0; q=q->RChild);
          pre=q;
      }
  return(pre);
  }
```

【算法 6.13　在中序线索树中找结点前驱】

2）在中序线索树中找结点后继

对于结点 p，若要找其后继结点，当 p->Rtag=1 时，p->RChild 即为 p 的后继结点；当 p->Rtag=0 时，说明 p 有右子树，此时 p 的中序后继结点即为其右子树的“最左下端”的结点。其查找算法如下：

```
BiTNode * InSucc(BiTNode * p)
/* 在中序线索二叉树中查找 p 的中序后继结点，并用 succ 指针返回结果 */
{ if (p->Rtag==1) succ= p-> RChild;    /* 直接利用线索 */
  else
    { /* 在 p 的右子树中查找“最左下端”结点 */
      for(q= p->RChild; q->Ltag==0 ; q=q->LChild );
        succ=q;
    }
return(succ);
}
```

【算法 6.14　在中序线索树中找结点后继】

在先序线索树中找结点的后继比较容易，根据先序线索树的遍历过程可知，若结点 p 存在左子树，则 p 的左孩子结点即为 p 的后继；若结点 p 没有左子树，但有右子树，则 p 的右孩子结点即为 p 的后继；若结点 p 既没有左子树，也没有右子树，则结点 p 的 RChild 指针域所指的结点即为 p 的后继。用语句表示则为

```
if (p->Ltag==0)
  succ=p->LChild;
else
  succ=p->RChild;
```

同样，在后序线索树中查找结点 p 的前驱也很方便。但在先序线索树中找结点的前驱比较困难。若结点 p 是二叉树的根，则 p 的前驱为空；若 p 是其双亲的左孩子，或者 p 是其双亲的右孩子并且其双亲无左孩子，则 p 的前驱是 p 的双亲结点；若 p 是双亲的右孩子且双亲有左孩子，则 p 的前驱是其双亲的左子树中按先序遍历时最后访问的那个结点。

4. 线索二叉树的插入、删除运算

二叉树加上线索之后，当插入或删除一结点时，可能会破坏原树的线索。所以在线索二叉树中插入或删除结点的难点在于：插入一个结点后，仍要保持正确的线索。这里我们主要以中序线索二叉树为例，说明线索二叉树的插入和删除结点运算。

1）插入结点运算

在中序线索二叉树上插入结点可以分两种情况考虑：第一种情况是将新的结点插入到二叉树中，作某结点的左孩子；第二种情况是将新的结点插入到二叉树中，作某结点的右孩子。下面我们仅讨论第二种情况。

InsNode(BiTNode *p, BiTNode *r)表示在线索二叉树中插入r所指向的结点，作p所指结点的右孩子。此时有两种情况：

(1) 若结点p的右孩子为空，则插入结点r的过程很简单。原来p的后继变为r的后继，结点p变为r的前驱，结点r成为p的右孩子。结点r的插入对p原来的后继结点没有任何的影响。插入过程如图6.16所示。

(2) 若p的右孩子不为空，则插入后，p的右孩子变为r的右孩子结点，p变为r的前驱结点，r变为p的右孩子结点。这时还需要修改原来p的右子树中“最左下端”结点的左指针域，使它由原来的指向结点p变为指向结点r。插入过程如图6.17所示。

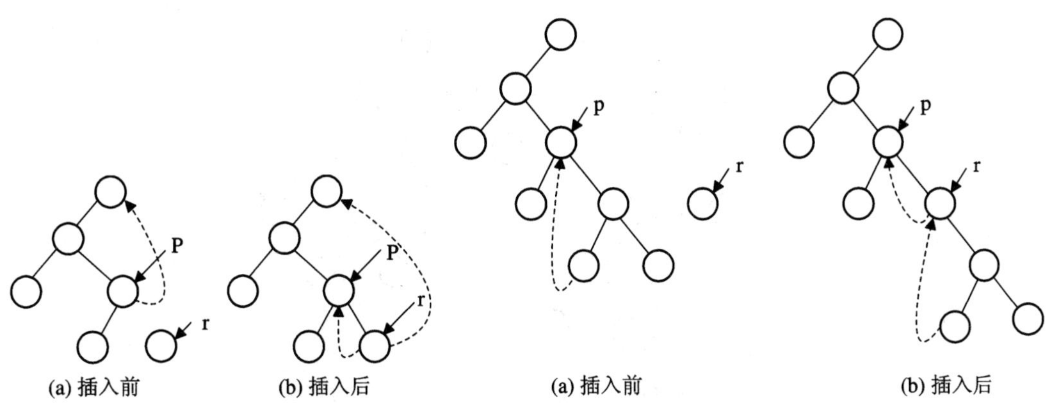

图6.16　结点的右孩子为空时的插入操作　　　图6.17　结点的右孩子非空时的插入操作

上述过程用C语言描述如下：

```
void InsNode(BiTNode *p, BiTNode *r)
{if(p->Rtag==1)    /* p无右孩子 */
  {
    r->RChild=p->RChild;    /* p的后继变为r的后继 */
    r->Rtag=1;
    p->RChild=r;    /* r成为p的右孩子 */
    r->LChild=p;    /* p变为r的前驱 */
    r->Ltag=1;
  }
else   /* p有右孩子 */
  {
    s=p->RChild;
    while(s->Ltag==0)
       s=s->LChild;    /* 查找p结点的右子树的“最左下端”结点 */
    r->RChild=p->RChild;    /* p的右孩子变为r的右孩子 */
    r->Rtag=0;
    r->LChild=p;    /* p变为r的前驱 */
```

```
        r->Ltag=1;
        p->RChild=r;    /* r变为p的右孩子 */
        s->LChild=r;    /* r变为p原来右子树的"最左下端"结点的前驱 */
    }
}
```

【算法 6.15　线索二叉树插入结点运算】

将新结点 r 插入到中序线索二叉树中作结点 p 的左孩子的算法与上面的算法类似。

2) 删除结点运算

与插入操作一样，在线索二叉树中删除一个结点也会破坏原来的线索，所以需要在删除的过程中保持二叉树的线索化。显然，删除操作与插入操作是一对互逆的过程。例如，在中序线索二叉树中删除结点 r 的过程如图 6.18 所示。

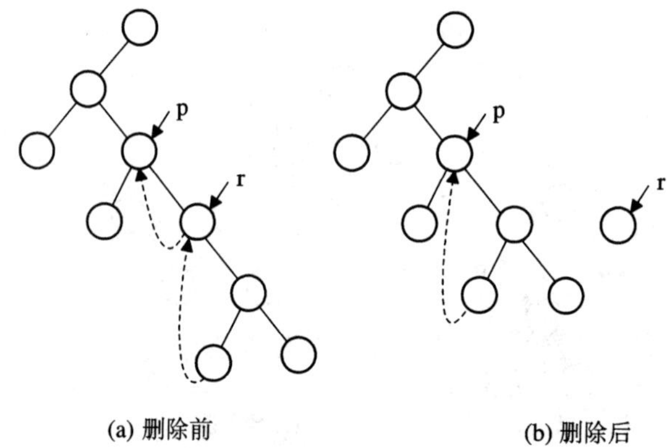

图 6.18　删除线索二叉树中结点的过程

删除结点运算不再详细叙述，读者自己可以把它作为练习来完成。

6.4　树、森林和二叉树的关系

本节主要讨论树的存储结构以及树、森林与二叉树的转换关系。

6.4.1　树的存储结构

树的主要存储方法有以下三种。

1. 双亲表示法

双亲表示法是用一组连续的空间来存储树中的结点，在保存每个结点的同时附设一个指示器来指示其双亲结点在表中的位置，其结点的结构如下：

数据	双亲
Data	Parent

整棵树用含有 MAX 个上述结点的一维数组来表示，如图 6.19 所示。这种存储法利用了树中每个结点(根结点除外)只有一个双亲结点的性质，使得查找某个结点的双亲结点非

常容易。反复使用求双亲结点的操作，也可以较容易地找到树根。但是，在这种存储结构中，求某个结点的孩子时需要遍历整个向量。

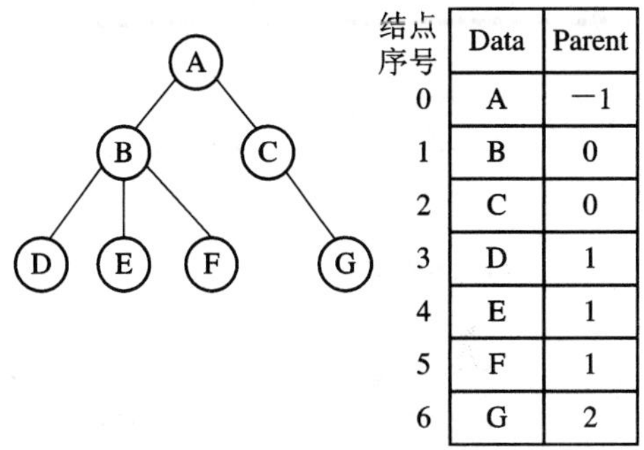

结点序号	Data	Parent
0	A	−1
1	B	0
2	C	0
3	D	1
4	E	1
5	F	1
6	G	2

图 6.19　树的双亲表示法

双亲表示法的形式说明如下：

```
#define MAX 100
typedef struct TNode
{
   DataType data;
   int parent;
}TNode;
```

一棵树可以定义为

```
typedef struct
{
  TNode tree[MAX];
  int nodenum;    /* 结点数 */
}ParentTree;
```

2. 孩子表示法

孩子表示法通常是把每个结点的孩子结点排列起来，构成一个单链表，称为孩子链表。n 个结点共有 n 个孩子链表(叶子结点的孩子链表为空表)，而 n 个结点的数据和 n 个孩子链表的头指针又组成一个顺序表。

当图 6.19 中的树采用这种存储结构时，其结果如图 6.20 所示。

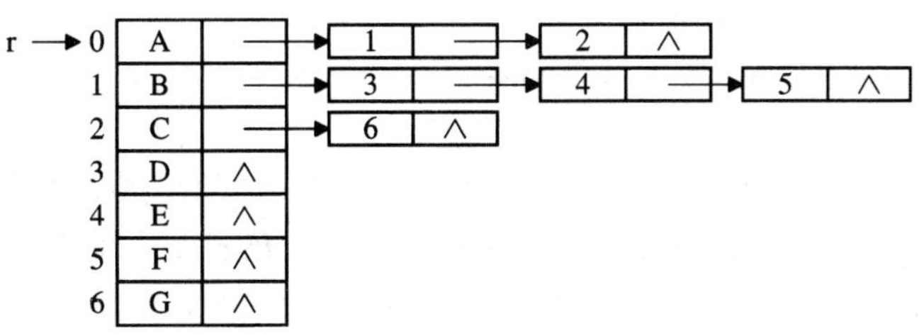

图 6.20　树的孩子链表表示法

孩子表示法的形式说明如下：

```
typedef struct ChildNode            /* 孩子链表结点的定义 */
{
```

```
    int Child;                          /* 该孩子结点在线性表中的位置 */
    struct ChildNode * next;            /* 指向下一个孩子结点的指针 */
}ChildNode;
typedef struct                          /* 顺序表结点的结构定义 */
{
    DataType data;                      /* 结点的信息 */
    ChildNode * FirstChild ;            /* 指向孩子链表的头指针 */
}DataNode;
typedef struct                          /* 树的定义 */
{
    DataNode nodes[MAX];                /* 顺序表 */
    int root, num;                      /* 该树的根结点在线性表中的位置和该树的结点个数 */
} ChildTree;
```

3. 孩子兄弟表示法

孩子兄弟表示法又称为树的二叉表示法或者二叉链表表示法，即以二叉链表作为树的存储结构。链表中每个结点设有两个链域，分别指向该结点的第一个孩子结点(左)和下一个兄弟(右)结点，即“左孩子，右兄弟”。

图 6.21 所示为图 6.19 中树的孩子兄弟表示结构。

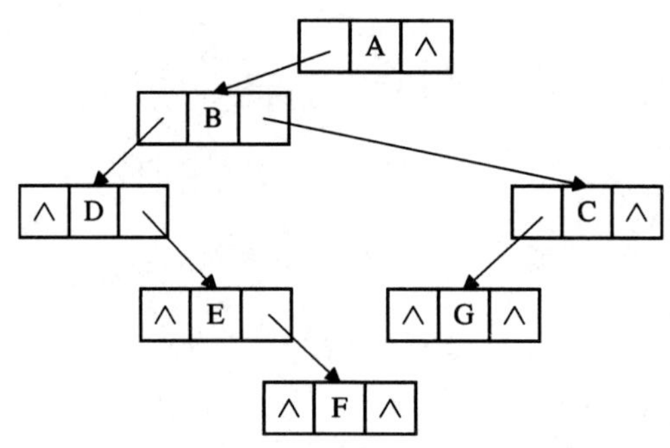

图 6.21　树的孩子兄弟表示法

孩子兄弟表示法的类型定义如下：

```
typedef struct CSNode
{
    DataType data;   /*结点信息*/
    Struct CSNode * FirstChild, * Nextsibling;   /*第一个孩子，下一个兄弟*/
}CSNode, * CSTree;
```

这种存储结构便于实现树的各种操作，例如，如果要访问结点 x 的第 i 个孩子，则只要先从 FirstChild 域找到第一个孩子结点，然后沿着这个孩子结点的 Nextsibling 域连续走 i−1 步，便可找到 x 的第 i 个孩子。如果在这种结构中为每个结点增设一个 Parent 域，则同样可以方便地实现查找双亲的操作。

6.4.2　树、森林与二叉树的相互转换

前面我们讨论了树的存储结构和二叉树的存储结构，从中可以看到，树的孩子兄弟链

表结构与二叉树的二叉链表结构在物理结构上是完全相同的，只是它们的逻辑含义不同，所以树和森林与二叉树之间必然有着密切的关系。本节我们就介绍树和森林与二叉树之间的相互转换方法。

1. 树转换为二叉树

对于一棵无序树，树中结点的各孩子的次序是无关紧要的，而二叉树中结点的左、右孩子结点是有区别的。为了避免混淆，我们约定树中每一个结点的孩子结点按从左到右的次序顺序编号，也就是说，把树作为有序树看待。如图 6.22 所示的一棵树，根结点 A 有三个孩子 B、C、D，可以认为结点 B 为 A 的第一个孩子结点，结点 D 为 A 的第三个孩子结点。

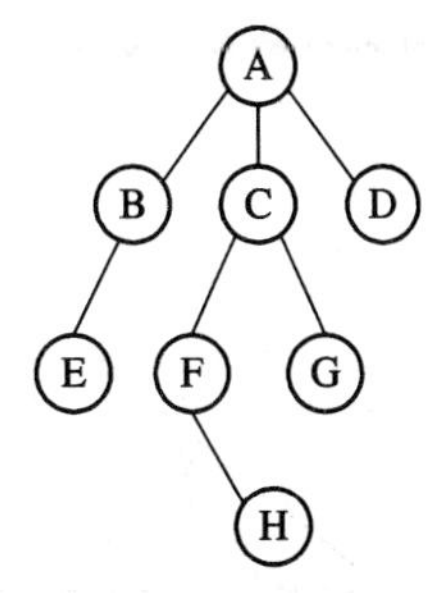

图 6.22　树

将一棵树转换为二叉树的方法是：

(1) 树中所有相邻兄弟之间加一条连线。

(2) 对树中的每个结点，只保留其与第一个孩子结点之间的连线，删去其与其他孩子结点之间的连线。

(3) 以树的根结点为轴心，将整棵树顺时针旋转一定的角度，使之结构层次分明。

可以证明，树做这样的转换所构成的二叉树是唯一的。图 6.23 给出了将图 6.22 所示的树转换为二叉树的转换过程示意。

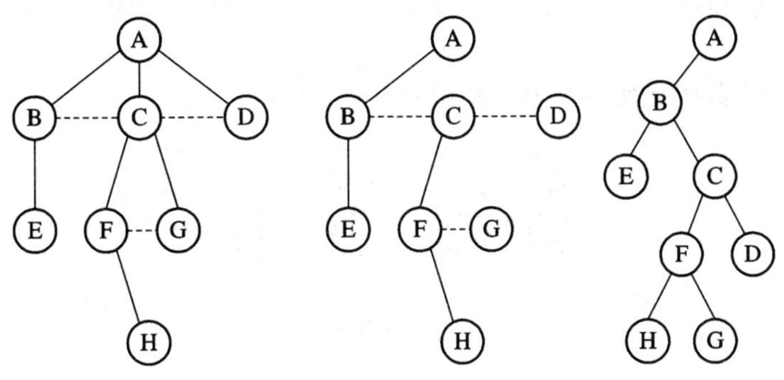

图 6.23　树到二叉树的转换

通过转换过程可以看出，树中的任意一个结点都对应于二叉树中的一个结点。树中某结点的第一个孩子在二叉树中是相应结点的左孩子，树中某结点的右兄弟结点在二叉树中是相应结点的右孩子。也就是说，在二叉树中，左分支上的各结点在原来的树中是父子关系，而右分支上的各结点在原来的树中是兄弟关系。由于树的根结点没有兄弟，所以变换后的二叉树的根结点的右孩子必然为空。

事实上，一棵树采用孩子兄弟表示法所建立的存储结构与它所对应的二叉树的二叉链表存储结构是完全相同的，只是两个指针域的名称及解释不同而已，通过图 6.24 可直观地表示树与二叉树之间的对应关系和相互转换方法。

因此，二叉链表的有关处理算法可以很方便地转换为树的孩子兄弟链表的处理算法。

2. 森林转换为二叉树

森林是若干棵树的集合。树可以转换为二叉树，森林同样也可以转换为二叉树。因此，森林也可以方便地用孩子兄弟链表表示。森林转换为二叉树的方法如下：

(1) 将森林中的每棵树转换成相应的二叉树。

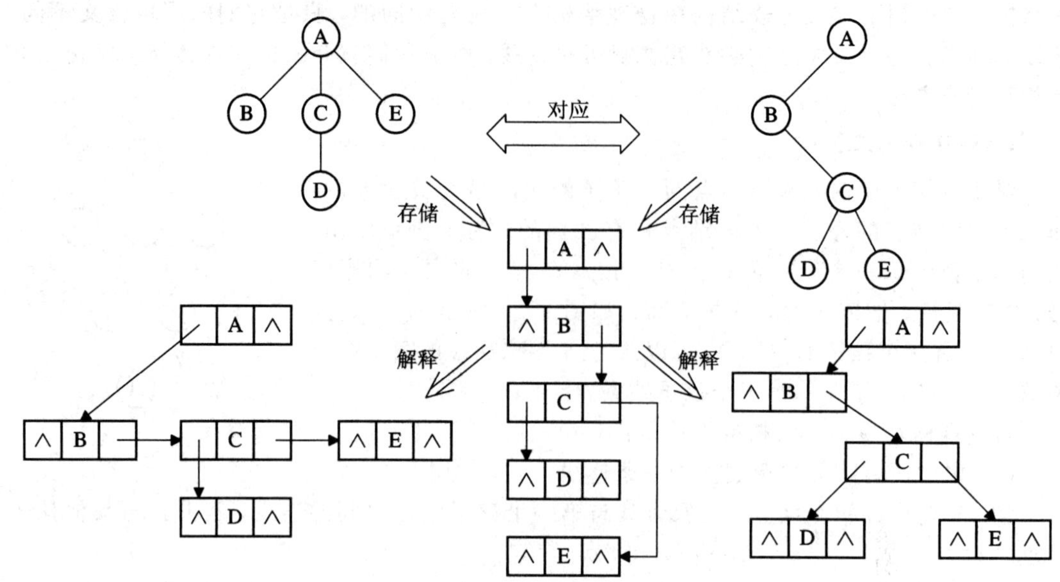

图 6.24　树与二叉树的对应

(2) 第一棵二叉树不动，从第二棵二叉树开始，依次把后一棵二叉树的根结点作为前一棵二叉树根结点的右孩子，当所有二叉树连在一起后，所得到的二叉树就是由森林转换得到的二叉树。

图 6.25 给出了森林及其转换为二叉树的过程。

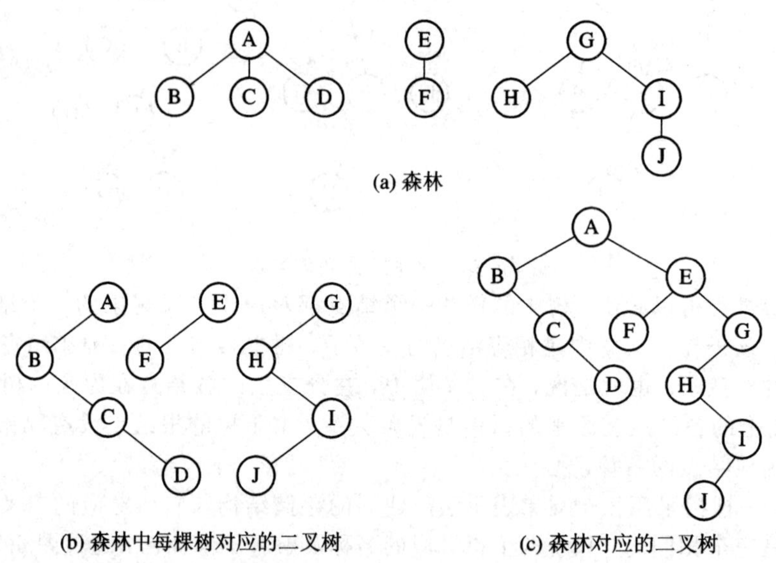

图 6.25　森林转换为二叉树的过程

我们还可以用递归的方法描述上述转换过程。

将森林 F 看作树的有序集 F＝{T_1，T_2，…，T_N}，它对应的二叉树为 B(F)：

(1) 若 N＝0，则 B(F)为空。

(2) 若 N＞0，二叉树 B(F)的根为森林中第一棵树 T_1 的根；B(F)的左子树为 B({T_{11}，…，T_{1m}})，其中{T_{11}，…，T_{1m}}是 T_1 的子树森林；B(F)的右子树是 B({T_2，…，T_N})。

根据这个递归的定义，我们可以很容易地写出递归的转换算法。

3. 二叉树还原为树或森林

树和森林都可以转换为二叉树，两者不同之处是：树转换成的二叉树，其根结点必然无右孩子；而森林转换后的二叉树，其根结点有右孩子。将一棵二叉树还原为树或森林，具体方法如下：

(1) 若某结点是其双亲的左孩子，则把该结点的右孩子、右孩子的右孩子……都与该结点的双亲结点用线连起来。

(2) 删掉原二叉树中所有双亲结点与右孩子结点的连线。

(3) 整理由(1)、(2)中所得到的树或森林，使之结构层次分明。

图 6.26 为一棵二叉树还原为森林的过程示意图。

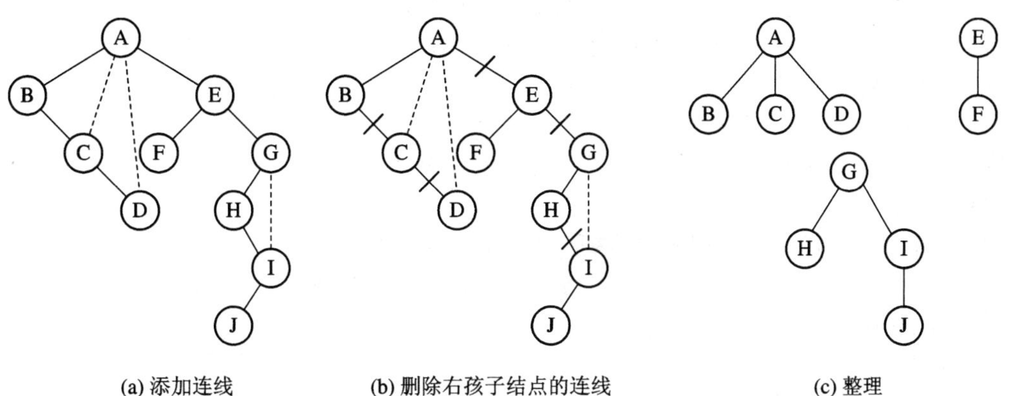

(a) 添加连线
(b) 删除右孩子结点的连线
(c) 整理

图 6.26　二叉树还原为森林的过程示意图

同样，我们可以用递归的方法描述上述转换过程。

若 B 是一棵二叉树，T 是 B 的根结点，L 是 B 的左子树，R 为 B 的右子树，且 B 对应的森林 F(B)中含有的 n 棵树为 T_1、T_2、…、T_n，则有：

(1) B 为空，则 F(B)为空的森林(n=0)。

(2) B 非空，则 F(B)中第一棵树 T_1 的根为二叉树 B 的根 T；T_1 中根结点的子树森林由 B 的左子树 L 转换而成，即 F(L)={T_{11}，…，T_{1m}}；B 的右子树 R 转换为 F(B)中其余树组成的森林，即 F(R)={T_2，T_3，…，T_n}。

根据这个递归的定义，我们可以写出递归的转换算法。

6.4.3　树与森林的遍历

1. 树的遍历

树的遍历方法主要有以下两种。

1) 先根遍历

若树非空，则遍历方法如下：

(1) 访问根结点。

(2) 从左到右，依次先根遍历根结点的每一棵子树。

例如，图 6.22 中树的先根遍历序列为 ABECFHGD。

树在各种存储结构中的操作实现

2）*后根遍历*

若树非空，则遍历方法如下：

(1) 从左到右，依次后根遍历根结点的每一棵子树。

(2) 访问根结点。

例如，图 6.22 中树的后根遍历序列为 EBHFGCDA。

2. 森林的遍历

森林的遍历方法主要有以下三种。

1）*先序遍历*

若森林非空，则遍历方法如下：

(1) 访问森林中第一棵树的根结点。

(2) 先序遍历第一棵树的根结点的子树森林。

(3) 先序遍历除去第一棵树之后剩余的树构成的森林。

例如，图 6.25(a)中森林的先序遍历序列为 ABCDEFGHIJ。

2）*中序遍历*

若森林非空，则遍历方法如下：

(1) 中序遍历森林中第一棵树的根结点的子树森林。

(2) 访问第一棵树的根结点。

(3) 中序遍历除去第一棵树之后剩余的树构成的森林。

例如，图 6.25(a)中森林的中序遍历序列为 BCDAFEHJIG。

3）*后序遍历*

若森林非空，则遍历方法如下：

(1) 后序遍历森林中第一棵树的根结点的子树森林。

(2) 后序遍历除去第一棵树之后剩余的树构成的森林。

(3) 访问第一棵树的根结点。

例如，图 6.25(a)中森林的后序遍历序列为 DCBFJIHGEA。

对照二叉树与森林之间的转换关系可以发现，森林的先序遍历、中序遍历和后序遍历与其相应二叉树的先序遍历、中序遍历和后序遍历是对应相同的，因此我们可以用相应二叉树的遍历结果来验证森林的遍历结果。另外，树可以看成只有一棵树的森林，所以树的先根遍历和后根遍历分别与森林的先序遍历和中序遍历对应相同。

6.5 哈夫曼树及其应用

6.5.1 哈夫曼树

在介绍哈夫曼树之前，我们先介绍几个基本概念。

1. 路径和路径长度

路径是指从一个结点到另一个结点之间的分支序列；**路径长度**是指从一个结点到另一个结点所经过的分支数目。

2. 结点的权和带权路径长度

在实际的应用中，人们常常给树的每个结点赋予一个具有某种实际意义的实数，我们称该实数为这个**结点的权**。在树形结构中，我们把从树根到某一结点的路径长度与该结点的权的乘积，叫作该结点的**带权路径长度**。

3. 树的带权路径长度

树的带权路径长度为树中所有叶子结点的带权路径长度之和，通常记为

$$WPL = \sum_{i=1}^{n} w_i \times l_i$$

其中，n 为叶子结点的个数；w_i 为第 i 个叶子结点的权值；l_i 为第 i 个叶子结点的路径长度。

例如，图 6.27 中三棵二叉树的带权路径长度分别为

WPL(a)＝7×2＋5×2＋2×2＋4×2＝36

WPL(b)＝4×2＋7×3＋5×3＋2×1＝46

WPL(c)＝7×1＋5×2＋2×3＋4×3＝35

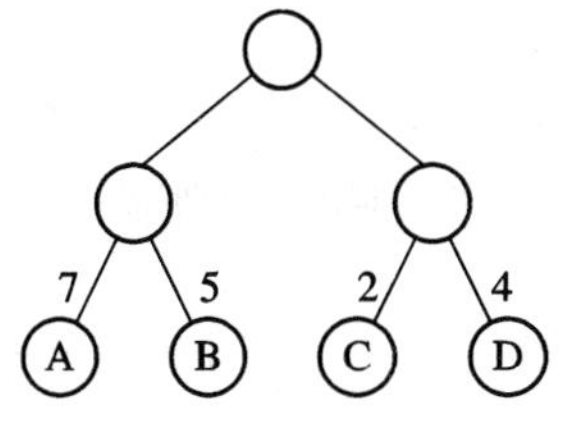

(a) 带权路径长度为36

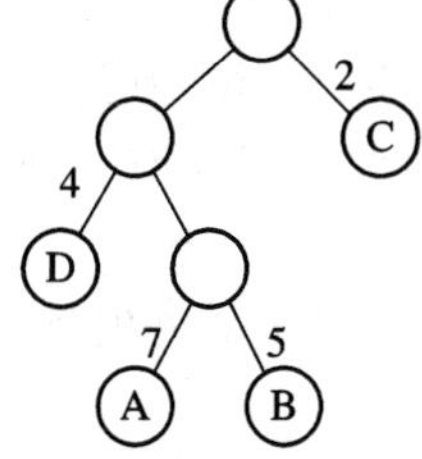

(b) 带权路径长度为46

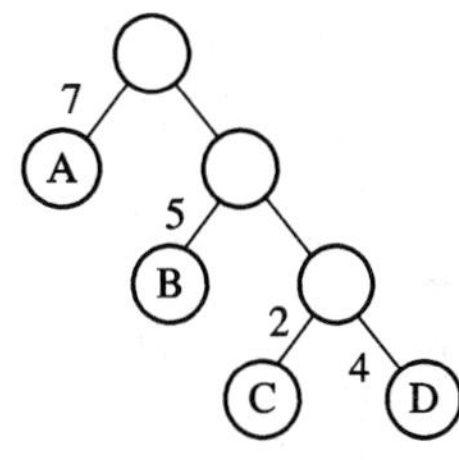

(c) 带权路径长度为35

图 6.27　具有不同带权路径长度的二叉树

研究树的带权路径长度 WPL 的最小情况，目的在于寻找最优分析。

问题　什么样的树的带权路径长度最小？

例如，给定一个权值序列{2，3，4，7}，可构造如图 6.28 所示的多种二叉树的形态。

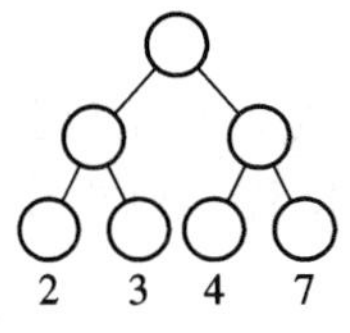

(a) WPL＝2×2＋2×3＋2×4＋2×7＝32

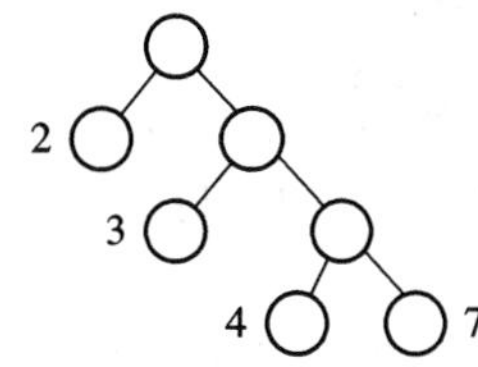

(b) WPL＝1×2＋2×3＋3×4＋3×7＝41

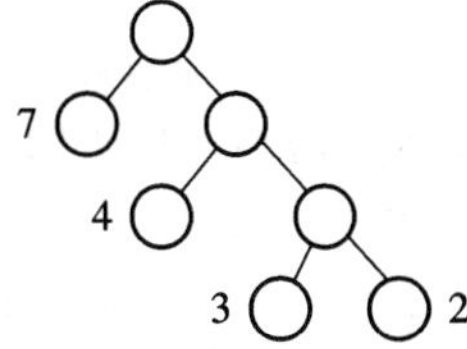

(c) WPL＝1×7＋2×4＋3×3＋3×2＝7＋8＋9＋6＝30

图 6.28　具有不同带权路径长度的二叉树

图 6.28(a)所示二叉树是完全二叉树，但并不具有最小带权的路径长度，由此可见完全二叉树不一定 WPL 最小，如何在 Min{m(T)}中找最小二叉树呢？

给定 n 个实数 w_1，w_2，…，w_n($n \geqslant 2$)，求一个具有 n 个终端结点的二叉树，使其带权

路径长度 $\sum w_i l_i$ 最小。其中每个终端结点 k_i 有一个权值 w_i 与它对应，l_i 为根到叶子的路径长度。由于哈夫曼给出了构造这种树的规律，将给定结点构成一棵(外部通路)带权树的路径长度最小的二叉树，因此就称之为哈夫曼树。

4. 哈夫曼树

哈夫曼树又称为**最优二叉树**，它是由 n 个带权叶子结点构成的所有二叉树中带权路径长度 WPL 最短的二叉树。图 6.28(c)所示的二叉树就是一棵哈夫曼树。

构造哈夫曼算法的步骤如下：

(1) 用给定的 n 个权值{w_1，w_2，…，w_n}对应的 n 个结点构成 n 棵二叉树的森林 F={T_1，T_2，…，T_n}，其中每一棵二叉树 T_i($1 \leqslant i \leqslant n$)都只有一个权值为 w_i 的根结点，其左、右子树为空。

(2) 在森林 F 中选择两棵根结点权值最小的二叉树，作为一棵新二叉树的左、右子树，标记新二叉树的根结点权值为其左、右子树的根结点权值之和。

(3) 从 F 中删除被选中的那两棵二叉树，同时把新构成的二叉树加入到森林 F 中。

(4) 重复(2)、(3)操作，直到森林中只含有一棵二叉树为止，此时得到的这棵二叉树就是哈夫曼树。

直观地看，在哈夫曼树中权越大的叶子离根越近，则其具有最小带权路径长度。手工构造的方法也非常简单，具体如下：

给定数列{w_1，…，w_n}，以 n 个权值构成 n 棵单根树的森林 F；将 F={T_1，…，T_n}按权从小到大排列；取 T_1 和 T_2 合并组成一棵树，使其根结点的权值 $T=T_1+T_2$，再按大小插入 F，反复此过程，直到只有一棵树为止。

图 6.27(c)所示二叉树的带权路径长度最小，可以证明，它是所有以 7、5、4、2 为叶子结点权值所构造的二叉树中带权路径长度最小的一棵二叉树。

6.5.2 哈夫曼编码

哈夫曼树被广泛地应用在各种技术中，其中最典型的就是在编码技术上的应用。利用哈夫曼树，我们可以得到平均长度最短的编码。这里我们以计算机操作码的优化问题为例来分析说明。

研究操作码的优化问题主要是为了缩短指令字的长度，减少程序的总长度以及增加指令所能表示的操作信息和地址信息。要对操作码进行优化，就要知道每种操作指令在程序中的使用频率。这一般是通过对大量已有的典型程序进行统计得到的。

设有一台模型机，共有 7 种不同的指令，其使用频率如表 6-1 所示。

因为计算机内部只能识别 0、1 代码，所以若采用定长操作码，则需要 3 位($2^3=8$)。显然，有一条编码没有作用，这是一种浪费。一段程序中若有 n 条指令，那么程序的总位数为 3×n 。为了充分地利用编码信息和减少程序的总位数，我们可以采用变长编码。如果对每一条指令指定一条编码，使得这些编码互不相同且最短，是否可以满足要求呢？即是否可以如表 6-2 所示这样编码呢？

这样做虽然可以使得程序的总位数达到最小，但机器却无法解码。例如对编码串 0010110 该怎么识别呢？第一个 0 可以识别为 I_1，也可以与第二个 0 组成的串 00 一起被识别为 I_3，还可以将前三位识别为 I_6，这样一来，这个编码串就有多种译法。因此，若要设计变长的编码，则这种编码必须满足这样一个条件：任意一个编码不能成为其他任意编码的前缀。我们把满足这个条件的编码叫作**前缀编码**。

表 6-1 指令的使用频率

指 令	使用频率(p_i)
I_1	0.40
I_2	0.30
I_3	0.15
I_4	0.05
I_5	0.04
I_6	0.03
I_7	0.03

表 6-2 指令的变长编码

指 令	编 码
I_1	0
I_2	1
I_3	00
I_4	01
I_5	000
I_6	001
I_7	010

利用哈夫曼算法，我们可以设计出最优的前缀编码。首先，我们以每条指令的使用频率为权值构造哈夫曼树，如图 6.29 所示。

对于该二叉树，我们可以规定向左的分支标记为 1，向右的分支标记为 0。这样，从根结点开始，沿线到达各频度指令对应的叶子结点，所经过的分支代码序列就构成了相应频度指令的哈夫曼编码，如表 6-3 所示。

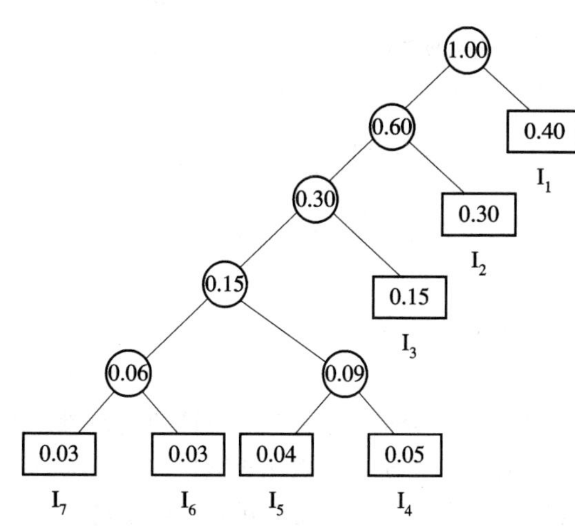

图 6.29 构造哈夫曼树示例

表 6-3 指令的哈夫曼编码

指令	编码
I_1	0
I_2	10
I_3	110
I_4	11100
I_5	11101
I_6	11110
I_7	11111

可以验证，该编码是前缀编码。若一段程序有 1000 条指令，其中 I_1 大约有 400 条，I_2 大约有 300 条，I_3 大约有 150 条，I_4 大约有 50 条，I_5 大约有 40 条，I_6 大约有 30 条，I_7 大约有 30 条。对于定长编码，该段程序的总位数大约为 $3\times1000=3000$。采用哈夫曼编码后，该段程序的总位数大约为 $1\times400+2\times300+3\times150+5\times(50+40+30+30)=2200$。可见，哈夫曼编码中虽然大部分编码的长度大于定长编码的长度 3，却使得程序的总位数变小了。可以算出该哈夫曼编码的平均码长为

$$\begin{aligned}\sum_{i=1}^{7} p_i\times l_i &= 0.40\times1+0.30\times2+0.15\times3+0.05\times5+0.04\times5+\\ &\quad 0.03\times5+0.03\times5\\ &=2.20\end{aligned}$$

例：数据传送中的二进制编码。要传送数据 state、seat、act、tea、cat、set、a、eat，如何使传送的长度最短？

首先规定二叉树的构造为“左走 0、右走 1”，如图 6.30 所示。

为了保证长度最短，先看字符出现的次数，然后将出现次数当作权，如图 6.31 所示。

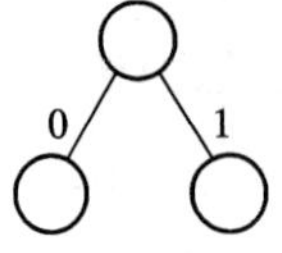

图 6.30 “左走 0、右走 1”的二叉树

字符	s	t	a	e	c
字符出现的次数	3	8	7	5	2

图 6.31 对字符按权排序

按权构造哈夫曼树的过程如图 6.32 所示。

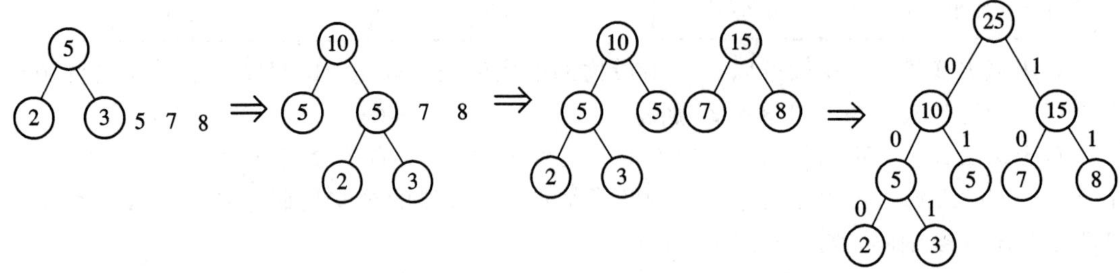

图 6.32 构造哈夫曼树的过程

按规定“左走 0、右走 1”，则有

000	001	01	10	11
2	3	5	7	8
c	s	e	a	t

所以 state 的编码为 00111101101，stat 的编码为 001111011。

构造满足哈夫曼编码的最短最优性质：

(1) 若 $d_i \neq d_j$(字母不同)，则对应的树叶不同。因为前缀码(任一字符的编码都不是另一个字符编码)不同，一个路径不可能是其他路径的一部分，所以字母之间可以完全区别。

(2) 将所有字符变成二进制的哈夫曼编码，使带权路径长度最短，相当总的通路长度最短。

若要求传送以上这些编码长度不一的数据，且还要求传送词间互相区分，应如何设计最优编码呢？为保证传送词间互相区别，则需加入一空白字符出现频率，空白字符 ∧ 出现为 7，再构造哈夫曼树，由此得到的哈夫曼编码一定满足最短且又互相区分的性质，即

c	s	e	a	∧	t
2	3	5	7	7	8

6.5.3 哈夫曼编码算法的实现

由于哈夫曼树中没有度为 1 的结点，则一棵有 n 个叶子的哈夫曼树共有 2×n－1 个结点，可以用一个大小为 2×n－1 的一维数组存放哈夫曼树的各个结点。由于每个结点同时还

包含其双亲信息和孩子结点的信息，因此构成一个静态三叉链表。静态三叉链表描述如下：

```
typedef struct
{
   unsigned int weight ;   /* 用来存放各个结点的权值 */
   unsigned int parent, LChild, RChild ;   /* 指向双亲、孩子结点的指针 */
}HTNode, * HuffmanTree;   /* 动态分配数组，存储哈夫曼树 */
typedef char * * HuffmanCode ;   /* 动态分配数组，存储哈夫曼编码 */
```

创建哈夫曼树并求哈夫曼编码的算法如下：

```
void CrtHuffmanTree(HuffmanTree * ht , HuffmanCode * hc, int * w, int n)
{ /* w 存放 n 个权值，构造哈夫曼树 ht，并求出哈夫曼编码 hc */
  m=2 * n-1;
  * ht=(HuffmanTree)malloc((m+1) * sizeof(HTNode));   /* 0 号单元未使用 */
  for(i=1; i<=n; i++) ( * ht)[i] ={ w[i], 0, 0, 0};   /* 叶子结点初始化 */
  for(i=n+1; i<=m; i++) ( * ht)[i] ={0, 0, 0, 0};   /* 非叶子结点初始化 */
  for(i=n+1; i<=m; i++)   /* 创建非叶子结点，建立哈夫曼树 */
    { /* 在( * ht)[1]~( * ht)[i-1]的范围内选择两个 parent 为 0 且 weight 最小的结点，其序号分
      别赋值给 s1、s2 返回 */
      select(ht, i-1, &s1, &s2);
      ( * ht)[s1]. parent=i; ( * ht)[s2]. parent=i;
      ( * ht)[i]. LChild=s1; ( * ht)[i]. RChild=s2;
      ( * ht)[i]. weight=( * ht)[s1]. weight+( * ht)[s2]. weight;
    } /* 哈夫曼树建立完毕 */

  /* 从叶子结点到根，逆向求每个叶子结点对应的哈夫曼编码 */
    * hc=(HuffmanCode)malloc((n+1) * sizeof(char * ));   /* 分配 n 个编码的头指针 */
    cd=(char * )malloc(n * sizeof(char ));   /* 分配求当前编码的工作空间 */
    cd[n-1]='\0';   /* 从右向左逐位存放编码，首先存放编码结束符 */
    for(i=1; i<=n; i++)   /* 求 n 个叶子结点对应的哈夫曼编码 */
    {
      start=n-1;   /* 初始化编码起始指针 */
      for(c=i, p=( * ht)[i]. parent; p!=0; c=p, p=( * ht)[p]. parent) /* 从叶子到根结点求编
  码 */
          if(( * ht)[p]. LChild==c) cd[--start]='0';   /* 左分支标 0 */
          else cd[--start]='1';   /* 右分支标 1 */
      ( * hc)[i]=(char * )malloc((n-start) * sizeof(char));   /* 为第 i 个编码分配空间 */
       strcpy(( * hc)[i], &cd[start]);
      }
  free(cd);
}
```

【算法 6.16　创建哈夫曼树并求哈夫曼编码的算法】

并查集与等价类划分

数组 ht 的前 n 个分量表示叶子结点，最后一个分量表示根结点。每个叶子结点对应的编码长度不等，但最长不超过 n。

习　　题

第 6 章习题参考答案

6.1　试分别画出具有 3 个结点的树和 3 个结点的二叉树的所有不同形态。

6.2　对题 6.1 所得各种形态的二叉树，分别写出前序、中序和后序遍历的序列。

6.3　已知一棵度为 k 的树中有 n_1 个度为 1 的结点、n_2 个度为 2 的结点、…、n_k 个度为 k 的结点，则该树中有多少个叶子结点并证明之。

6.4　假设一棵二叉树的先序序列为 EBADCFHGIKJ，中序序列为 ABCDEFGHIJK，请画出该二叉树。

6.5　已知二叉树有 50 个叶子结点，则该二叉树的总结点数至少应有多少个？

6.6　给出满足下列条件的所有二叉树：

(1) 前序和中序相同；

(2) 中序和后序相同；

(3) 前序和后序相同。

6.7　n 个结点的 k 叉树，若用具有 k 个 Child 域的等长链结点存储树的一个结点，则空的 Child 域有多少个？

6.8　画出与下列已知序列对应的树 T：

(1) 树的先根次序访问序列为 GFKDAIEBCHJ；

(2) 树的后根次序访问序列为 DIAEKFCJHBG。

6.9　假设用于通讯的电文仅由 8 个字母组成，字母在电文中出现的频率分别为

0.07，0.19，0.02，0.06，0.32，0.03，0.21，0.10

请为这 8 个字母设计哈夫曼编码。

6.10　已知二叉树采用二叉链表存放，要求返回二叉树 T 的后序序列中的第一个结点的指针，是否可不用递归且不用栈来完成？请简述原因。

6.11　画出如图 6.33 所示树所对应的二叉树。

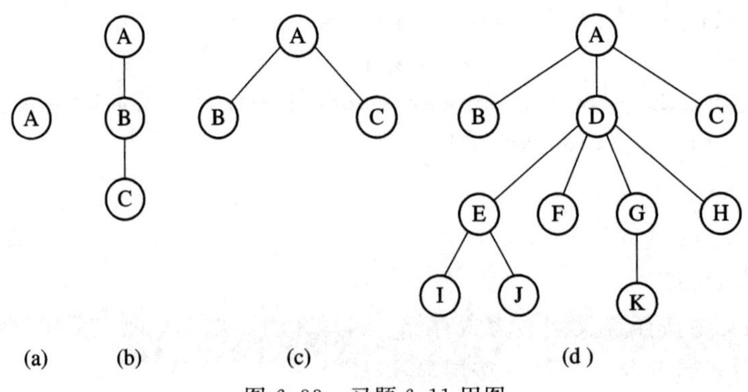

图 6.33　习题 6.11 用图

6.12 已知二叉树按照二叉链表方式存储，编写算法，计算二叉树中度为 0 的结点个数、度为 1 的结点个数、度为 2 的结点个数。

6.13 编写递归算法：对于二叉树中每一个元素值为 x 的结点，删去以它为根的子树，并释放相应的空间。

6.14 分别写函数完成：在先序线索二叉树 T 中，查找给定结点 *p 在先序序列中的后继。在后序线索二叉树 T 中，查找给定结点 *p 在后序序列中的前驱。

6.15 分别写出算法，实现在中序线索二叉树中查找给定结点 *p 在中序序列中的前驱与后继。

6.16 编写算法，对一棵以孩子—兄弟链表表示的树统计其叶子的个数。

6.17 对以孩子—兄弟链表表示的树编写计算树的深度的算法。

6.18 已知二叉树按照二叉链表方式存储，利用栈的基本操作写出后序遍历非递归的算法。

6.19 设二叉树按二叉链表存放，编写算法，判别一棵二叉树是否是一棵正则二叉树。（说明：正则二叉树是指在二叉树中不存在子树个数为 1 的结点。）

6.20 编写计算二叉树最大宽度的算法。

（说明：二叉树的最大宽度是指二叉树所有层中结点个数的最大值。）

6.21 已知二叉树按照二叉链表方式存储，利用栈的基本操作写出先序遍历非递归形式的算法。

6.22 证明：

(1) 给定一棵二叉树的前序序列与中序序列，可唯一确定这棵二叉树；

(2) 给定一棵二叉树的后序序列与中序序列，可唯一确定这棵二叉树。

6.23 二叉树按照二叉链表方式存储，编写算法，计算二叉树中叶子结点的数目。

6.24 二叉树按照二叉链表方式存储，编写算法，将二叉树左、右子树进行交换。

实 习 题

一、**问题描述**：建立一棵用二叉链表方式存储的二叉树，并对其进行遍历（先序、中序和后序），打印输出遍历结果。

基本要求：从键盘输入先序序列，以二叉链表作为存储结构，建立二叉树（以先序来建立）并对其进行遍历（先序、中序、后序），然后将遍历结果打印输出。要求采用递归和非递归两种方法实现。

测试数据：ABCΦΦDEΦGΦΦFΦΦΦ（其中 Φ 表示空格字符）。

输出结果为

先序：ABCDEGF

中序：CBEGDFA

后序：CGBFDBA

二、已知二叉树按照二叉链表方式存储，编写算法，要求实现二叉树的竖向显示。

（说明：竖向显示就是二叉树的按层显示）。

三、以实习题一要求建立好二叉树，按凹入表形式打印二叉树结构，如图 6.34 所示。

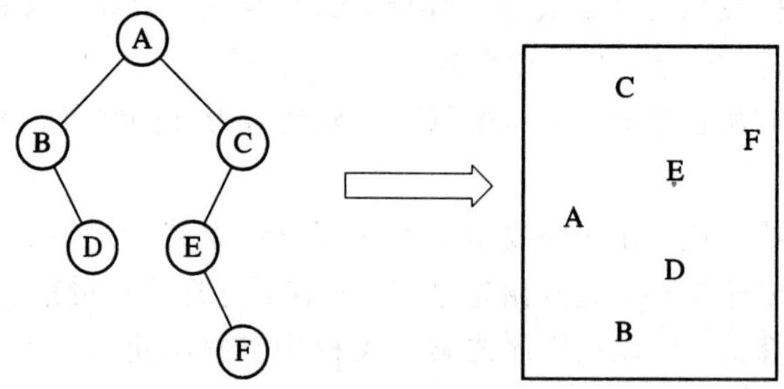

图 6.34 实习题三用图

四、按凹入表形式打印树形结构，如图 6.35 所示。

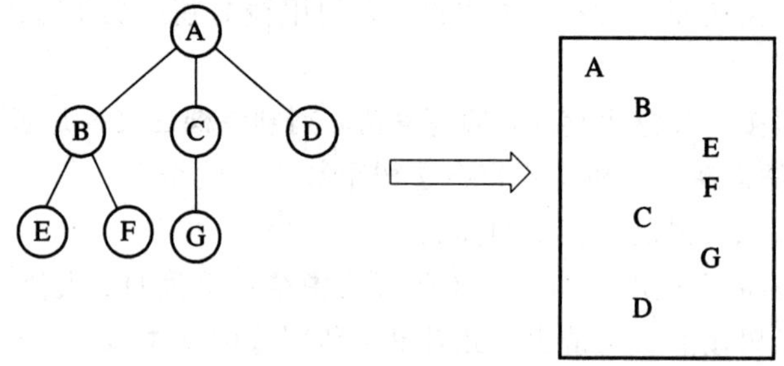

图 6.35 实习题四用图

第 6 章知识框架

第7章 ◇◇◇◇◇

图

图作为一种非线性数据结构，被广泛应用于诸如系统工程、化学分析、统计力学、遗传学、控制论、人工智能、编译系统等领域，在这些技术领域中把图结构作为解决问题的数学手段之一。在离散数学中侧重于对图的理论进行系统的研究。在本章中，主要是应用图论的理论知识来讨论如何在计算机上表示和处理图，以及如何利用图来解决一些实际问题。

图结构与表结构和树结构的不同表现在结点之间的关系上，线性表中结点之间的关系是一对一的，即每个结点仅有一个前驱和一个后继(假若存在前驱或后继)；树是按分层关系组织的结构，树结构中结点之间的关系是一对多的，即一个双亲可以有多个孩子，每个孩子结点仅有一个双亲；对于图结构，图中顶点之间的关系可以是多对多，即一顶点和其他顶点间的关系是任意的，可以有关也可以无关。由此看出，图 G ⊃树 T⊃表 L，图是一种比较复杂的非线性数据结构。

7.1 图的定义与基本术语

图的引入

7.1.1 图的定义

图(Graph)是一种网状数据结构，其形式化定义如下：

Graph=(V，R)

V={x|x∈DataObject}

R={VR}

VR={<x，y>|P(x，y)∧(x，y∈V)}

DataObject 为一个集合，该集合中的所有元素具有相同的特性。V 中的数据元素通常称为**顶点**(Vertex)；VR 是两个顶点之间关系的集合。P(x，y)表示 x 和 y 之间有特定的关联属性 P。

若<x，y>∈VR，则<x，y>表示从顶点 x 到顶点 y 的一条**弧**(Arc)，并称 x 为**弧尾**(Tail)或起始点，称 y 为**弧头**(Head)或终端点；此时图中的边是有方向的，称这样的图为

有向图。

若＜x，y＞∈VR，必有＜y，x＞∈VR，即 VR 是对称关系，这时以无序对(x，y)来代替两个有序对，表示 x 和 y 之间的一条边(Edge)，此时的图称为**无向图**。

图 7.1 分别给出了一个有向图和一个无向图的示例。

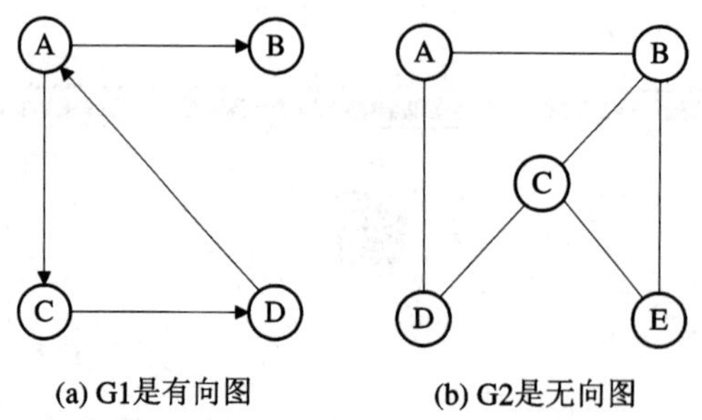

(a) G1是有向图　　(b) G2是无向图

图 7.1　有向图、无向图示例

与其他数据结构一样，图的基本操作主要是创建、插入、删除、查找等。在介绍这些操作之前，先明确一个概念，即“顶点在图中的位置”。从图的逻辑结构定义来看，我们无法将图中的顶点排列成一个唯一的线性序列。在图中，我们可以将任一个顶点看成是图的第一个顶点；同理，对于任一顶点而言，它的邻接点之间也不存在顺序关系。但为了对图的操作方便，我们需要将图中的顶点按任意序列排列起来(这个排列与关系 VR 无关，完全是人为规定的)。所谓的“顶点在图中的位置”，是指该顶点在这个人为的随意排列中的位置序号。同理，我们也可以对某个顶点的邻接点进行人为的排序，在这个序列中，自然形成了第 1 个和第 k 个邻接点，并称第 k+1 个邻接点是第 k 个邻接点的下一个邻接点，而最后一个邻接点的下一个邻接点为“空”。

下面给出图的抽象数据类型定义：

ADT Graph {

数据对象 V：一个集合，该集合中的所有元素具有相同的特性。

数据关系 R：R={VR}

VR={＜x，y＞|P(x，y)∧(x，y∈V)}

基本操作：

(1) CreateGraph(G)：创建图 G。

(2) DestroyGraph(G)：销毁图 G。

(3) LocateVertex(G，v)：确定顶点 v 在图 G 中的位置。若图 G 中没有顶点 v，则函数值为“空”。

(4) GetVertex(G，i)：取出图 G 中的第 i 个顶点的值。若 i 大于图 G 中顶点数，则函数值为“空”。

(5) FirstAdjVertex(G，v)：求图 G 中顶点 v 的第一个邻接点。若 v 无邻接点或图 G 中无顶点 v，则函数值为“空”。

(6) NextAdjVertex(G，v，w)：已知 w 是图 G 中顶点 v 的某个邻接点，求顶点 v 的下一个邻接点(紧跟在 w 后面)。若 w 是 v 的最后一个邻接点，则函数值为“空”。

(7) InsertVertex(G，u)：在图 G 中增加一个顶点 u。

(8) DeleteVertex(G，v)：删除图 G 的顶点 v 及与顶点 v 相关联的弧。

(9) InsertArc(G，v，w)：在图 G 中增加一条从顶点 v 到顶点 w 的弧。

(10) DeleteArc(G，v，w)：删除图 G 中从顶点 v 到顶点 w 的弧。

(11) TraverseGraph(G)：按照某种次序，对图 G 的每个结点访问一次且仅访问一次。

} **ADT Graph**

7.1.2 基本术语

图的基本术语巩固

1. 完全图、稀疏图与稠密图

我们用 n 表示图中顶点的个数，用 e 表示图中边或弧的数目，并且不考虑图中每个顶点到其自身的边或弧，即若 $<v_i, v_j> \in VR$，则 $v_i \neq v_j$。对于无向图而言，其边数 e 的取值范围是 0～n(n－1)/2。我们称有 n(n－1)/2 条边(图中每个顶点和其余 n－1 个顶点都有边相连)的无向图为**无向完全图**。对于有向图而言，其边数 e 的取值范围是 0～n(n－1)。我们称有 n(n－1)条边(图中每个顶点和其余 n－1 个顶点都有弧相连)的有向图为**有向完全图**。对于有很少条边的图(e<nlogn)称为**稀疏图**；反之称为**稠密图**。

2. 子图

设有两个图 G＝(V，{E})和图 G′＝(V′，{E′})，若 V′⊆V 且 E′⊆E，则称图 G′为 G 的子图。图 7.2 给出了几个子图示例(参考图 7.1)。

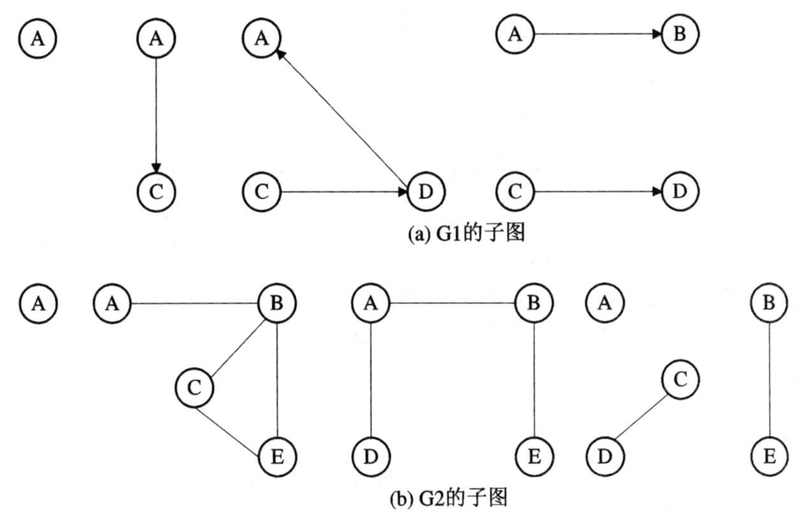

图 7.2　图的子图示例

3. 邻接点

对于无向图 G＝(V，{E})，如果边(v，v′)∈E，则称顶点 v、v′互为**邻接点**，即 v、v′**相邻接**。边(v，v′)**依附于**顶点 v 和 v′，或者说边(v，v′)与顶点 v 和 v′**相关联**。对于有向图 G＝(V，{A}) 而言，若弧<v，v′>∈A，则称顶点 v **邻接到**顶点 v′，顶点 v′**邻接自**顶点 v，或者说弧<v，v′>与顶点 v 和 v′相关联。

4. 度、入度和出度

对于无向图而言，顶点 v 的**度**是指与 v 相关联边的数目，记作 TD(v)。例如，图 7.1 中

G2 中顶点 C 的度是 3，A 的度是 2。在有向图中顶点 v 的度有**出度**和**入度**两部分，其中以顶点 v 为弧头的弧的数目称为该顶点的**入度**，记作 ID(v)；以顶点 v 为弧尾的弧的数目称为该顶点的**出度**，记作 OD(v)，则顶点 v 的度为 TD(v)＝ID(v)＋ OD(v)。例如，图 G1 中顶点 A 的入度是 ID(A)＝1，出度 OD(A)＝2，顶点 A 的度 TD(A)＝ID(A)＋OD(A)＝3。一般地，若图 G 中有 n 个顶点、e 条边或弧，则图中顶点的度与边的关系如下：

$$e = \frac{\sum_{i=1}^{n} TD(v_i)}{2}$$

5. 权与网

在实际应用中，有时图的边或弧上往往与具有一定意义的数有关，即每一条边都有与它相关的数，称为**权**。这些权可以表示从一个顶点到另一个顶点的距离或耗费等信息。我们将这种带权的图叫做**赋权图或网**，如图 7.3 所示。

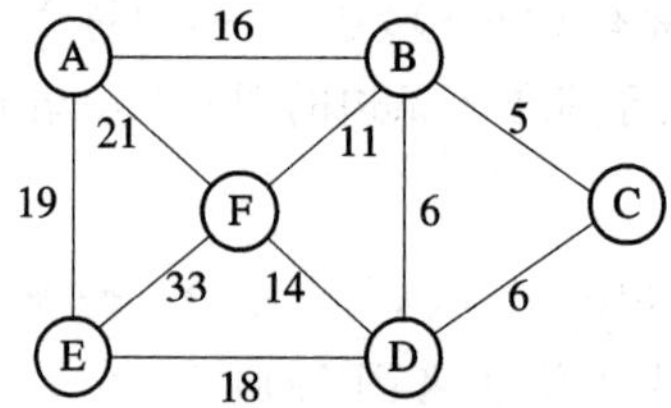

图 7.3　赋权图示例

6. 路径与回路

无向图 G＝(V，{E})中从顶点 v 到 v′的**路径**是一个顶点序列 v_{i0}，v_{i1}，v_{i2}，…，v_{in}，其中(v_{ij-1}，v_{ij})∈E，1≤j≤n。如果图 G 是有向图，则路径也是有向的，顶点序列应满足<v_{ij-1}，v_{ij}>∈A，1≤j≤n。路径的长度是指路径上经过的弧或边的数目。在一个路径中，若其第一个顶点和最后一个顶点是相同的，即 v＝v′，则称该路径为一个**回路**或**环**。若表示路径的顶点序列中的顶点各不相同，则称这样的路径为**简单路径**。除了第一个和最后一个顶点外，其余各顶点均不重复出现的回路称为**简单回路**。

7. 连通图

在无向图 G＝(V，{E})中，若从 v_i 到 v_j 有路径相通，则称顶点 v_i 与 v_j 是连通的。如果对于图中的任意两个顶点 v_i、v_j∈V，v_i、v_j 都是连通的，则称该无向图 G 为**连通图**。例如，图 7.1 中的 G2 就是连通图。无向图中的极大连通子图称为该无向图的**连通分量**。在有向图G＝(V，{A}) 中，若对于每对顶点 v_i、v_j∈V 且 $v_i \neq v_j$，从 v_i 到 v_j 和 v_j 到 v_i 都有路径，则称该有向图为**强连通图**。有向图的极大强连通子图称作有向图的**强连通分量**，如图 7.4 所示(参考图 7.1)。

8. 生成树

一个连通图的**生成树**是指一个极小连通子图，它含有图中的全部顶点，但只有足已构成一棵树的 n－1 条边，如图 7.5 所示。如果在一棵生成树上添加一条边，则必定构成一个环，这是因为该条边使得它依附的两个顶点之间有了第二条路径。一棵有 n 个顶点的生成树有且仅有 n－1 条边，如果图中多于 n－1 条边，则一定有回路。但是，有 n－1 条边的图

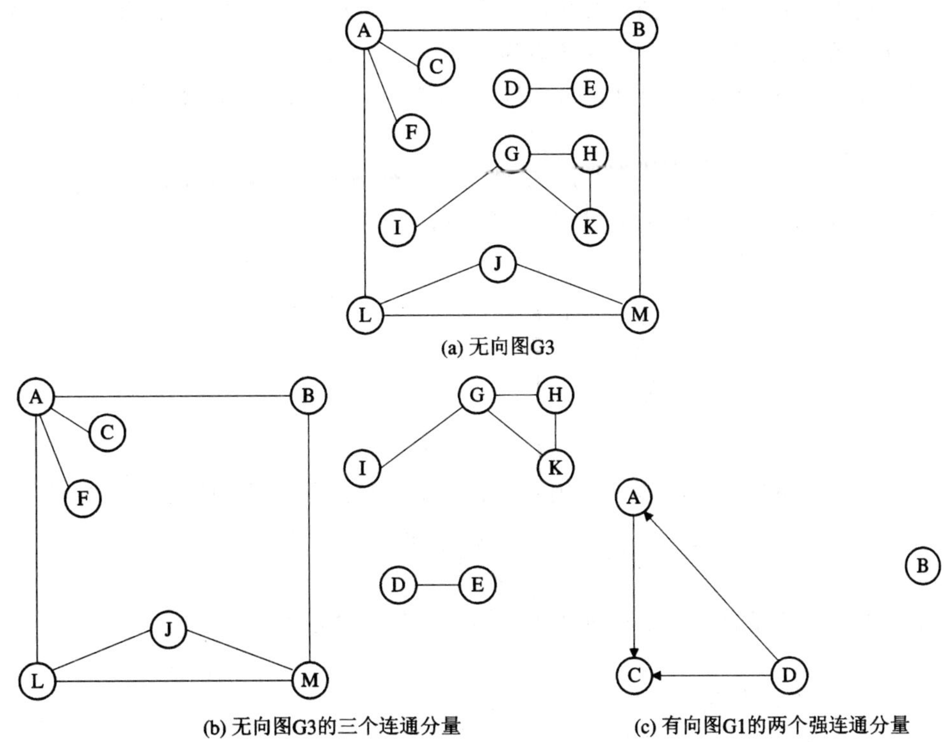

图 7.4　图 G1 和 G3 的连通分量示例

并非一定连通，不一定存在生成树。如果一个图具有 n 个顶点且边数小于 n－1 条，则该图一定是非连通图。

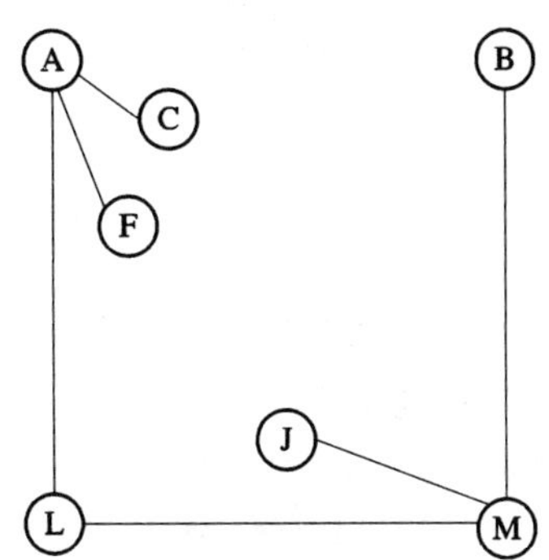

图 7.5　G3 的最大连通分量的一棵生成树

7.2　图的存储结构

图的存储方法有很多，本节我们将介绍四种比较常用的存储表示法：① 邻接矩阵表示法；② 邻接表表示法；③ 邻接多重表；④ 十字链表。由于每种方法各有利弊，我们可以根据实际应用问题来选择合适的存储表示法。

7.2.1　邻接矩阵表示法

图的**邻接矩阵表示法**(Adjacency Matrix)也称作数组表示法。它采用两个数组来表示

图：一个是用于存储顶点信息的一维数组；另一个是用于存储图中顶点之间关联关系的二维数组，这个关联关系数组被称为邻接矩阵。

若图 G 是一个具有 n 个顶点的无权图，G 的邻接矩阵是具有如下性质的 n×n 矩阵 A：

$$A[i, j]=\begin{cases}1 & <v_i, v_j>\text{或}(v_i, v_j)\in VR \\ 0 & \text{反之}\end{cases}$$

图 7.1 所示 G1 和 G2 的邻接矩阵如图 7.6 所示。

$$A1=\begin{bmatrix}0 & 1 & 1 & 0\\0 & 0 & 0 & 0\\0 & 0 & 0 & 1\\1 & 0 & 0 & 0\end{bmatrix},\quad A2=\begin{bmatrix}0 & 1 & 0 & 1 & 0\\1 & 0 & 1 & 0 & 1\\0 & 1 & 0 & 1 & 1\\1 & 0 & 1 & 0 & 0\\0 & 1 & 1 & 0 & 0\end{bmatrix}$$

图 7.6　图 G1 和 G2 的邻接矩阵

若图 G 是一个有 n 个顶点的网，则它的邻接矩阵是具有如下性质的 n×n 矩阵 A：

$$A[i, j]=\begin{cases}w_{ij} & <v_i, v_j>\text{或}(v_i, v_j)\in VR \\ \infty & \text{反之}\end{cases}$$

例如，图 7.7 所示就是一个有向网 N 及其邻接矩阵的示例。

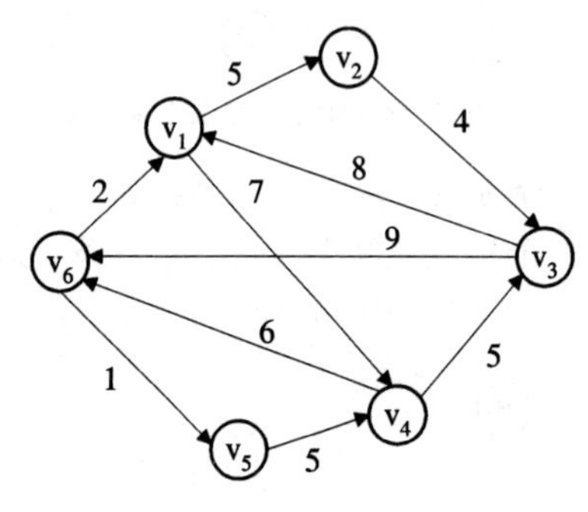

(a) 有向网 N

$$\begin{array}{c|cccccc} & v_1 & v_2 & v_3 & v_4 & v_5 & v_6\\ \hline v_1 & \infty & 5 & \infty & 7 & \infty & \infty\\ v_2 & \infty & \infty & 4 & \infty & \infty & \infty\\ v_3 & 8 & \infty & \infty & \infty & \infty & 9\\ v_4 & \infty & \infty & 5 & \infty & \infty & 6\\ v_5 & \infty & \infty & \infty & 5 & \infty & \infty\\ v_6 & 2 & \infty & \infty & \infty & 1 & \infty\end{array}$$

(b) 有向网 N 的邻接矩阵

图 7.7　有向网及其邻接矩阵

邻接矩阵表示法的 C 语言类型描述如下：

```
#define MAX_VERTEX_NUM 10      /* 最多顶点个数 */
#define INFINITY 2147483648    /* 表示极大值，即∞ */
typedef enum{DG, DN, UDG, UDN} GraphKind;
/* 图的种类：DG 表示有向图，DN 表示有向网，UDG 表示无向图，UDN 表示无向网 */
typedef char VertexData;    /* 假设顶点数据为字符型 */
typedef struct ArcNode{
    AdjType adj;        /* 对于无权图，用 1 或 0 表示是否相邻；对带权图，则为权值类型 */
    OtherInfo info;
} ArcNode;
typedef struct{
    VertexData vexs[MAX_VERTEX_NUM];    /* 顶点向量 */
    ArcNode arcs [MAX_VERTEX_NUM][MAX_VERTEX_NUM];    /* 邻接矩阵 */
```

```
    int vexnum, arcnum;   /* 图的顶点数和弧数 */
    GraphKind kind;   /* 图的种类标志 */
} AdjMatrix; /* (Adjacency Matrix Graph) */
```

邻接矩阵表示法的特点如下：

· 存储空间。对于无向图而言，它的邻接矩阵是对称矩阵(因为若$(v_i, v_j) \in E(G)$，则$(v_j, v_i) \in E(G)$)，因此我们可以采用特殊矩阵的压缩存储法，即只存储其下三角即可，这样，一个具有 n 个顶点的无向图 G 的邻接矩阵需要 $n(n-1)/2$ 个存储空间。但对于有向图而言，其中的弧是有方向的，即若$<v_i, v_j> \in E(G)$，不一定有$<v_j, v_i> \in E(G)$，因此有向图的邻接矩阵不一定是对称矩阵，对于有向图的邻接矩阵的存储则需要 n^2 个存储空间。

· 便于运算。采用邻接矩阵表示法，便于判定图中任意两个顶点之间是否有边相连，即根据 A[i, j]=0 或 1 来判断。另外还便于求得各个顶点的度。对于无权无向图而言，其邻接矩阵第 i 行元素之和就是图中第 i 个顶点的度：

$$TD(v_i) = \sum_{j=1}^{n} A[i, j]$$

对于有向图而言，其邻接矩阵第 i 行元素之和就是图中第 i 个顶点的出度：

$$OD(v_i) = \sum_{j=1}^{n} A[i, j]$$

对于有向图而言，其邻接矩阵第 i 列元素之和就是图中第 i 个顶点的入度：

$$ID(v_i) = \sum_{j=1}^{n} A[j, i]$$

采用邻接矩阵表示法表示图，非常便于实现图的一些基本操作，如实现访问图 G 中 v 顶点第一个邻接点的函数 FirstAdjVertex(G, v)可按如下步骤实现：

(1) 由 LocateVertex(G, v)找到 v 在图中的位置，即 v 在一维数组 vexs 中的序号 i。

(2) 二维数组 arcs 中第 i 行上第一个 adj 域非零的分量所在的列号 j，便是 v 的第一个邻接点在图 G 中的位置。

(3) 取出一维数组 vexs[j]中的数据信息，即与顶点 v 邻接的第一个邻接点的信息。

对于稀疏图而言，不适于用邻接矩阵来存储，这是因为会造成存储空间的浪费。

用邻接矩阵表示法创建有向网的算法如下：

```
int LocateVertex(AdjMatrix * G, VertexData v)   /* 求顶点位置函数 */
  { int j=Error, k;
    for(k=0; k<G->vexnum; k++)
       if(G->vexs[k]==v)
          { j=k; break; }
    return(j);
  }

int CreateDN(AdjMatrix * G)   /* 创建一个有向网 */
  { int i, j, k, weight; VertexData v1, v2;
    scanf("%d, %d", &G->vexnum, &G->arcnum);   /* 输入图的顶点数和弧数 */
    for(i=0; i<G->vexnum; i++)   /* 初始化邻接矩阵 */
       for(j=0; j<G->vexnum; j++)
```

```
    G->arcs[i][j].adj=INFINITY;
  for(i=0; i<G->vexnum; i++)
    scanf("%c", &G->vexs[i]);    /* 输入图的顶点 */
  for(k=0; k<G->arcnum; k++)
    { scanf("%c, %c, %d", &v1, &v2, &weight);    /* 输入一条弧的两个顶点及权值 */
      i=LocateVex_M(G, v1);
      j=LocateVex_M(G, v2);
      G->arcs[i][j].adj=weight;    /* 建立弧 */
    }
  G->GraphKind=DN;
  return(Ok);
}
```

【算法 7.1 采用邻接矩阵表示法创建有向网】

上述算法的时间复杂度为 $O(n^2+e\times n)$，其中 $O(n^2)$时间耗费在对二维数组 arcs 的每个分量的 adj 域初始化赋值上。$O(e\times n)$的时间耗费在有向网中边权的赋值上。

7.2.2 邻接表表示法

虽然图的邻接矩阵表示法(即图的数组表示法)有其自身的优点，但对于稀疏图来讲，邻接矩阵表示法会造成存储空间的很大浪费。**邻接表**(Adjacency List)表示法实际上是图的一种链式存储结构，它克服了邻接矩阵表示法的弊病。其基本思想是只存有关联的信息，对于图中存在的边信息则存储，而对于不相邻接的顶点则不保留信息。在邻接表中，对图中的每个顶点建立一个带头结点的边链表，如第 i 个边链表中的结点则表示依附于顶点 v_i 的边(若是有向图，则表示以 v_i 为弧尾的弧)。每个边链表的头结点又构成一个表头结点表。这样，一个 n 个顶点的图的邻接表表示法由表头结点表与边表两部分构成。

(1) **表头结点表**：由所有表头结点以顺序结构(向量)的形式存储，以便可以随机访问任一顶点的边链表。表头结点的结构如图 7.8(a)所示。表头结点由两部分构成，其中数据域(vexdata)用于存储顶点的名或其他有关信息；链域(firstarc)用于指向链表中第一个顶点(即与顶点 v_i 邻接的第一个邻接点)。

(2) **边表**：由表示图中顶点间邻接关系的 n 个**边链表**组成，边链表中弧结点的结构如图 7.8(b)所示。它由三部分组成，其中邻接点域(adjvex)用于存放与顶点 v_i 相邻接的顶点在图中的位置；链域(nextarc)用于指向与顶点 v_i 相关联的下一条边或弧的结点；数据域(info)用于存放与边或弧相关的信息(如赋权图中每条边或弧的权值等)。

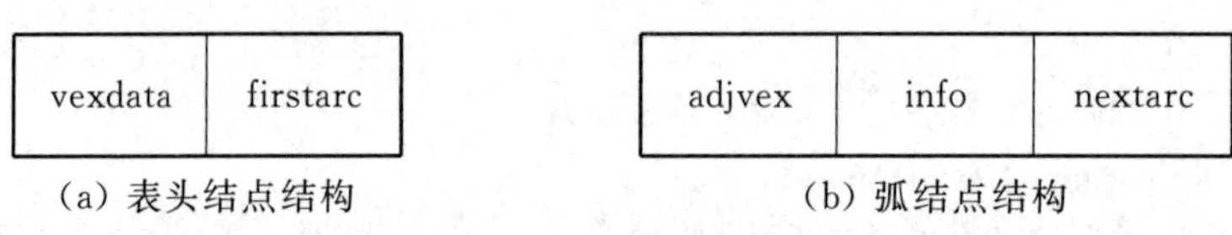

(a) 表头结点结构　　(b) 弧结点结构

图 7.8 表头结点和弧结点

图 7.9(a)、(b)分别是图 7.1 中 G1、G2 的邻接表表示法的示例，其中边表中的顶点无

顺序要求。

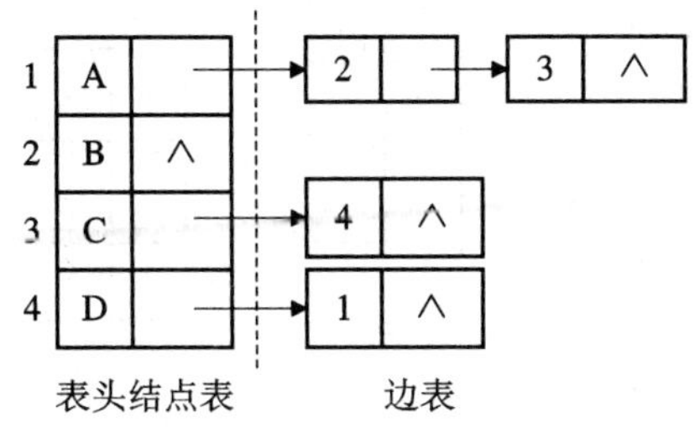

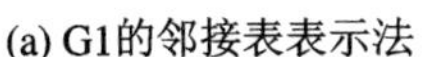
(a) G1的邻接表表示法

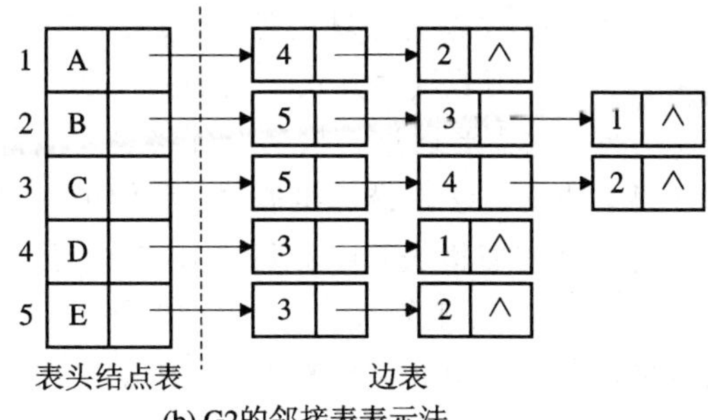

(b) G2的邻接表表示法

图 7.9　图的邻接表表示法示例

邻接表表示法的 C 语言定义如下：

```
#define MAX_VERTEX_NUM 10        /*最多顶点个数*/
typedef enum{DG, DN, UDG, UDN} GraphKind;    /*图的种类*/
typedef struct ArcNode{
    int adjvex;        /*该弧指向顶点的位置*/
    struct ArcNode *nextarc;        /*指向下一条弧的指针*/
    OtherInfo info;          /*与该弧相关的信息*/
} ArcNode;

typedef struct VertexNode{
    VertexData data;              /*顶点数据*/
    ArcNode *firstarc;            /*指向该顶点第一条弧的指针*/
} VertexNode;

typedef struct{
    VertexNode vertex[MAX_VERTEX_NUM];
    int vexnum, arcnum;    /*图的顶点数和弧数*/
    GraphKind kind;    /*图的种类标志*/
}AdjList;            /*基于邻接表的图(Adjacency List Graph)*/
```

建立无向图的邻接表存储结构算法

■ 存储空间

对于有 n 个顶点、e 条边的无向图而言，若采取邻接表作为存储结构，则需要 n 个表头结点和 2e 个表结点。很显然，在边很稀疏(即 e 远小于 n(n−1)/2 时)的情况下，用邻接表存储所需的空间比用邻接矩阵所需的空间(n(n−1)/2)要节省得多。

■ 无向图的度

在无向图的邻接表中，顶点 v_i 的度恰好就是第 i 个边链表上结点的个数。

■ 有向图的度

在有向图中，第 i 个边链表上顶点的个数是顶点 v_i 的出度，只需通过表头向量表中找到第 i 个顶点的边链表的头指针，实现顺链查找即可。

若要判定任意两个顶点(v_i 和 v_j)之间是否有边或弧相连，则需要搜索所有的边链表，这样比较麻烦。

求得第 i 个顶点的入度，也必须遍历整个邻接表，在所有边链表中查找邻接点域的值为 i 的结点并计数求和。由此可见，对于用邻接表方式存储的有向图，求顶点的入度并不方便，它需要通过扫描整个邻接表才能得到结果。

一种解决的方法是**逆邻接表法**，我们可以对每一顶点 v_i 再建立一个逆邻接表，即对每个顶点 v_i 建立一个所有以顶点 v_i 为弧头的弧的表，如图 7.10 所示。这样求顶点 v_i 的入度即是计算逆邻接表中第 i 个顶点的边链表中结点个数。

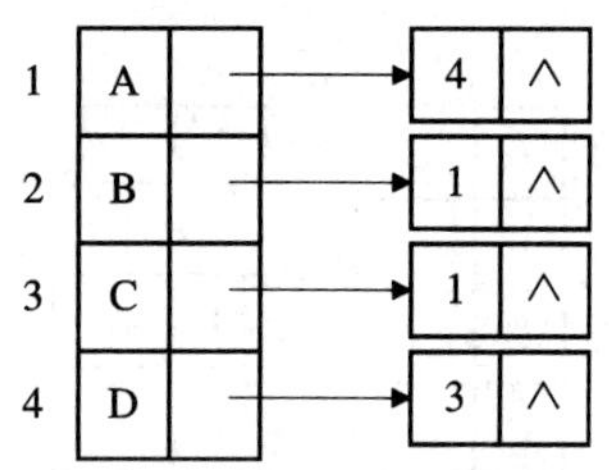

图 7.10　图 G1 的逆邻接表表示法

实质上这需要将图中的一条弧分别在邻接表与逆邻接表各自的边链表中存储了两次，下面将介绍的是另一种解决方法——十字链表表示法，此方法优点是一条弧只被存放一次。

图的存储结构再解释

7.2.3　十字链表

十字链表(OrthogonalList)是有向图的另一种链式存储结构。我们也可以把它看成是将有向图的邻接表和逆邻接表结合起来形成的一种链表。有向图中的每一条弧对应十字链表中的一个弧结点，同时有向图中的每个顶点在十字链表中对应有一个结点，叫作顶点结点。这两类结点结构如图 7.11 所示。

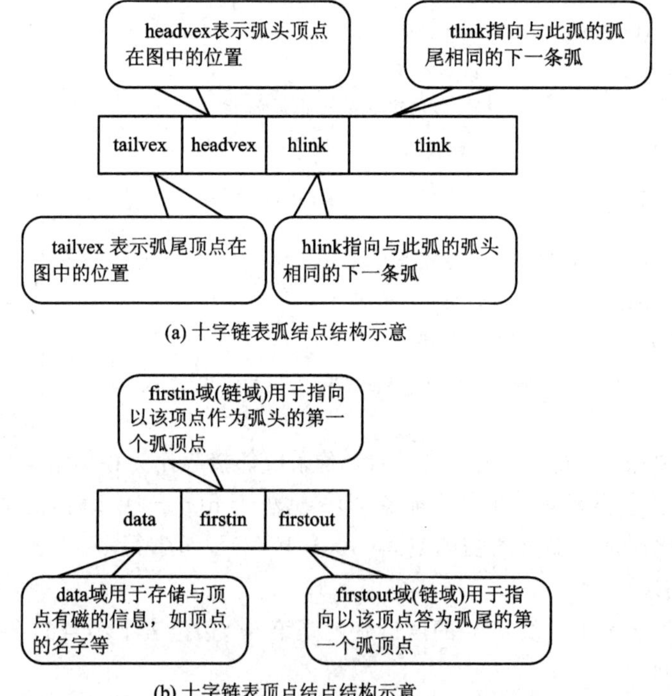

(a) 十字链表弧结点结构示意

(b) 十字链表顶点结点结构示意

图 7.11　图的十字链表弧结点、顶点结点结构图

例如，图 7.1 中有向图 G1 的十字链表如图 7.12 所示。若有向图是稀疏图，则它的邻

接矩阵一定是稀疏矩阵，这时该图的十字链表表示法可以看成是其邻接矩阵的链表表示法。只是在图的十字链表表示法中，边结点所在的链表不是循环链表且结点之间相对位置自然形成，不一定按顶点序号有序。另外，表头结点即顶点结点，它们之间并非循环链式连接，而是顺序存储。

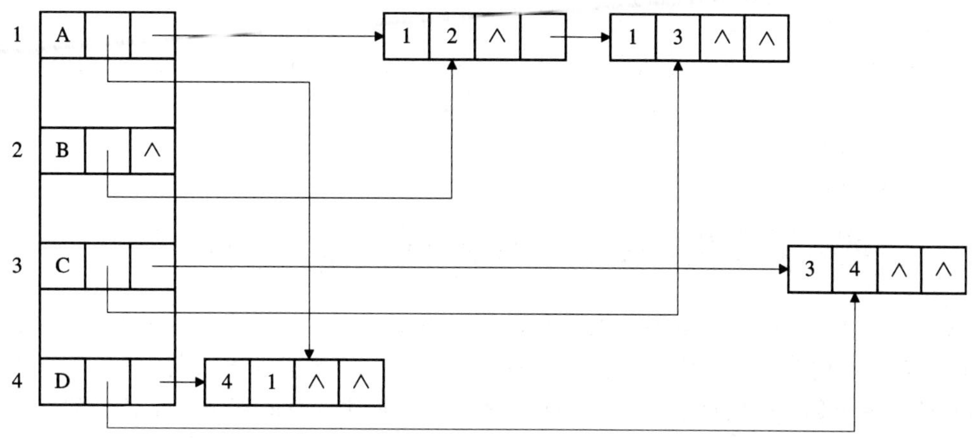

图 7.12　图 7.1 中有向图 G1 的十字链表

图的十字链表的 C 语言定义如下：

```
#define MAX_VERTEX_NUM 10     /* 最多顶点个数 */
typedef enum{DG, DN, UDG, UDN} GraphKind;     /* 图的种类 */
typedef struct ArcNode {
   int tailvex, headvex;
   struct ArcNode * hlink, * tlink;
} ArcNode;
typedef struct VertexNode{
   VertexData data;    /* 顶点信息 */
   ArcNode * firstin, * firstout;
}VertexNode;
typedef struct{
   VertexNode vertex[MAX_VERTEX_NUM];
   int vexnum, arcnum;    /* 图的顶点数和弧数 */
   GraphKind kind;       /* 图的种类 */
} OrthList;       /* 图的十字链表表示法(Orthogonal List) */
```

创建一个有向图的十字链表的算法如下：

```
void CrtOrthList(OrthList * g)
/* 从终端输入 n 个顶点的信息和 e 条弧的信息，以建立一个有向图的十字链表 */
{
  scanf("%d, %d", &n, &e);    /* 从键盘输入图的顶点个数和弧的个数 */
  g->vexnum=n; g->arcnum=e;
   for (i=0; i<n; i++)
     {scanf("%c", &g->vertex[i].data);
      g->vertex[i] .firstin=NULL; g->vertex[i] .firstout=NULL;
```

```
    }
  for (k=0; k<e; k++)
    {scanf("%c, %c", &vt, &vh);
     i=LocateVertex(g, vt); j = LocateVertex(g, vh);
     p=(ArcNode*)malloc(sizeof(ArcNode));
     p->tailvex=i; p->headvex=j;
     p->tlink = g->vertex[i].firstout; g->vertex[i].firstout =p;
     p->hlink = g->vertex[j].firstin; g->vertex[j].firstin =p;
    }
}/* CrtOrthList */
```

【算法 7.2　创建图的十字链表】

在十字链表中，既能够很容易地找到以 v_i 为尾的弧，也能够容易地找到以 v_i 为头的弧，因此对于有向图，若采用十字链表作为存储结构，则很容易求出顶点 v_i 的度。此外，为有向图建立一个邻接表的算法和建立一个十字链表的算法的时间复杂度是相同的。所以在某些有向图的应用中，十字链表表示法更为适合。

7.2.4　邻接多重表

邻接多重表(Adjacency Multi_list)是无向图的另外一种存储结构，之所以提出邻接多重表这种存储结构，是因为它能够提供更为方便的边处理信息。在无向图的邻接表表示法中，每一条边(v_i，v_j)在邻接表中都对应着两个结点，它们分别在第 i 个边链表 i 和第 j 个边链表中。这给图的某些边操作带来不便，如检测某条边是否被访问过，则需要同时找到表示该条边的两个结点，而这两个结点又分别在两个边链表中。邻接多重表是指将图中关于一条边的信息用一个结点来表示，其结点结构如图 7.13(a)所示；图中的每一个顶点也对应一个顶点结点，其结构如图 7.13(b)所示。

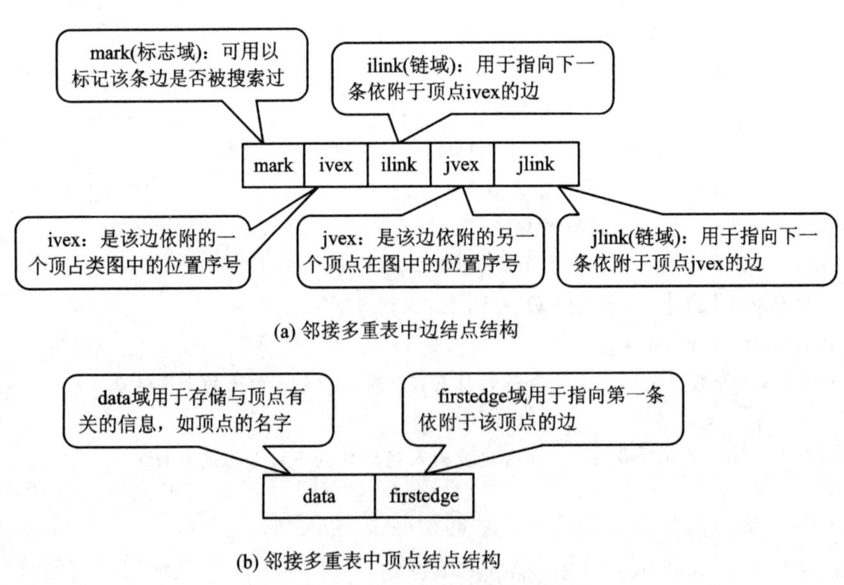

图 7.13　邻接多重表的结点结构

邻接多重表的C语言定义如下：

```
typedef struct EdgeNode {
    int mark, ivex, jvex;
    struct EdgeNode *ilink, *jlink;
}EdgeNode;
typedef struct {
    VertexData data;
    EdgeNode *firstedge;
}VertexNode;
typedef struct{
    VertexNode vertex[MAX_VERTEX_NUM];
    int vexnum, arcnum;        /* 图的顶点数和弧数 */
    GraphKind kind;      /* 图的种类 */
} AdjMultiList;       /* 基于图的邻接多重表表示法(Adjacency Multi_list) */
```

图7.1中无向图G2的邻接多重表如图7.14所示。

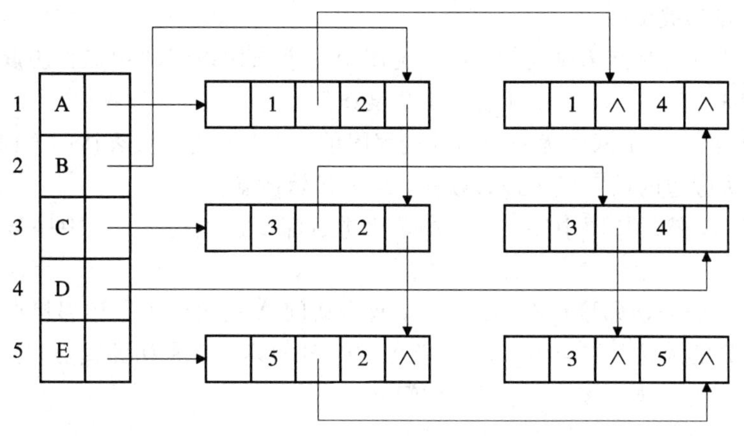

图7.14　图7.1中无向图G2的邻接多重表

7.3 图的遍历

图作为一种复杂的数据结构也存在遍历问题。**图的遍历**就是从图中的某个顶点出发，按某种方法对图中的所有顶点访问且仅访问一次。图的遍历算法是求解图的连通性问题、拓扑排序和关键路径等算法的基础。

图的遍历比起树的遍历要复杂得多。由于图中顶点关系是任意的，即图中顶点之间是多对多的关系，图可能是非连通图，图中还可能有回路存在，因此在访问了某个顶点后，可能沿着某条路径搜索后又回到该顶点上。为了保证图中的各顶点在遍历过程中访问且仅访问一次，需要为每个顶点设一个访问标志，因此我们为图设置一个**访问标志数组** visited[n]，用于标示图中每个顶点是否被访问过，它的初始值为0(“假”)，表示顶点均未被访问；一旦访问过顶点 v_i，则置访问标志数组中的 visited[i]为1(“真”)，以表示该顶点已被访问过。

对于图的遍历，通常有两种方法：深度优先搜索和广度优先搜索。这两种遍历方法对于无向图和有向图均适用。

7.3.1 深度优先搜索

深度优先搜索(Depth First Search)是指按照深度方向搜索，它类似于树的先根遍历，是树的先根遍历的推广。

深度优先搜索连通子图的基本思想是：

(1) 从图中某个顶点 v_0 出发，首先访问 v_0。

(2) 找出刚访问过的顶点的第一个未被访问的邻接点，然后访问该顶点。以该顶点为新顶点，重复本步骤，直到当前的顶点没有未被访问的邻接点为止。

(3) 返回前一个访问过的且仍有未被访问的邻接点的顶点，找出并访问该顶点的下一个未被访问的邻接点，然后执行步骤(2)。

采用递归的形式说明，深度优先搜索连通子图的基本思想可表示为：

(1) 访问出发点 v_0。

(2) 依次以 v_0 的未被访问的邻接点为出发点，深度优先搜索图，直至图中所有与 v_0 有路径相通的顶点都被访问。

若此时图中还有顶点未被访问，则另选图中一个未被访问的顶点作为起始点，重复上述深度优先搜索过程，直至图中所有顶点均被访问过为止。

图 7.15 给出了一个深度优先搜索的过程图示，其中实箭头代表访问方向，虚箭头代表回溯方向，箭头旁边的数字代表搜索顺序，A 为起始顶点。

首先访问 A，然后按图中序号对应的顺序进行深度优先搜索。图中序号对应步骤的解释如下：

(1) 顶点 A 的未访邻接点有 B、E、D，首先访问 A 的第一个未访邻接点 B；

(2) 顶点 B 的未访邻接点有 C、E，首先访问 B 的第一个未访邻接点 C；

(3) 顶点 C 的未访邻接点只有 F，访问 F；

(4) 顶点 F 没有未访邻接点，回溯到 C；

(5) 顶点 C 已没有未访邻接点，回溯到 B；

(6) 顶点 B 的未访邻接点只剩下 E，访问 E；

(7) 顶点 E 的未访邻接点只剩下 G，访问 G；

(8) 顶点 G 的未访邻接点有 D、H，首先访问 G 的第一个未访邻接点 D；

(9) 顶点 D 没有未访邻接点，回溯到 G；

(10) 顶点 G 的未访邻接点只剩下 H，访问 H；

(11) 顶点 H 的未访邻接点只有 I，访问 I；

(12) 顶点 I 没有未访邻接点，回溯到 H；

(13) 顶点 H 已没有未访邻接点，回溯到 G；

(14) 顶点 G 已没有未访邻接点，回溯到 E；

(15) 顶点 E 已没有未访邻接点，回溯到 B；

(16) 顶点 B 已没有未访邻接点，回溯到 A。

至此，深度优先搜索过程结束，相应的访问序列为 A B C F E G D H I。

在图 7.15 中，所有顶点加上标有实箭头的边，构成一棵以 A 为根的树，称为深度优先搜索树。

图的深度优先搜索的算法描述如下：

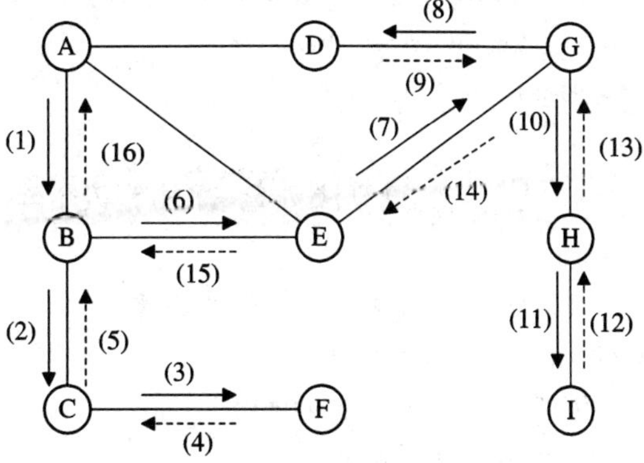

图 7.15 图的深度优先搜索过程图示

```
#define True 1
#define False 0
#define Error -1    /* 出错 */
#define Ok 1
int visited[MAX_VERTEX_NUM];
  /* 访问标志数组 */
void TraverseGraph (Graph g)
/* 对图 g 进行深度优先搜索，Graph 表示图的一种存储结构，如数组表示法或邻接表等 */
{
  for (vi=0; vi<g.vexnum; vi++) visited[vi]=False ;   /* 访问标志数组初始 */
  for( vi=0; vi<g.vexnum; vi++)    /* 调用深度遍历连通子图的操作 */
  /* 若图 g 是连通图，则此循环调用函数只执行一次 */
    if (! visited[vi] ) DepthFirstSearch(g, vi);
}/* TraverseGraph */
```

【算法 7.3 深度优先搜索图 g】

```
void DepthFirstSearch(Graph g, int v0)  /* 深度遍历 v0 所在的连通子图 */
{
  visit(v0); visited[v0] =True; /* 访问顶点 v0，并置访问标志数组相应分量值 */
  w=FirstAdjVertex(g, v0);
  while ( w!=-1)    /* 邻接点存在 */
    { if(! visited [w] ) DepthFirstSearch(g, w);    /* 递归调用 DepthFirstSearch */
      w=NextAdjVertex(g, v0, w);    /* 找下一个邻接点 */
    }
} /* DepthFirstSearch */
```

【算法 7.4 深度遍历 v0 所在的连通子图】

上述算法中，对于 FirstAdjVertex(g, v0)以及 NextAdjVertex(g, v0, w)并没有具体实现，因为对于图的不同存储方法，两个操作的实现方法不同，时间耗费也不同。下面将介绍的算法 7.5、算法 7.6 是在邻接矩阵方式与邻接表方式下实现算法 7.4 的功能。

1) 用邻接矩阵方式实现深度优先搜索

```
void DepthFirstSearch(AdjMatrix g, int v0)   /* 图 g 为邻接矩阵类型 AdjMatrix */
{ visit(v0); visited[v0]=True;
  for ( vj=0; vj<g.vexnum; vj++)
```

```
    if (! visited[vj] && g. arcs[v0][vj]. adj==1)
        DepthFirstSearch(g, vj);
}/* DepthFirstSearch */
```

【算法 7.5　采用邻接矩阵的 DepthFirstSearch】

2) 用邻接表方式实现深度优先搜索

```
void DepthFirstSearch(AdjList g, int v0)    /* 图 g 为邻接表类型 AdjList */
{ visit(v0) ; visited[v0]=True;
  p=g. vertex[v0]. firstarc;
  while( p!=NULL )
     {if (! visited[p->adjvex])
         DepthFirstSearch(g, p->adjvex);
      p=p->nextarc;
     }
}/* DepthFirstSearch */
```

【算法 7.6　采用邻接表的 DepthFirstSearch】

以邻接表作为存储结构，查找每个顶点的邻接点的时间复杂度为 O(e)，其中 e 是无向图中的边数或有向图中的弧数，则深度优先搜索图的时间复杂度为 O(n+e)。

3) 用非递归过程实现深度优先搜索

```
void DepthFirstSearch(Graph g, int v0)    /* 从 v0 出发深度优先搜索图 g */
{
  InitStack(S);   /* 初始化空栈 */
  Push(S, v0);
  while ( ! Empty(S))
    { v=Pop(S);
      if (! visited(v))   /* 栈中可能有重复顶点 */
        { visit(v); visited[v]=True; }
      w=FirstAdj(g, v);   /* 求 v 的第一个邻接点 */
      while (w!=-1 )
        { if (! visited(w)) Push(S, w);
          w=NextAdj(g, v, w);   /* 求 v 相对于 w 的下一个邻接点 */
        }
    }
}
```

【算法 7.7　非递归形式的 DepthFirstSearch】

7.3.2 广度优先搜索

广度优先搜索(Breadth First Search)是指按照广度方向搜索，它类似于树的层次遍历，是树的按层次遍历的推广。

广度优先搜索的基本思想是：

(1) 从图中某个顶点 v_0 出发，首先访问 v_0。

(2) 依次访问 v_0 的各个未被访问的邻接点。

(3) 分别从这些邻接点(端结点)出发，依次访问它们的各个未被访问的邻接点(新的端结点)。访问时应保证：如果 v_i 和 v_k 为当前端结点，且 v_i 在 v_k 之前被访问，则 v_i 的所有未被访问的邻接点应在 v_k 的所有未被访问的邻接点之前访问。重复(3)，直到所有端结点均没有未被访问的邻接点为止。

若此时还有顶点未被访问，则选一个未被访问的顶点作为起始点，重复上述过程，直至所有顶点均被访问过为止。

图 7.16 给出了一个广度优先搜索过程图示，其中箭头代表搜索方向，箭头旁边的数字代表搜索顺序，A 为起始顶点。

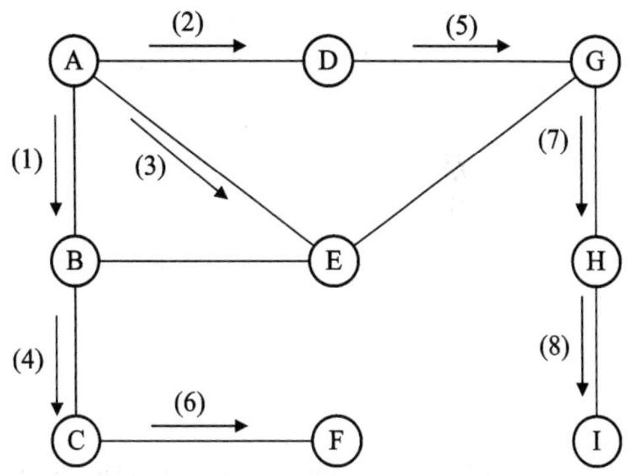

图 7.16　图的广度优先搜索过程图示

首先访问 A，然后按图中序号对应的顺序进行广度优先搜索。图中序号对应步骤的解释如下：

(1) 顶点 A 的未访邻接点有 B、D、E，首先访问 A 的第一个未访邻接点 B。

(2) 访问 A 的第二个未访邻接点 D。

(3) 访问 A 的第三个未访邻接点 E。

(4) 由于 B 在 D、E 之前被访问，故接下来应访问 B 的未访邻接点。B 的未访邻接点只有 C，所以访问 C。

(5) 由于 D 在 E、C 之前被访问，故接下来应访问 D 的未访邻接点。D 的未访邻接点只有 G，所以访问 G。

(6) 由于 E 在 C、G 之前被访问，故接下来应访问 E 的未访邻接点。E 没有未访邻接点，所以直接考虑在 E 之后被访问的顶点 C，即接下来应访问 C 的未访邻接点。C 的未访邻接点只有 F，所以访问 F。

(7) 由于 G 在 F 之前被访问，故接下来应访问 G 的未访邻接点。G 的未访邻接点只有 H，所以访问 H。

(8) 由于 F 在 H 之前被访问，故接下来应访问 F 的未访邻接点。F 没有未访邻接点，所以直接考虑在 F 之后被访问的结点 H，即接下来应访问 H 的未访邻接点。H 的未访邻接点只有 I，所以访问 I。

至此，广度优先搜索过程结束，相应的访问序列为 A B D E C G F H I。

图 7.16 中所有结点加上标有箭头的边，构成一棵以 A 为根的树，称为广度优先搜索树。

在遍历过程中需要设立一个访问标志数组 visited[n]，其初值为“False”，一旦某个顶点被访问，则置相应的分量为“True”。同时，需要辅助队列 Q，以便实现要求：“如果 v_i 和 v_k 为当前端结点，且 v_i 在 v_k 之前被访问，则 v_i 的所有未被访问的邻接点应在 v_k 的所有未被访问的邻接点之前访问。”

广度优先搜索连通子图的算法如下：

```
void BreadthFirstSearch(Graph g, int v0)   /* 广度优先搜索图 g 中 v0 所在的连通子图 */
{
   visit(v0); visited[v0]=True;
   InitQueue(&Q);   /* 初始化空队 */
   EnterQueue(&Q, v0);   /* v0 进队 */
   while ( ! Empty(Q))
     {   DeleteQueue(&Q, &v);   /* 队头元素出队 */
         w=FirstAdj(g, v);   /* 求 v 的第一个邻接点 */
         while (w!=-1 )
          { if (! visited(w))
             { visit(w); visited[w]=True;
               EnterQueue(&Q, w);
             }
           w=NextAdj(g, v, w);   /* 求 v 相对于 w 的下一个邻接点 */
          }
     }
}
```

【算法 7.8　广度优先搜索图 g 中 v0 所在的连通子图】

分析上述算法，图中每个顶点至多入队一次，因此外循环次数为 n。若图 g 采用邻接表方式存储，则当结点 v 出队后，内循环次数等于结点 v 的度。由于访问所有顶点的邻接点的总的时间复杂度为 $O(d_0+d_1+d_2+\cdots+d_{n-1})=O(e)$，因此图采用邻接表方式存储，广度优先搜索算法的时间复杂度为 $O(n+e)$；当图 g 采用邻接矩阵方式存储时，由于找每个顶点的邻接点，内循环次数等于 n，因此广度优先搜索算法的时间复杂度为 $O(n^2)$。

对图 g 进行广度优先遍历的完整算法可结合算法 7.3 写出。

思考　参考算法 7.5 与算法 7.6，可分别采用邻接矩阵与邻接表方式存储图，实现对图的广度优先搜索。

例 7-1　求距离顶点 v_0 的路径长度为 K 的所有顶点。

已知无向图 g，设计算法求距离顶点 v_0 的最短路径长度为 K 的所有顶点，要求尽可能节省时间。

图的遍历扩充

问题分析：由于题目要求找出路径长度为 K 的所有顶点，故从顶点 v_0 开始进行广度优先搜索，将一步可达的、两步可达的……直至 K 步可达的所有顶点记录下来，同时用一个队列记录每个结点的层号，输出第 K+1 层的所有结点即为所求。

算法描述如下：

```
void bfsKLevel(Graph g, int v0, int K)
{ InitQueue(Q1);                                  /* Q1是存放已访问顶点的队列 */
  InitQueue(Q2);                                  /* Q2是存放已访问顶点层号的队列 */
  for (i=0; i < g.vexnum; i++)
        visited[i]=FALSE;                         /* 初始化访问标志数组 */
  visited[v0]=TRUE; Level=1;
  EnterQueue(Q1, v0);
  EnterQueue(Q2, Level);
  while (! IsEmpty(Q1) && Level<K+1)
    {
      v=DeleteQueue(Q1);                          /* 取出已访问的顶点号 */
      Level=DeleteQueue(Q2);                      /* 取出已访问顶点的层号 */
      w=FirstAdjVertex(g, v);                     /* 找第一个邻接点 */
      while (w! =-1)
        {
          if (! visited[w])
            {
              if (Level==K) printf("%d", w);     /* 输出符合条件的结点 */
              visited[w]=TRUE;
              EnterQueue(Q1, w);
              EnterQueue(Q2, Level+1);
            }
          w=NextAdjVertex(g, v, w);               /* 找下一个邻接点 */
        }
    }
}
```

思考 本题能否采用图的深度优先搜索求解？

7.4 图的连通性问题

在7.1节中，已经介绍了连通图和连通分量的概念。那么怎样判断一个图是否为连通图，怎样求一个连通图的连通分量呢？连通图在实际中有什么用处呢？本节将对这些问题进行讨论。我们将利用遍历算法求解图的连通性问题，并讨论求解最小代价生成树的算法。

7.4.1 无向图的连通分量

图遍历时，对于连通图，无论是广度优先搜索还是深度优先搜索，仅需要调用一次搜索过程，即从任一个顶点出发，便可以遍历图中的各个顶点。对于非连通图，则需要多次调用搜索过程，而每次调用得到的顶点访问序列恰为各连通分量中的顶点集。例如，图7.17(a)所示无向图G5是一个非连通图，按照它的邻接表进行深度优先搜索遍历，三次调用 DepthFirstSearch 过程得到的访问顶点序列如下：

1，2，4，3，9

5，6，7

8，10

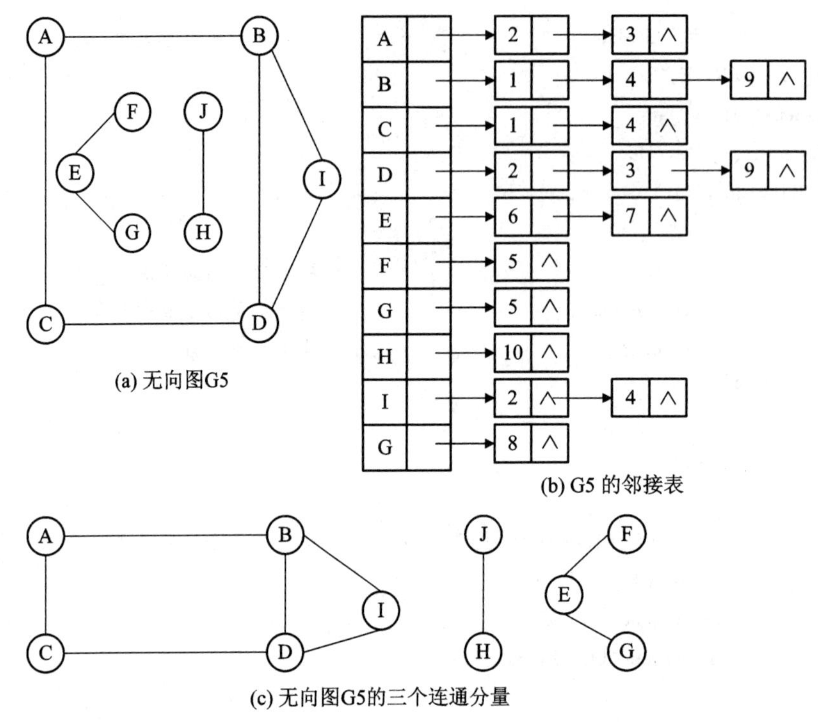

(a) 无向图G5

(b) G5 的邻接表

(c) 无向图G5的三个连通分量

图 7.17　图及其连通分量

我们可以利用图的遍历过程来判断一个图是否连通。如果在遍历的过程中，不止一次调用搜索过程，则说明该图是一个非连通图。调用搜索过程的次数就是该图连通分量的个数。

7.4.2　最小生成树

生成树与最小生成树

在一个连通网的所有生成树中，各边的代价之和最小的那棵生成树称为该连通网的**最小代价生成树**（Minimum Cost Spanning Tree），简称为**最小生成树**（MST）。最小生成树有如下重要性质：

设 N=（V，{E}）是一连通网，U 是顶点集 V 的一个非空子集。若（u，v）是一条具有最小权值的边，其中 u∈U，v∈V－U，则存在一棵包含边（u，v）的最小生成树。

我们用反证法来证明这个 MST 性质：

假设不存在这样一棵包含边（u，v）的最小生成树。任取一棵最小生成树 T，将（u，v）加入 T 中。根据树的性质，此时 T 中必形成一个包含（u，v）的回路，且回路中必有一条边（u′，v′）的权值大于或等于（u，v）的权值。删除（u′，v′），则得到一棵代价小于等于 T 的生成树 T′，且 T′为一棵包含边（u，v）的最小生成树。这与假设矛盾，故该性质得证。

我们可以利用 MST 性质来生成一个连通网的最小生成树。普里姆（Prim）算法和克鲁斯卡尔(Kruskal)算法便是利用了这个性质。

下面分别介绍这两种算法。

1. 普里姆算法

假设 N=(V，{E})是连通网，TE 为最小生成树中边的集合。

(1) 初始 U={s}(s∈V)，TE=Φ。

(2) 在所有 u∈U，v∈V-U 的边中选一条代价最小的边(u_0，v_0)并入集合 TE，同时将 v_0 并入 U。

(3) 重复(2)，直到 U=V 为止。

此时，TE 中必含有 n-1 条边，则 T=(V，{TE})为 N 的最小生成树。

可以看出，普利姆算法逐步增加 U 中的顶点，可称为“加点法”。

注意 选择最小边时，可能有多条同样权值的边可供选择，此时任选其一。

为了实现这个算法需要设置一个辅助数组 closedge[ ]，以记录从 U 到 V-U 具有最小代价的边。对每个顶点 v∈V-U，在辅助数组中存在一个分量 closedge[v]，它包括两个域 vex 和 lowcost，其中 lowcost 存储该边上的权，显然有

$$closedge[v].lowcost=Min(\{cost(u, v) \mid u\in U\})$$

普里姆算法可描述如下：

```
struct
{ int adjvex;
  int lowcost;
} closedge[MAX_VERTEX_NUM];    /* 求最小生成树时的辅助数组 */

MiniSpanTree_Prim(AdjMatrix gn, VertexData s)
/* 从顶点 s 出发，按普里姆算法构造连通网 gn 的最小生成树，并输出生成树的每条边 */
{
  k=LocateVertex(gn, s);
  closedge[k].lowcost=0;    /* 初始化，U={s} */
  for (i=0; i<gn.vexnum; i++)
     if ( i!=k)   /* 对 V-U 中的顶点 i，初始化 closedge[i] */
        {closedge[i].adjvex=k; closedge[i].lowcost=gn.arcs[k][i].adj; }
  for (e=1; e<=gn.vexnum-1; e++)    /* 找 n-1 条边(n= gn.vexnum) */
    {
      v0=Minium(closedge);       /* closedge[v0]中存有当前最小边(u0, v0)的信息 */
      u0= closedge[v0].adjvex;    /* u0∈U */
       printf(u0, v0);       /* 输出生成树的当前最小边(u0, v0) */
       closedge[v0].lowcost=0;       /* 将顶点 v0 纳入 U 集合 */
       for ( i=0 ; i<vexnum; i++)       /* 在顶点 v0 并入 U 之后，更新 closedge[i] */
         if ( gn.arcs[v0][i].adj <closedge[i].lowcost)
              { closedge[i].lowcost= gn.arcs[v0][i].adj;
                closedge[i].adjvex=v0;
              }
    }
```

}

【算法 7.9　普里姆算法】

由于上述算法中有两个 for 循环嵌套，故它的时间复杂度为 $O(n^2)$。

利用该算法，对图 7.18(a)所示的连通网从顶点 v_1 开始构造最小生成树，算法中各参量的变化如表 7－1 所示。

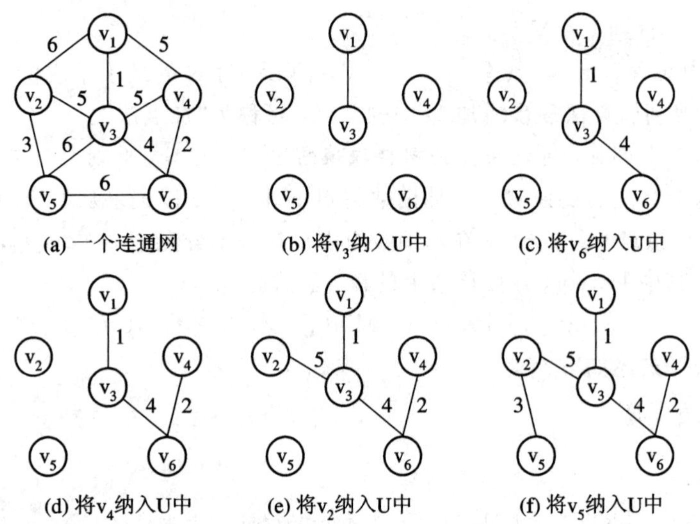

图 7.18　普里姆算法构造最小生成树的过程

表 7－1　普里姆算法各参量的变化

i / Closedge[i]	0	1	2	3	4	5	U	V－U	e	k_0	(u_0, v_0)
adjvex		v_1	v_1	v_1	v_1	v_1	$\{v_1\}$	$\{v_2, v_3, v_4, v_5, v_6\}$	1	2	(v_1, v_3)
lowcost	0	6	1	5	∞	∞					
adjvex		v_3		v_1	v_3	v_3	$\{v_1, v_3\}$	$\{v_2, v_4, v_5, v_6\}$	2	5	(v_3, v_6)
lowcost	0	5	0	5	6	4					
adjvex		v_3		v_6	v_3		$\{v_1, v_3, v_6\}$	$\{v_2, v_4, v_5\}$	3	3	(v_6, v_4)
lowcost	0	5	0	2	6	0					
adjvex		v_3			v_3		$\{v_1, v_3, v_6, v_4\}$	$\{v_2, v_5\}$	4	1	(v_3, v_2)
lowcost	0	5	0	0	6	0					
adjvex					v_2		$\{v_1, v_3, v_6, v_4, v_2\}$	$\{v_5\}$	5	4	(v_2, v_5)
lowcost	0	0	0	0	3	0					
adjvex							$\{v_1, v_3, v_6, v_4, v_2, v_5\}$	$\{\}$			
lowcost	0	0	0	0	0	0					

2. 克鲁斯卡尔算法

假设 N＝(V，{E})是连通网，将 N 中的边按权值从小到大的顺序排列：

(1) 将 n 个顶点看成 n 个集合。

(2) 按权值由小到大的顺序选择边，所选边应满足两个顶点不在同一个**顶点集合**内，将该边放到生成树**边的集合**中。同时将该边的两个顶点所在的**顶点集合**合并。

(3) 重复(2)，直到所有的顶点都在同一个**顶点集合**内。

可以看出，克鲁斯卡尔算法逐步增加生成树的边，与普里姆算法相比，可称为"加边法"。

例如，对于图 7.18 所示的连通网，将所有的边按权值从小到大的顺序排列为

权值	1	2	3	4	5	5	5	6	6	6
边	(v_1, v_3)	(v_4, v_6)	(v_2, v_5)	(v_3, v_6)	(v_1, v_4)	(v_2, v_3)	(v_3, v_4)	(v_1, v_2)	(v_3, v_5)	(v_5, v_6)

经过筛选所得到边的顺序为

$$(v_1, v_3), (v_4, v_6), (v_2, v_5), (v_3, v_6), (v_2, v_3)$$

在选择第五条边时，因为 v_1、v_4 已经在同一集合内，如果选 (v_1, v_4)，则会形成回路，所以选 (v_2, v_3)。

下面我们以图 7.19(a)中的连通网为例，详细说明克鲁斯卡尔算法的执行过程。

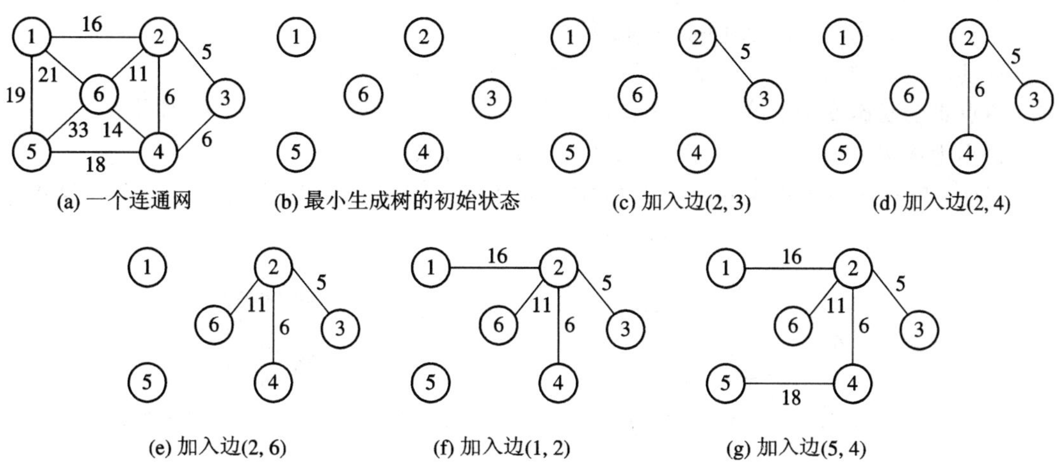

图 7.19　克鲁斯卡尔算法执行过程示意图

设 N=(V, {E})，最小生成树的初态为 T=(V, { })。

(1) 待选的边：(2, 3)—>5，(2, 4)—>6，(3, 4)—>6，(2, 6)—>11，(4, 6)—>14，(1, 2)—>16，(4, 5)—>18，(1, 5)—>19，(1, 6)—>21，(5, 6)—>33。

顶点集合状态：{1}，{2}，{3}，{4}，{5}，{6}。

最小生成树的边的集合：{ }。

(2) 从待选边中选一条权值最小的边为(2, 3)—>5。

待选的边变为：(2, 4)—>6，(3, 4)—>6，(2, 6)—>11，(4, 6)—>14，(1, 2)—>16，(4, 5)—>18，(1, 5)—>19，(1, 6)—>21，(5, 6)—>33。

顶点集合状态变为：{1}，{2, 3}，{4}，{5}，{6}。

最小生成树的边的集合：{(2, 3)}。

(3) 从待选边中选一条权值最小的边为(2, 4)—>6。

待选的边变为：(3，4)－＞6，(2，6)－＞11，(4，6)－＞14，(1，2)－＞16，(4，5)－＞18，(1，5)－＞19，(1，6)－＞21，(5，6)－＞33。

顶点集合状态变为：{1}，{2，3，4}，{5}，{6}。

最小生成树的边的集合：{(2，3)，(2，4)}。

(4) 从待选边中选一条权值最小的边为(3，4)－＞6，由于3、4在同一个顶点集合{2，3，4}内，故放弃。重新从待选边中选一条权值最小的边为(2，6)－＞11。

待选的边变为：(4，6)－＞14，(1，2)－＞16，(4，5)－＞18，(1，5)－＞19，(1，6)－＞21，(5，6)－＞33。

顶点集合状态变为：{1}，{2，3，4，6}，{5}。

最小生成树的边的集合：{(2，3)，(2，4)，(2，6)}。

(5) 从待选边中选一条权值最小的边为(4，6)－＞14，由于4、6在同一个顶点集合{2，3，4，6}内，故放弃。重新从待选边中选一条权值最小的边为(1，2)－＞16。

待选的边变为：(4，5)－＞18，(1，5)－＞19，(1，6)－＞21，(5，6)－＞33。

顶点集合状态变为：{1，2，3，4，6}，{5}。

最小生成树的边的集合：{(2，3)，(2，4)，(2，6)，(1，2)}。

(6) 从待选边中选一条权值最小的边为(4，5)－＞18。

待选的边变为：(1，5)－＞19，(1，6)－＞21，(5，6)－＞33。

顶点集合状态变为：{1，2，3，4，6，5}。

最小生成树的边的集合：{(2，3)，(2，4)，(2，6)，(1，2)，(4，5)}。

至此，所有的顶点都在同一个顶点集合{1，2，3，4，6，5}里，算法结束。所得最小生成树如图7.20所示，其代价为5＋6＋11＋16＋18＝56。

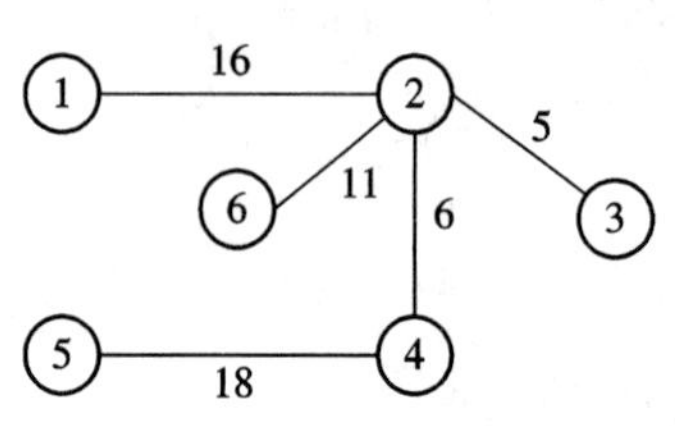

图7.20　最小生成树

图的最小生成树——克鲁斯卡尔算法

7.5　有向无环图的应用

有向无环图(Directed Acyclic Graph)是指一个无环的有向图，简称DAG。有向无环图可用来描述工程或系统的进行过程，如一个工程的施工图、学生课程间的制约关系图等。

7.5.1　拓扑排序

用顶点表示活动、用弧表示活动间的优先关系的有向无环图，称为**顶点表示活动的网**(Activity On Vertex Network)，简称为AOV－网。

例如，计算机系学生的一些必修课程及其先修课程的关系如表7-2所示。

在表7-2中，用顶点表示课程，弧表示先决条件，则表7-2所描述的关系可用一个有向无环图表示，参见图7.21。

表7-2 课程关系

课程编号	课程名称	先修课程
C_1	高等数学	无
C_2	程序设计基础	无
C_3	离散数学	C_1，C_2
C_4	数据结构	C_2，C_3
C_5	算法语言	C_2
C_6	编译技术	C_4，C_5
C_7	操作系统	C_4，C_9
C_8	普通物理	C_1
C_9	计算机原理	C_8

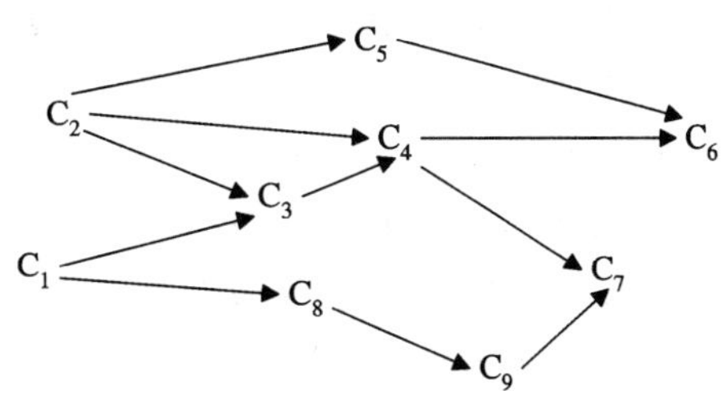

图7.21 表示课程之间优先关系的有向无环图

在有向图G=(V，{E})中，V中顶点的线性序列(v_{i1}，v_{i2}，v_{i3}，…，v_{in})称为**拓扑序列**。该序列必须满足如下条件：对序列中任意两个顶点v_i、v_j，在G中有一条从v_i到v_j的路径，则在序列中v_i必排在v_j之前。

例如，图7.21的一个拓扑序列为(C_1，C_2，C_3，C_4，C_5，C_8，C_9，C_7，C_6)。

AOV-网的特性如下：

· 若v_i为v_j的先行活动，v_j为v_k的先行活动，则v_i必为v_k的先行活动，即先行关系具有可传递性。从离散数学的观点来看，若有$<v_i, v_j>$、$<v_j, v_k>$，则必存在$<v_i, v_k>$。显然，在AOV-网中不能存在回路，否则回路中的活动就会互为前驱，从而无法执行。

· AOV-网的拓扑序列不是唯一的。

例如，图7.21的另一个拓扑序列为(C_1，C_2，C_3，C_8，C_4，C_5，C_9，C_7，C_6)。

那么，怎样求一个有向无环图的拓扑序列呢？拓扑排序的基本思想如下：

(1) 从有向图中选一个无前驱的顶点输出。

(2) 将此顶点和以它为起点的弧删除。

(3) 重复(1)、(2)，直到不存在无前驱的顶点。

(4) 若此时输出的顶点数小于有向图中的顶点数，则说明有向图中存在回路；否则输出的顶点的顺序即为一个拓扑序列。

例如，对于图7.22所示的AOV-网，执行上述过程可以得到如下拓扑序列：

(v_1，v_6，v_4，v_3，v_2，v_5) 或 (v_1，v_3，v_2，v_6，v_4，v_5)

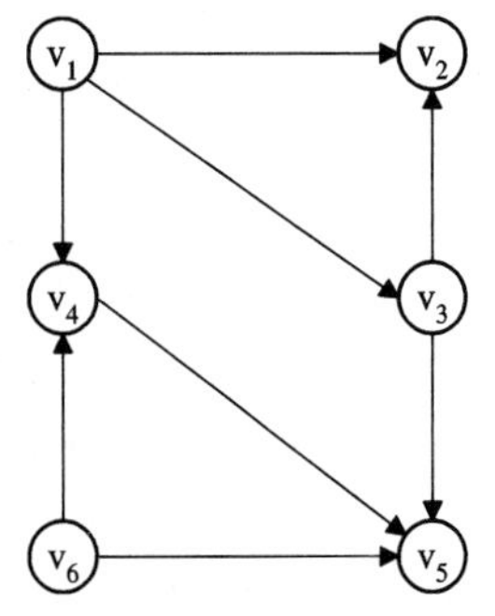

图7.22 AOV-网

有向图的存储形式的不同，拓扑排序算法的实现也不同。

1) 基于邻接矩阵表示的存储结构

A为有向图G的邻接矩阵，则有：

· 找图G中无前驱的顶点——在A中找到值全为0的列。

· 删除以 i 为起点的所有弧——将矩阵中 i 对应的行全部置为 0。

算法步骤如下：

(1) 取 1 作为第一新序号。

(2) 找一个未新编号的、值全为 0 的列 j，若找到，则转(3)。否则，若所有的列全部都编过号，拓扑排序结束；若有列未曾被编号，则该图中有回路。

(3) 输出列号对应的顶点 j，把新序号赋给所找到的列。

(4) 将矩阵中 j 对应的行全部置为 0。

(5) 新序号加 1，转(2)。

2) 基于邻接表的存储结构

入度为零的顶点即为没有前驱的顶点，我们可以附设一个存放各顶点入度的数组 indegree [ ]，于是有：

(1) 找 G 中无前驱的顶点——查找 indegree [i]为零的顶点 v_i；

(2) 删除以 i 为起点的所有弧——对链在顶点 i 后面的所有邻接顶点 k，将对应的 indegree[k] 减 1。

为了避免重复检测入度为零的顶点，可以再设置一个辅助栈，若某一顶点的入度减为 0，则将它入栈。每当输出某一入度为 0 的顶点时，便将它从栈中删除。

算法的实现：

```
int TopoSort (AdjList G)
  { Stack S;
   int indegree[MAX_VERTEX_NUM];
   int i, count, k;
   ArcNode *p;
   FindID(G, indegree);   /*求各顶点入度*/
   InitStack(&S);     /*初始化辅助栈*/
   for(i=0; i<G.vexnum; i++)
     if(indegree[i]==0) Push(&S, i);   /*将入度为0的顶点入栈*/
   count=0;
   while(! IsEmpty(&S))
     {
      Pop(&S, &i);
      printf("%c", G.vertex[i].data);
      count++; /*输出i号顶点并计数*/
      p=G.vertexes[i].firstarc;
      while(p!=NULL)
        { k=p->adjvex;
         indegree[k]--;   /*i号顶点的每个邻接点的入度减1*/
         if(indegree[k]==0) Push(&S, k); /*若入度减为0，则入栈*/
         p=p->nextarc;
        }
      } /*while*/
   if (count<G.vexnum) return(Error); /*该有向图含有回路*/
```

```
    else return(Ok);
}
```

【算法 7.10 拓扑排序算法】

```
void FindID( AdjList G, int indegree[MAX_ VERTEX_ NUM])
/* 求各顶点的入度 */
  { int i; ArcNode * p;
   for(i=0; i<G.vexnum; i++)
      indegree[i]=0;
   for(i=0; i<G.vexnum; i++)
      {p=G.vertexes[i].firstarc;
       while(p!=NULL)
          {indegree[p->adjvex]++;
           p=p->nextarc;
          }
      } /* for */
  }
```

【算法 7.11 求各顶点入度的函数】

例如，图 7.22 所示的 AOV－网的邻接表如图 7.23 所示，用拓扑排序算法求出的拓扑序列为(v_6，v_1，v_3，v_2，v_4，v_5)。

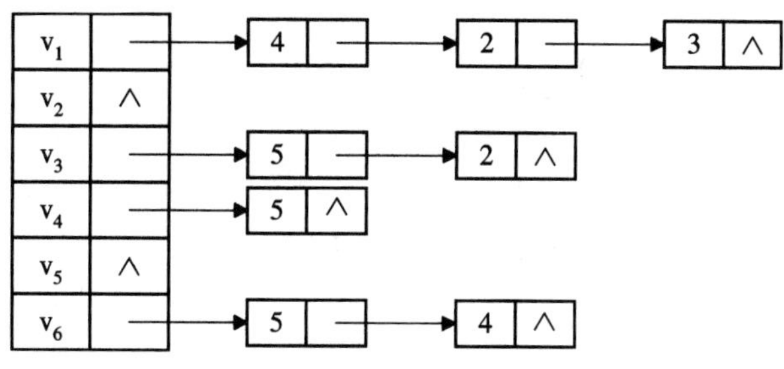

图 7.23 邻接表

若有向无环图有 n 个顶点和 e 条弧，则在拓扑排序的算法中，for 循环需要执行 n 次，时间复杂度为 O(n)；对于 while 循环，由于每一顶点必定进一次栈、出一次栈，其时间复杂度为 O(e)；故该算法的时间复杂度为 O(n+e)。

7.5.2 关键路径

有向图在工程计划和经营管理中有着广泛的应用。通常用有向图来表示工程计划时有两种方法：

(1) 用顶点表示活动，用有向弧表示活动间的优先关系，即上节所讨论的 AOV－网。

(2) 用顶点表示事件，用弧表示活动，弧的权值表示活动所需要的时间。

我们把用第二种方法构造的有向无环图叫作**边表示活动的网**(Activity On Edge Network)，简称 AOE-网。

AOE-网在工程计划和管理中很有用。在研究实际问题时，人们通常关心的是：

- 哪些活动是影响工程进度的关键活动？
- 至少需要多长时间能完成整个工程？

在 AOE-网中存在唯一的、入度为零的顶点，叫作**源点**；存在唯一的、出度为零的顶点，叫作**汇点**。从源点到汇点的最长路径的长度即为完成整个工程任务所需的时间，该路径叫作**关键路径**。关键路径上的活动叫作**关键活动**。这些活动中的任意一项活动未能按期完成，则整个工程的完成时间就要推迟。相反，如果能够加快关键活动的进度，则整个工程可以提前完成。

例如，在图 7.24 所示的 AOE-网中，共有 9 个事件，分别对应顶点 v_0、v_1、v_2、…、v_7、v_8(图中仅给出各顶点的下标)。其中 v_0 为源点，表示整个工程可以开始。事件 v_4 表示 a_4、a_5 已经完成，a_7、a_8 可以开始。v_8 为汇点，表示整个工程结束。v_0 到 v_8 的最长路径(关键路径)有两条：(v_0，v_1，v_4，v_7，v_8)或(v_0，v_1，v_4，v_6，v_8)，长度均为 18。关键活动为(a_1，a_4，a_7，a_{10})或(a_1，a_2，a_8，a_{11})。关键活动 a_1 计划 6 天完成，如果 a_1 提前 2 天完成，则整个工程也可以提前 2 天完成。

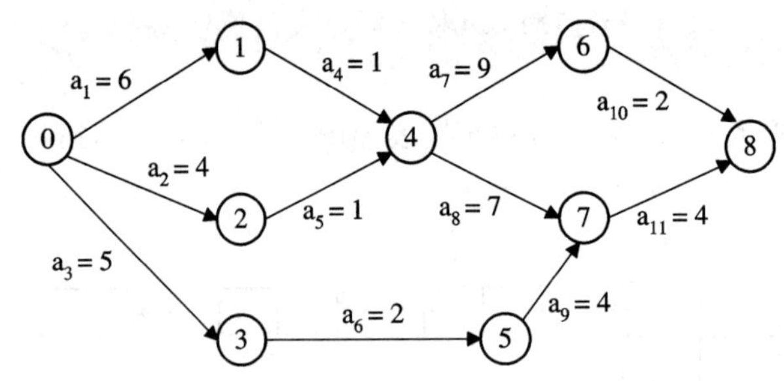

图 7.24　AOE-网

在讨论关键路径算法之前，首先给出几个重要的定义：

关键路径几个定义的理解

- **事件 v_i 的最早发生时间 ve(i)**：从源点到顶点 v_i 的最长路径的长度，叫作事件 v_i 的最早发生时间。

求 ve(i)时可从源点开始，按拓扑顺序向汇点递推：

ve(0)=0；

ve(i)=Max{ve(k)+dut(<k, i>)}

　　<k, i>∈T，1≤i≤n−1；

其中，T 为所有以 i 为头的弧<k, i>的集合；dut(<k, i>)表示与弧<k, i>对应的活动的持续时间。

- **事件 v_i 的最晚发生时间 vl(i)**：在保证汇点按其最早发生时间发生这一前提下，事件 v_i 最晚发生的时间。

在求出 ve(i)的基础上，可从汇点开始，按逆拓扑顺序向源点递推，求出 vl(i)：

vl(n−1)=ve(n−1)；

vl(i)=Min{vl(k)−dut(<i, k>)}

<i, k>∈S, 0≤i≤n−2;

其中，S为所有以i为尾的弧<i, k>的集合；dut(<i, k>)表示与弧<i, k>对应的活动的持续时间。

· **活动 a_i 的最早开始时间 e(i)**：如果活动 a_i 对应的弧为<j, k>，则e(i)等于从源点到顶点j的最长路径的长度，即e(i)=ve(j)

· **活动 a_i 的最晚开始时间 l(i)**：如果活动 a_i 对应的弧为<j, k>，其持续时间为dut(<j, k>)，则有l(i)=vl(k)−dut(<j, k>)，即在保证事件 v_k 的最晚发生时间为vl(k)的前提下，活动 a_i 的最晚开始时间为l(i)。

· **活动 a_i 的松弛时间(时间余量)**：指 a_i 的最晚开始时间与 a_i 的最早开始时间之差l(i)−e(i)。

显然，松弛时间(时间余量)为0的活动为关键活动。

求关键路径的基本步骤如下：

(1) 对图中顶点进行拓扑排序，在排序过程中按拓扑序列求出每个事件的最早发生时间ve(i)。

(2) 按逆拓扑序列求每个事件的最晚发生时间vl(i)。

(3) 求出每个活动 a_i 的最早开始时间e(i)和最晚发生时间l(i)。

(4) 找出e(i)=l(i)的活动 a_i，即为关键活动。

下面首先修改利用上一节的拓扑排序算法，以便同时求出每个事件的最早发生时间ve(i)：

```
int ve[MAX_VERTEX_NUM];     /*每个顶点的最早发生时间*/
int TopoOrder(AdjList G, Stack * T)
/* G为有向网，T为返回拓扑序列的栈，S为存放入度为0的顶点的栈*/
{ int count, i, j, k; ArcNode * p;
  int indegree[MAX_VERTEX_NUM];   /*各顶点入度数组*/
  Stack S;
  InitStack(T); InitStack(&S);   /*初始化栈T, S*/
  FindID(G, indegree);   /*求各个顶点的入度*/
  for(i=0; i<G.vexnum; i++)
      if(indegree[i]==0) Push(&S, i);
  count=0;
  for(i=0; i<G.vexnum; i++)
     ve[i]=0;   /*初始化最早发生时间*/
  while(! IsEmpty(&S))
     {Pop(&S, &j);
      Push(T, j);
      count++;
      p=G.vertex[j].firstarc;
      while(p!=NULL)
         { k=p->adjvex;
```

```
            if(--indegree[k]==0) Push(&S, k);    /* 若顶点的入度减为0，则入栈 */
            if(ve[j]+p->Info.weight>ve[k]) ve[k]=ve[j]+p->Info.weight;
            p=p->nextarc;
          } /* while */
      } /* while */
   if(count<G.vexnum) return(Error);
   else return(Ok);
}
```

【算法 7.12 修改后的拓扑排序算法】

有了每个事件的最早发生时间，就可以求出每个事件的最晚发生时间，进一步可求出每个活动的最早开始时间和最晚开始时间，最后就可以求出关键路径了。

求关键路径的算法实现如下：

```
int CriticalPath(AdjList G)
  { ArcNode *p;
    int i, j, k, dut, ei, li; char tag;
    int vl[MAX_VERTEX_NUM];    /* 每个顶点的最晚发生时间 */
    Stack T;
    if(! TopoOrder(G, &T)) return(Error);
    for(i=0; i<G.vexnum; i++)
       vl[i]=ve[i];    /* 初始化顶点事件的最晚发生时间 */
    while(! IsEmpty(&T))    /* 按逆拓扑顺序求各顶点的vl值 */
       { Pop(&T, &j);
         p=G.vertex[j].firstarc;
         while(p!=NULL)
            { k=p->adjvex; dut=p->weight;
              if(vl[k]-dut<vl[j]) vl[j]= vl[k]-dut;
              p=p->nextarc;
            } /* while */
       } /* while */
    for(j=0; j<G.vexnum; j++)    /* 求ei, li和关键活动 */
       { p=G.vertex[j].firstarc;
         while(p!=NULL)
            { k=p->Adjvex; dut=p->Info.weight;
              ei=ve[j]; li=vl[k]-dut;
              tag=(ei==li)?'*':' ';
              printf("%c, %c, %d, %d, %d, %c\n",
                 G.vertex[j].data, G.vertex[k].data, dut, ei, li, tag); /* 输出关键活动 */
              p=p->nextarc;
            } /* while */
       } /* for */
```

```
    return(Ok);
} /* CriticalPath */
```

【算法 7.13　求关键路径算法】

上述算法的时间复杂度为 O(n+e)。

用该算法求图 7.24 中 AOE－网的关键路径，结果如图 7.25 所示。

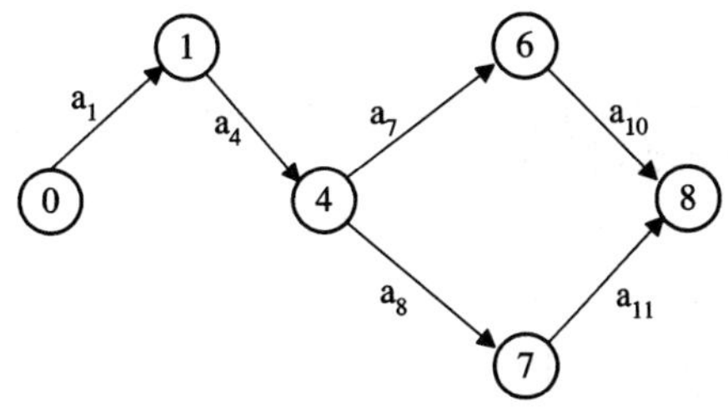

图 7.25　关键路径

例如，对图 7.24 所示的 AOE－网计算关键路径的过程如下：

(1) 计算各顶点的最早开始时间：

ve(0)＝0

ve(1)＝max{ve(0)＋dut(＜0,1＞)}＝6

ve(2)＝max{ve(0)＋dut(＜0,2＞)}＝4

ve(3)＝max{ve(0)＋dut(＜0,3＞)}＝5

ve(4)＝max{ve(1)＋dut(＜1,4＞),ve(2)＋dut(＜2,4＞)}＝7

ve(5)＝max{ve(3)＋dut(＜3,5＞)}＝7

ve(6)＝max{ve(4)＋dut(＜4,6＞)}＝16

ve(7)＝max{ve(4)＋dut(＜4,7＞),ve(5)＋dut(＜5.7＞)}＝14

ve(8)＝max{ve(6)＋dut(＜6,8＞),ve(7)＋dut(＜7,8＞)}＝18

(2) 计算各顶点的最晚开始时间：

vl(8)＝ve(8)＝18

vl(7)＝min{vl(8)－dut(＜7,8＞)}＝14

vl(6)＝min{vl(8)－dut(＜6,8＞)}＝16

vl(5)＝min{vl(7)－dut(＜5,7＞)}＝10

vl(4)＝min{vl(6)－dut(＜4,6＞),vl(7)－dut(＜4,7＞)}＝7

vl(3)＝min{vl(5)－dut(＜3,5＞)}＝8

vl(2)＝min{vl(4)－dut(＜2,4＞)}＝6

vl(1)＝min{vl(4)－dut(＜1,4＞)}＝6

vl(0)＝min{vl(1)－dut(＜0,1＞),vl(2)－dut(＜0,2＞),vl(3)－dut(＜0,3＞)}＝0

(3) 计算各活动的最早开始时间：

$e(a_1)$＝ve(0)＝0

$e(a_2)$＝ve(0)＝0

$e(a_3)=ve(0)=0$

$e(a_4)=ve(1)=6$

$e(a_5)=ve(2)=4$

$e(a_6)=ve(3)=5$

$e(a_7)=ve(4)=7$

$e(a_8)=ve(4)=7$

$e(a_9)=ve(5)=7$

$e(a_{10})=ve(6)=16$

$e(a_{11})=ve(7)=14$

(4) 计算各活动的最晚开始时间：

$l(a_{11})=vl(8)-dut(<7,8>)=14$

$l(a_{10})=vl(8)-dut(<6,8>)=16$

$l(a_9)=vl(7)-dut(<5,7>)=10$

$l(a_8)=vl(7)-dut(<4,7>)=7$

$l(a_7)=vl(6)-dut(<4,6>)=7$

$l(a_6)=vl(5)-dut(<3,5>)=8$

$l(a_5)=vl(4)-dut(<2,4>)=6$

$l(a_4)=vl(4)-dut(<1,4>)=6$

$l(a_3)=vl(3)-dut(<0,3>)=3$

$l(a_2)=vl(2)-dut(<0,2>)=2$

$l(a_1)=vl(1)-dut(<0,1>)=0$

对图 7.24 所示 AOE - 网的计算结果如下：

顶点 i	ve(i)	vl(i)	活动 a_i	e(i)	l(i)	l(i)−e(i)
0	0	0	a_1	0	0	0
1	6	6	a_2	0	2	2
2	4	6	a_3	0	3	3
3	5	8	a_4	6	6	0
4	7	7	a_5	4	6	2
5	7	10	a_6	5	8	3
6	16	16	a_7	7	7	0
7	14	14	a_8	7	7	0
8	18	18	a_9	7	10	3
			a_{10}	16	16	0
			a_{11}	14	14	0

由此可以看出，在图 7.24 中具有两条关键路径：一条是由 a_1、a_4、a_7、a_{10} 组成的关键路径；另一条是由 a_1、a_4、a_8、a_{11} 组成的关键路径。

7.6 最短路径

如果将交通网络画成带权图，图中顶点代表地点，边代表城镇间的路，边权表示路的长度，则经常会遇到如下问题：两给定地点间是否有通路？如果有多条通路，那么哪条通路最短？我们还可以根据实际情况给各个边赋以不同含义的值。例如，对司机来说，里程和速度是他们最感兴趣的信息；而对于旅客来说，可能更关心交通费用；有时，还需要考虑交通图的有向性，如航行时顺水和逆水的情况。带权图中两点间的最短路径是指两点间的路径中边权和最小的路径。

本节主要讨论带权有向图的两种最短路径问题：

(1) 求一顶点到其他顶点的最短路径；

(2) 求任意两顶点间的最短路径。

7.6.1 求某一顶点到其他各顶点的最短路径

设有带权的有向图 D=(V, {E})，D 中的边权为 W(e)。已知源点为 v_0，求 v_0 到其他各顶点的最短路径。例如，在图 7.26 所示的带权有向图中，v_0 为源点，则 v_0 到其他各顶点的最短路径如表 7-3 所示，其中各最短路径按路径长度从小到大的顺序排列。

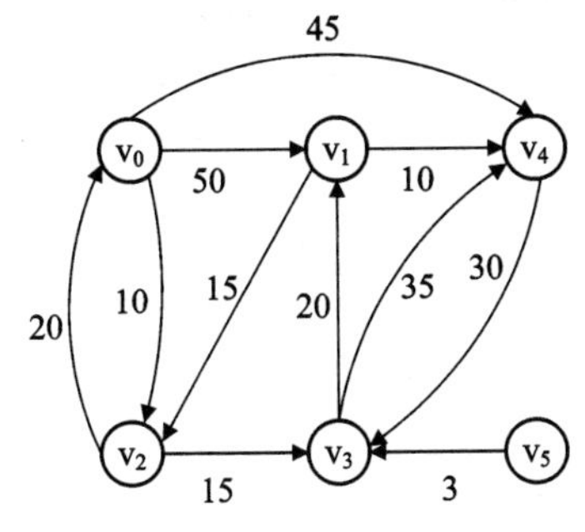

(a) 带权有向图

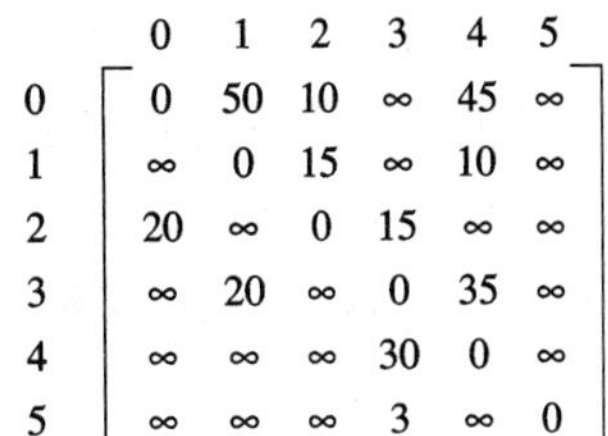

	0	1	2	3	4	5
0	0	50	10	∞	45	∞
1	∞	0	15	∞	10	∞
2	20	∞	0	15	∞	∞
3	∞	20	∞	0	35	∞
4	∞	∞	∞	30	0	∞
5	∞	∞	∞	3	∞	0

(b) 邻接矩阵

图 7.26 一个带权有向图及其邻接矩阵

表 7-3 v_0 到其他顶点的最短路径

源点	终点	最短路径	路径长度
v_0	v_2	v_0，v_2	10
	v_3	v_0，v_2，v_3	25
	v_1	v_0，v_2，v_3，v_1	45
	v_4	v_0，v_4	45
	v_5	—	—

下面介绍由迪杰斯特拉(Dijkstra)提出的一个求最短路径的算法。其基本思想是：按路径长度递增的顺序，逐个产生各最短路径。

首先引进辅助向量 dist[ ]，它的每一个分量 dist[i]表示已经找到的且从开始点 v_0 到每一个终点 v_i 的**当前最短路径**的长度。它的初态为：如果从 v_0 到 v_i 有弧，则 dist[i]为弧的权值；否则 dist[i]为∞。其中，长度为

$$dist[j]=Min\{dist[i] \mid v_i \in V\}$$

的路径是从 v_0 出发的长度最短的一条最短路径，此路径为(v_0，v_j)。

当我们按**长度递增**的顺序来产生各个最短路径时，设 S 为已经求得的最短路径的终点集合。我们可以证明：下一条最短路径或者是弧(v_0，v_x)，或者是中间经过 S 中的某些顶点而后到达 v_x 的路径。

用反证法证明。假设下一条最短路径上有一个顶点 v_y 不在 S 中，即此路径为(v_0，…，v_y，…，v_x)。显然，(v_0，…，v_y)的长度小于(v_0，…，v_y，…，v_x)的长度，故下一条最短路径应为(v_0，…，v_y)，这与假设的下一条最短路径(v_0，…，v_y，…，v_x)相矛盾！因此，下一条最短路径上不可能有不在 S 中的顶点 v_y，即假设不成立。

一般情况下，下一条长度最短的最短路径的长度必是

$$dist[j]=Min\{dist[i] \mid v_i \in V-S\}$$

其中，dist[i]或者是弧(v_0，v_i)上的权值，或者是 dist[k]($v_k \in S$)和弧(v_k，v_i)上的权值之和。我们可以将图中的顶点分为两组：

S——已求出的最短路径的终点集合(开始为{v_0})。

V－S——尚未求出最短路径的顶点集合(开始为 V－{v_0}的全部结点)。

按最短路径长度的递增顺序，逐个将第二组的顶点加入到第一组中。

迪杰斯特拉算法的主要步骤如下：

(1) g 为用邻接矩阵表示的带权图，有

S←{v_0} ，dist[i]= g.arcs[v_0][v_i].adj；

将 v_0 到其余顶点的路径长度初始化为权值。

(2) 选择 v_k，使得

$$dist[v_k]=min(dist[i] \mid v_i \in V-S)$$

v_k 为目前求得的下一条从 v_0 出发的最短路径的终点。

(3) 修改从 v_0 出发到集合 V－S 上任一顶点 v_i 的最短路径的长度。如果

$$dist[k]+ g.arcs[k][i].adj<dist[i]$$

则将 dist[i]修改为

$$dist[k]+ g.arcs[k][i].adj$$

(4) 重复(2)、(3) n－1 次，即可按最短路径长度的递增顺序，逐个求出 v_0 到图中其他每个顶点的最短路径。

求图的最短路径迪杰斯特拉算法描述如下：

```
typedef unsigned int WeightType
typedef WeightType AdjType
typedef SeqList VertexSet;
ShortestPath_DJS(AdjMatrix g, int v0,
                 WeightType dist[MAX_VERTEX_NUM],
                 VertexSet path[MAX_VERTEX_NUM] )
/* path[i]中存放顶点 i 的当前最短路径。dist[i]中存放顶点 i 的当前最短路径长度 */
{ VertexSet s;   /* s 为已找到最短路径的终点集合 */
  for ( i =0; i<g.vexnum ; i++)        /* 初始化 dist[i]和 path [i] */
    { InitList(&path[i]);
      dist[i]=g.arcs[v0][i].adj;
      if ( dist[i]<INFINITY)
        { AddTail(&path[i], g.vexs[v0]);   /* AddTail 为表尾添加操作 */
```

```
            AddTail(&path[i], g.vexs[i]);
          }
        }
    InitList(&s);
    AddTail(&s, g.vexs[v0]);    /* 将v0看成第一个已找到最短路径的终点 */
    for ( t = 1 ; t<=g.vexnum-1; t++)
      /* 求v0到其余n-1个顶点的最短路径(n= g.vexnum ) */
      { min=INFINITY;
        for ( i =0; i<g.vexnum; i++)
          if (! Member(g.vexs[i], s) && dist[i]<min ) {k =i; min=dist[i]; }
          /* 求下一条最短路径 */
        AddTail(&s, g.vexs[k]);
        for ( i =0; i<g.vexnum; i++)    /* 修正dist[i], i∈V-S */
          if (! Member(g.vexs[i], s) && g.arcs[k][i].adj != INFINITY &&
             (dist[k]+ g.arcs [k][i].adj<dist[i]))
            {dist[i]=dist[k]+ g.arcs [k][i].adj;
             path[i]=path[k];
             AddTail(&path[i], g.vexs[i]);    /* path[i]=path[k]∪{Vi} */
            }
      }
}
```

【算法 7.14　求图的最短路径迪杰斯特拉算法】

显然，上述算法的时间复杂度为 $O(n^2)$。

7.6.2　求任意一对顶点间的最短路径

上述方法只能求出源点到其他顶点的最短路径，欲求任意一对顶点间的最短路径，可以用每一顶点作为源点，重复调用迪杰斯特拉算法 n 次，其时间复杂度为 $O(n^3)$。下面介绍一种形式更简洁的弗罗伊德算法，其时间复杂度也是 $O(n^3)$。

1. 弗罗伊德算法的步骤

弗罗伊德算法的基本思想如下：

设图 g 用邻接矩阵法表示，求图 g 中任意一对顶点 v_i、v_j 间的最短路径。

(-1) 将 v_i 到 v_j 的最短的路径长度初始化为 g.arcs[i][j].adj，然后进行如下 n 次比较和修正。

(0)　在 v_i、v_j 间加入顶点 v_0，比较(v_i，v_0，v_j)和(v_i，v_j)的路径的长度，取其中较短的路径作为 v_i 到 v_j 的且中间顶点号不大于 0 的最短路径。

(1)　在 v_i、v_j 间加入顶点 v_1，得(v_i，…，v_1)和(v_1，…，v_j)，其中(v_i，…，v_1)是 v_i 到 v_1 的且中间顶点号不大于 0 的最短路径，(v_1，…，v_j) 是 v_1 到 v_j 的且中间顶点号不大于 0 的最短路径，这两条路径在上一步中已求出。将(v_i，…，v_1，…，v_j)与上一步已求出的且 v_i 到 v_j 中间顶点号不大于 0 的最短路径比较，取其中较短的路径作为 v_i 到 v_j 的且中间顶点号不大于 1 的最短路径。

(2)　在 v_i、v_j 间加入顶点 v_2，得(v_i，…，v_2)和(v_2，…，v_j)，其中(v_i，…，v_2)是 v_i 到

v_2的且中间顶点号不大于 1 的最短路径，(v_2，…，v_j) 是 v_2 到 v_j的且中间顶点号不大于 1 的最短路径，这两条路径在上一步中已求出。将(v_i，…，v_2，…，v_j)与上一步已求出的且 v_i 到 v_j中间顶点号不大于 1 的最短路径比较，取其中较短的路径作为 v_i 到 v_j的且中间顶点号不大于 2 的最短路径。

……

依此类推，经过 n 次比较和修正，在第 n－1 步，将求得 v_i 到 v_j的且中间顶点号不大于 n－1 的最短路径，这必是从 v_i 到 v_j 的最短路径。

图 g 中所有顶点偶对 v_i、v_j 间的最短路径长度对应一个 n 阶方阵 D。在上述 n＋1 步中，D 的值不断变化，对应一个 n 阶方阵序列。

定义：

n 阶方阵序列：D^{-1}，D^0，D^1，D^2，…，D^{N-1}

其中：

$D^{-1}[i][j] = g.arcs[i][j].adj$

$D^k[i][j] = Min\{D^{k-1}[i][j],\ D^{k-1}[i][k] + D^{k-1}[k][j]\}\quad (0 \leqslant k \leqslant n-1)$

显然，D^{N-1}中为所有顶点偶对 v_i、v_j 间的最终最短路径长度。

2. 弗罗伊德算法描述

弗罗伊德算法描述如下：

```
typedef SeqList VertexSet;
ShortestPath_Floyd(AdjMatrix g,
                   WeightType dist [MAX_VERTEX_NUM] [MAX_VERTEX_NUM],
                   VertexSet path[MAX_VERTEX_NUM] [MAX_VERTEX_NUM] )

/* g为带权有向图的邻接矩阵表示法，path [i][j]为 vi 到 vj 的当前最短路径，dist[i][j]为 vi 到 vj 的
   当前最短路径长度 */
{
  for (i=0; i<g.vexnumn; i++)
    for (j =0; j<g.vexnum; j++)
    {     /* 初始化 dist[i][j]和 path[i][j] */
      InitList(&path[i][j]);
      dist[i][j]=g.arcs[i][j].adj;
      if (dist[i][j]<INFINITY)
        {AddTail(&path[i][j], g.vexs[i]);
         AddTail(&path[i][j], g.vexs[j]);
        }
    }
  for (k =0; k<g.vexnum; k++)
    for (i =0; i<g.vexnum; i++)
      for (j=0; j<g.vexnum; j++)
        if (dist[i][k]+dist[k][j]<dist[i][j])
          {
            dist[i][j]=dist[i][k]+dist[k][j];
            path[i][j]=JoinList(path[i][k], path[k][j]);
          }   /* JoinList 为合并线性表操作 */
```

}

【算法 7.15　图的弗罗伊德算法】

利用弗罗伊德算法，可求出图 7.27(a)所示的带权有向图 G6 中的每一对顶点之间的最短路径 P 及其路径长度 D，其结果如图 7.27(c)所示。

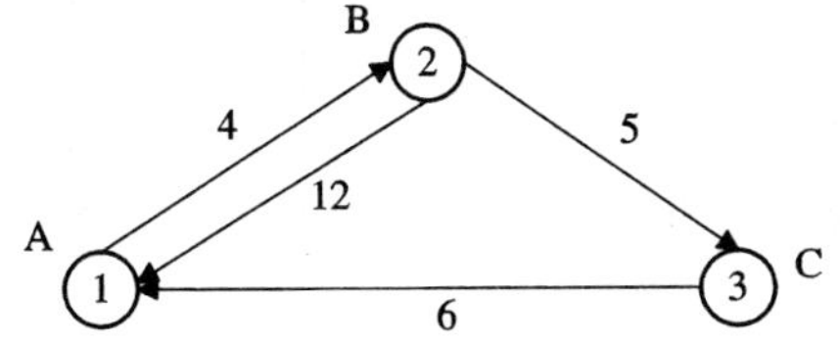

(a) 带权有向图 G6

$$\begin{bmatrix} 0 & 4 & \infty \\ 12 & 0 & 5 \\ 6 & \infty & 0 \end{bmatrix}$$

(b) G6 的邻接矩阵

D	$D^{(-1)}$			$D^{(0)}$			$D^{(1)}$			$D^{(2)}$		
	0	1	2	0	1	2	0	1	2	0	1	2
0	0	4	∞	0	4	∞	0	4	**9**	0	4	9
1	12	0	5	12	0	5	12	0	5	**11**	0	5
2	6	∞	0	6	**10**	0	6	10	0	6	10	0
P	$P^{(-1)}$			$P^{(0)}$			$P^{(1)}$			$P^{(2)}$		
	0	1	2	0	1	2	0	1	2	0	1	2
0		AB			AB			AB	**ABC**		AB	ABC
1	BA		BC	BA		BC	BA		BC	**BCA**		BC
2	CA			CA	**CAB**		CA	CAB		CA	CAB	

(c)　G6 的每一对顶点之间的最短路径 P 及其路径长度 D

图 7.27　应用弗罗伊德算法计算有向图 G6 中每一对顶点之间的最短路径示例

习　　题

第 7 章习题参考答案

7.1　已知如图 7.28 所示的有向图，请给出该图的：

(1) 每个顶点的入度、出度；

(2) 邻接矩阵；

(3) 邻接表；

(4) 逆邻接表；

(5) 十字链表；

(6) 强连通分量。

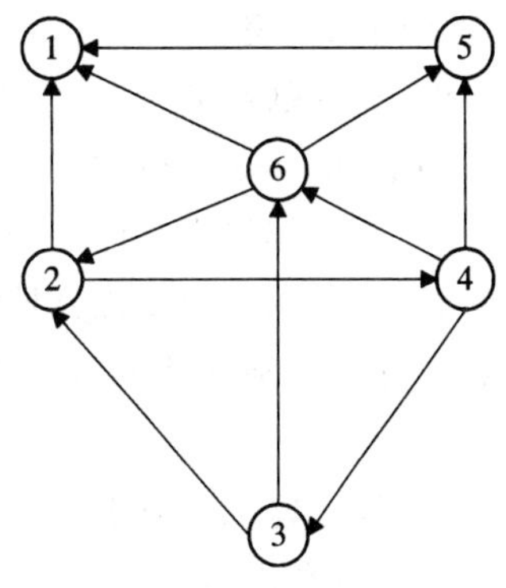

图 7.28　题 7.1 用图

7.2　已知如图 7.29 所示的无向图，请给出该图的：

(1) 邻接多重表。(要求每个边结点中第一个顶点号小于第二个顶点号，且每个顶点的各邻接边的链接顺序为它所邻接到的顶点序号由小到大的顺序。)

(2) 从顶点 1 开始，深度优先遍历该图所得顶点序列和边的序列，以及深度优先搜索树。

(3) 从顶点 1 开始，广度优先遍历该图所得顶点序列和边的序列，以及广度优先搜索树。

7.3 已知如图 7.30 所示的有向网，试利用 Dijkstra 算法求顶点 1 到其余顶点的最短路径，并给出算法执行过程中各步的状态。

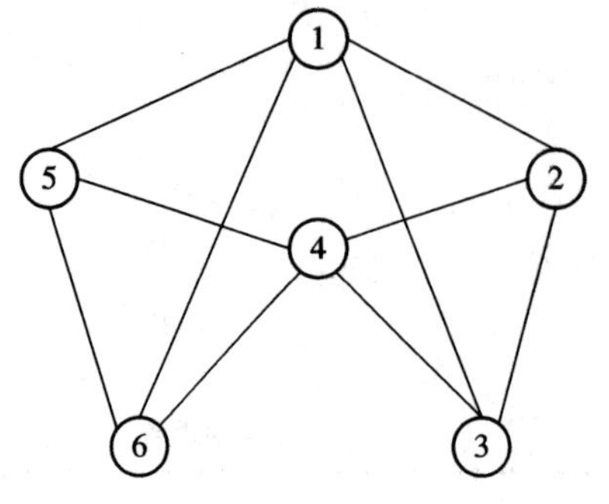

图 7.29 题 7.2 用图

图 7.30 题 7.3 用图

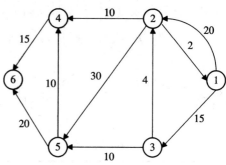

7.4 已知如图 7.31 所示的 AOE－网，试求：

(1) 每个事件的最早发生时间和最晚发生时间；

(2) 每个活动的最早开始时间和最晚开始时间；

(3) 给出关键路径。

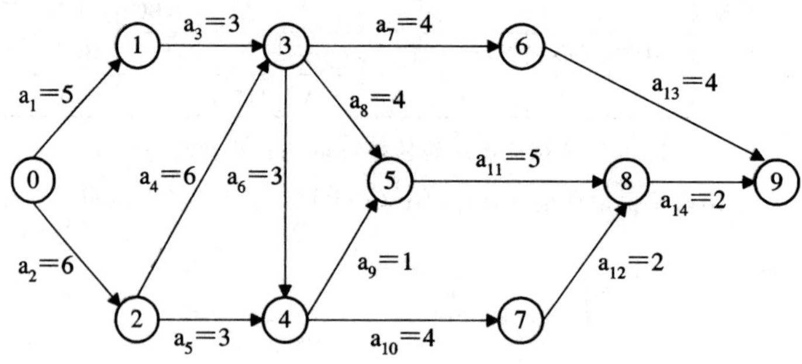

图 7.31 题 7.4 用图

7.5 编写算法，由依次输入的顶点数目、弧的数目、各顶点的信息和各条弧的信息建立有向图的邻接表。

7.6 试在邻接矩阵存储结构上实现图的基本操作：InsertVertex(G, v)，InsertArc(G, v, w)，DeleteVertex(G, v)和 DeleteArc(G, v, w)。

7.7 试用邻接表存储结构重做题 7.6。

7.8 基于图的深度优先搜索策略编写一算法，判别以邻接表方式存储的有向图中，是否存在由顶点 v_i 到顶点 v_j 的路径($i \neq j$)。(注意：算法中涉及的图的基本操作必须在此存储结构上实现。)

7.9 同习题 7.8 要求，基于图的广度优先搜索策略编写一算法。

7.10 试利用栈的基本操作，编写按深度优先策略遍历一个强连通图的非递归形式的算法。算法中不规定具体的存储结构，而将图 Graph 看成是一种抽象数据类型。

7.11　采用邻接表存储结构，编写一个判别无向图中任意给定的两个顶点之间是否存在一条长度为 k 的简单路径(指顶点序列中不含有重现的顶点)的算法。

7.12　图 7.32 是带权的有向图 G 的邻接表表示法。从结点 v_1 出发，深度遍历图 G 所得结点序列为(A)，广度遍历图 G 所得结点序列为(B)；G 的一个拓扑序列是(C)；从结点 v_1 到结点 v_8 的最短路径为(D)；从结点 v_1 到结点 v_8 的关键路径为(E)。

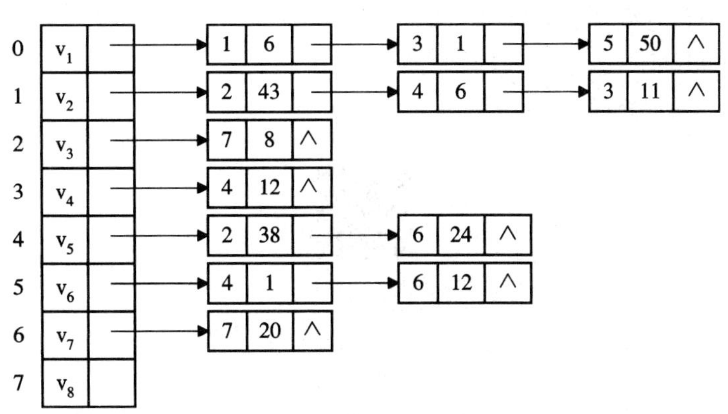

图 7.32　题 7.12 用图

其中 A、B、C 的选择有：

v_1，v_2，v_3，v_4，v_5，v_6，v_7，v_8

v_1，v_2，v_4，v_6，v_5，v_3，v_7，v_8

v_1，v_2，v_4，v_6，v_3，v_5，v_7，v_8

v_1，v_2，v_4，v_6，v_7，v_3，v_5，v_8

v_1，v_2，v_3，v_8，v_4，v_5，v_6，v_7

v_1，v_2，v_3，v_8，v_4，v_5，v_7，v_6

v_1，v_2，v_3，v_8，v_5，v_7，v_4，v_6

D、E 的选择有：

v_1，v_2，v_4，v_5，v_3，v_8

v_1，v_6，v_5，v_3，v_8

v_1，v_6，v_7，v_8

v_1，v_2，v_5，v_7，v_8

7.13　已知一棵以二叉链表作存储结构的二叉树，试编写按层次顺序(同一层自左至右)遍历二叉树的算法。

7.14　将图 7.31 所示的有向网改为无向网，并要求：

(1) 从顶点 9 开始，用普里姆算法给出最小生成树；

(2) 从顶点 9 开始，用克鲁斯卡尔算法给出最小生成树。

7.15　将图 7.31 所示的 AOE－网改为 AOV－网(去掉权值即可)，并给出一个拓扑序列，要求优先输出编号小的顶点。

实　习　题

一、分别用邻接矩阵和邻接表实现图的深度优先遍历和广度优先遍历。

二、校园导游程序。

用无向网表示你所在学校的校园景点平面图，图中顶点表示主要景点，存放景点的编号、名称、简介等信息；图中的边表示景点间的道路，存放路径长度等信息。

要求实现以下功能：

(1) 查询各景点的相关信息。

(2) 查询图中任意两个景点间的最短路径。

(3) 查询图中任意两个景点间的所有路径。

三、编程求解关键路径问题。

第 7 章知识框架

第8章

查　找

在前几章介绍了基本的数据结构，包括线性表、树、图结构，并讨论了这些结构的存储映像，以及定义在其上的相应运算。从本章开始，将介绍数据结构中的重要技术——查找和排序。在非数值运算问题中，数据存储量一般很大，为了在大量信息中找到某些值，就需要用到查找技术，而为了提高查找效率，就需要对一些数据进行排序。查找和排序的数据处理量几乎占到数据总处理量的80%以上，故查找和排序的有效性直接影响到基本算法的有效性，因而查找和排序是重要的基本技术。

8.1　查找的基本概念

在具体介绍查找算法之前，首先说明几个与查找有关的基本概念。

列表：由同一类型的数据元素(或记录)构成的集合，可利用任意数据结构实现。

关键字：数据元素的某个数据项的值，用它可以标识列表中的一个或一组数据元素。如果一个关键字可以唯一标识列表中的一个数据元素，则称其为**主关键字**；否则称为**次关键字**。当数据元素仅有一个数据项时，数据元素的值就是关键字。

查找：根据给定的关键字值，在特定的列表中确定一个其关键字与给定值相同的数据元素，并返回该数据元素在列表中的位置。若找到相应的数据元素，则称查找是成功的；否则称查找是失败的，此时应返回空地址及失败信息，并可根据要求插入这个不存在的数据元素。显然，查找算法中涉及三类参量：① **查找对象** K(找什么)；② **查找范围** L(在哪找)；③ K 在 L 中的位置(**查找的结果**)。其中①、②为输入参量，③为输出参量，在函数中，输入参量必不可少，输出参量也可用函数返回值表示。

平均查找长度：为确定数据元素在列表中的位置，需和给定值进行比较的关键字个数的期望值，称为查找算法在查找成功时的平均查找长度。对于长度为 n 的列表，查找成功时的平均查找长度为

$$ASL = P_1C_1 + P_2C_2 + \cdots + P_nC_n = \sum_{i=1}^{n} P_iC_i$$

其中，P_i 为查找列表中第 i 个数据元素的概率；C_i 为找到列表中第 i 个数据元素时，已经进行过的关键字比较次数。由于查找算法的基本运算是关键字之间的比较操作，因此可用平

均查找长度来衡量查找算法的性能。

查找的基本方法可以分为两大类：**比较式查找法**和**计算式查找法**。其中**比较式查找法**又可以分为**基于线性表的查找法**和**基于树的查找法**；而**计算式查找法**也称为 **HASH**(哈希)法。下面分别介绍。

8.2 基于线性表的查找法

基于线性表的查找法具体可分为**顺序查找法**、**折半查找法**以及**分块查找法**。

8.2.1 顺序查找法

顺序查找法的特点是，用所给关键字与线性表中各元素的关键字逐个比较，直到成功或失败。顺序查找法的存储结构通常为顺序结构，也可为链式结构。下面给出顺序结构有关的数据类型的定义：

```
#define LIST_SIZE 20
typedef struct {
    KeyType key;
    OtherType other_data;
  } RecordType;
typedef struct {
    RecordType r[LIST_SIZE+1];    /* r[0]为工作单元 */
    int length;
  } RecordList;
```

基于顺序结构的算法如下：

```
int SeqSearch(RecordList l, KeyType k)
/*在顺序表l中顺序查找其关键字等于k的元素，若找到，则函数值为该元素在表中的位置；否则
  为0*/
{
  l.r[0].key=k; i=l.length;
  while (l.r[i].key!=k) i--;
  return(i);
}
```

【算法 8.1 设置监视哨的顺序查找法】

上述算法中，l.r[0] 称为监视哨，可以起到防止越界的作用。不用监视哨的算法如下：

```
int SeqSearch(RecordList l, KeyType k)
/*不用监视哨法，在顺序表中查找关键字等于k的元素*/
{
  i=l.length;
  while (i>=1&&l.r[i].key!=k) i--;
  if (i>=1) return(i)
  else return (0);
```

}

【算法 8.2 不设置监视哨的顺序查找法】

上述算法中，循环条件 i>=1 判断查找是否越界。利用监视哨可省去这个条件，从而提高查找效率。

顺序查找的查找不成功 ASL

下面用平均查找长度来分析一下顺序查找算法的性能。假设列表长度为 n，那么查找第 i 个数据元素时需进行 n－i＋1 次比较，即 $C_i = n - i + 1$。又假设查找每个数据元素的概率相等，即 $P_i = 1/n$，则顺序查找算法的平均查找长度为

$$ASL = \sum_{i=1}^{n} P_i C_i = \frac{1}{n}\sum_{i=1}^{n} C_i = \frac{1}{n}\sum_{i=1}^{n}(n-i+1) = \frac{1}{2}(n+1)$$

8.2.2 折半查找法

折半查找法又称为二分法查找法，这种方法要求待查找的列表必须是按关键字大小有序排列的顺序表。其基本过程是：将表中间位置记录的关键字与查找关键字比较，如果两者相等，则查找成功。否则利用中间位置记录将表分成前、后两个子表，如果中间位置记录的关键字大于查找关键字，则进一步查找前一子表；否则进一步查找后一子表。重复以上过程，直到找到满足条件的记录，使查找成功；或直到子表不存在为止，此时查找不成功。图 8.1 给出了用折半查找法查找 12、50 的具体过程，其中 mid=(low+high)/2，当 high<

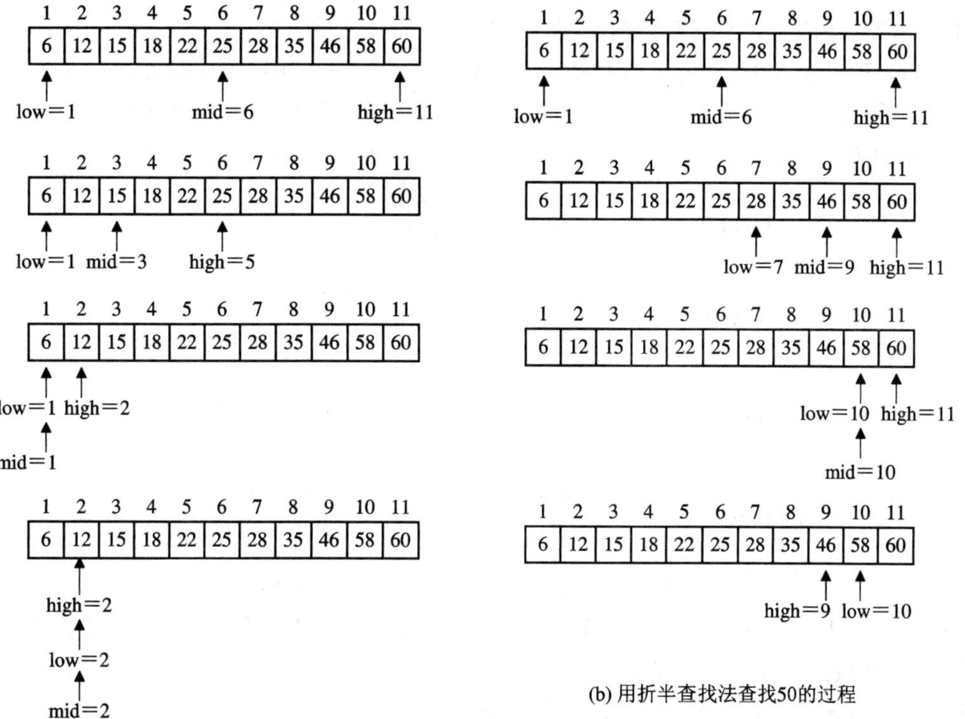

图 8.1 折半查找法示意图

low 时，表示不存在这样的子表空间，查找失败。

折半查找法的算法如下：

```
int BinSrch (SqList l, KeyType k)
/* 在有序表 l 中折半查找其关键字等于 k 的元素，若找到，则函数值为该元素在表中的位置 */
{
   low=1 ; high=l.length; /* 置区间初值 */
   while ( low<=high)
     {
        mid=(low+high) / 2;
        if (k==l.r[mid]. key) return(mid);    /* 找到待查元素 */
        else if (k<l.r[mid]. key) high=mid-1;    /* 未找到，则继续在前半区间进行查找 */
           else low=mid+1;    /* 继续在后半区间进行查找 */
     }
   return (0);
}
```

【算法 8.3　折半查找法】

折半查找补充

下面用平均查找长度来分析折半查找算法的性能。折半查找过程可用一个称为判定树的二叉树描述，判定树中每一结点对应表中一个记录，但结点值不是记录的关键字，而是记录在表中的位置序号。根结点对应当前区间的中间记录，左子树对应前一子表，右子树对应后一子表。

例如，对上述含 11 个记录的有序表，其折半查找过程可用图 8.2 所示的二叉判定树表示。二叉树结点内的数值表示有序表中记录的序号，如二叉树的根结点表示第一次折半查找时找到的第 6 个记录。

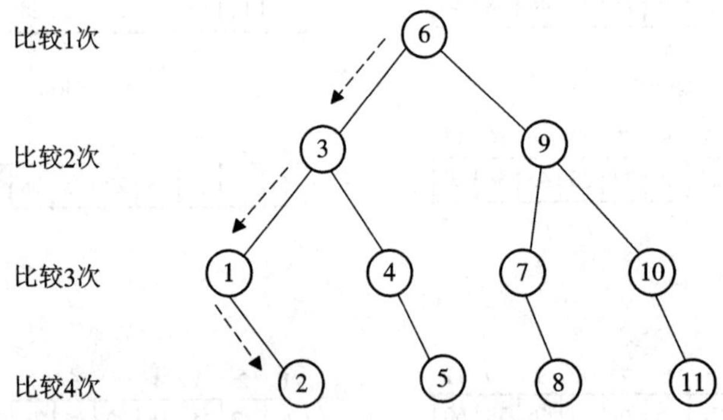

图 8.2　折半查找过程的二叉判定树示例

在图 8.2 中，虚线表示查找关键字等于 12 的记录的过程，虚线经过的结点正是查找过程中和 12 比较过的记录，包括第 6、第 3、第 1 和第 2 个记录，需要的比较次数为 4，这是因为关键字等于 12 的记录在判定树上位于第 4 层。

因此，记录在判定树上的“层次”恰为找到此记录时所需进行的比较次数。假设每个记录的查找概率相同，则从图 8.2 所示判定树可知，对任意长度为 11 的有序表进行折半查找

的平均查找长度为

$$ASL=(1+2+2+3+3+3+3+4+4+4+4)/11=33/11=3$$

显然，找到有序表中任一记录的过程，对应判定树中从根结点到与该记录相应的结点的路径，而所做比较的次数恰为该结点在判定树上的层次数。因此，当折半查找成功时，关键字比较次数最多不超过判定树的深度。由于判定树的叶子结点所在层次之差最多为1，故n个结点的判定树的深度与n个结点的完全二叉树的深度相等，均为$\lfloor \log_2 n \rfloor+1$。这样，当折半查找成功时，关键字比较次数最多不超过$\lfloor \log_2 n \rfloor+1$。相应地，折半查找失败时的过程对应判定树中从根结点到某个含空指针的结点的路径，因此，当折半查找成功时，关键字比较次数最多也不超过判定树的深度$\lfloor \log_2 n \rfloor+1$。为便于讨论，假定表的长度$n=2^h-1$，则相应判定树必为深度是h的满二叉树，$h=\log_2(n+1)$。又假设每个记录的查找概率相等，则折半查找成功时的平均查找长度为

$$ASL_{bs}=\sum_{i=1}^{n}P_iC_i=\frac{1}{n}\sum_{j=1}^{n}j\times 2^{j-1}=\frac{n+1}{n}\log_2(n+1)-1$$

折半查找法的优点是比较次数少，查找速度快，平均性能好；其缺点是要求待查表为有序表，且插入、删除操作困难。因此，折半查找法适用于不经常变动而查找频繁的有序列表。

8.2.3 分块查找法

分块查找法要求将列表组织成以下索引顺序结构：

· 首先将列表分成若干个块(子表)。一般情况下，块的长度均匀，最后一块可以不满。每块中元素任意排列，即块内无序，但块与块之间有序。

· 构造一个索引表。其中每个索引项对应一个块并记录每块的起始位置，以及每块中的最大关键字(或最小关键字)。索引表按关键字有序排列。

分块查找的几点说明

图 8.3 所示为一个索引顺序表。其中包括三个块，第一个块的起始地址为 0，块内最大关键字为 25；第二个块的起始地址为 5，块内最大关键字为 58；第三个块的起始地址为 10，块内最大关键字为 88。

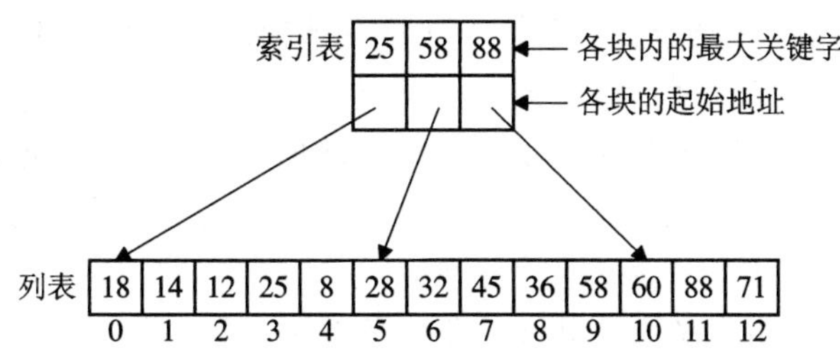

图 8.3 分块查找法示意图

分块查找法的基本过程如下：

(1) 首先，将待查关键字 K 与索引表中的关键字进行比较，以确定待查记录所在的块。具体的可用顺序查找法或折半查找法进行。

(2) 进一步用顺序查找法，在相应块内查找关键字为 K 的元素。

例如，在上述索引顺序表中查找 36。首先，将 36 与索引表中的关键字进行比较，因为 25<36≤58，所以 36 在第二个块中；进一步在第二个块中顺序查找，最后在 8 号单元中找

到 36。

分块查找的平均查找长度(ASL_{bs})由两部分构成，即查找索引表时的平均查找长度(L_B)，以及在相应块内进行顺序查找的平均查找长度(L_W)。有

$$ASL_{bs} = L_B + L_W$$

假定将长度为 n 的表分成 b 块，且每块含 s 个元素，则 b=n/s。又假定表中每个元素的查找概率相等，则每个索引项的查找概率为 1/b，块中每个元素的查找概率为 1/s。若用顺序查找法确定待查元素所在的块，则有

$$L_B = \frac{1}{b}\sum_{j=1}^{b} j = \frac{b+1}{2},\ L_W = \frac{1}{s}\sum_{i=1}^{s} i = \frac{s+1}{2}$$

$$ASL_{bs} = L_B + L_W = \frac{b+s}{2} + 1$$

将 $b=\frac{n}{s}$ 代入，得

$$ASL_{bs} = \frac{1}{2}\left(\frac{n}{s} + s\right) + 1$$

若用折半查找法确定待查元素所在的块，则有

$$L_B = \log_2(b+1) - 1$$

$$ASL_{bs} = \log_2(b+1) - 1 + \frac{s+1}{2} \approx \log_2\left(\frac{n}{s} + 1\right) + \frac{s}{2}$$

8.3 基于树的查找法

基于树的查找法又称为**树表查找法**，是将待查表组织成特定树的形式并在树结构上实现查找的方法。它主要包括**二叉排序树、平衡二叉排序树**和 **B_- 树**等。

8.3.1 二叉排序树

二叉排序树又称为二叉查找树，它是一种特殊结构的二叉树，其定义为：二叉树排序树或者是一棵空树，或者是具有如下性质的二叉树：

(1) 若它的左子树非空，则左子树上所有结点的值均小于根结点的值；

(2) 若它的右子树非空，则右子树上所有结点的值均大于根结点的值；

(3) 它的左、右子树也分别为二叉排序树。

这是一个递归定义。由定义可以得出二叉排序树的一个重要性质：中序遍历一个二叉排序树时可以得到一个递增有序序列。图 8.4 所示的二叉树就是一棵二叉排序树，若中序遍历图 8.4(a)所示的二叉排序树，则可得到一个递增有序序列为(1，2，3，4，5，6，7，8，9)。

在下面讨论的二叉排序树的操作中，使用二叉链表作为存储结构，其结点结构说明如下：

```
typedef struct node
{ KeyType key ;   /* 关键字的值 */
 struct node * lchild, * rchild;   /* 左、右指针 */
}BSTNode, * BSTree;
```

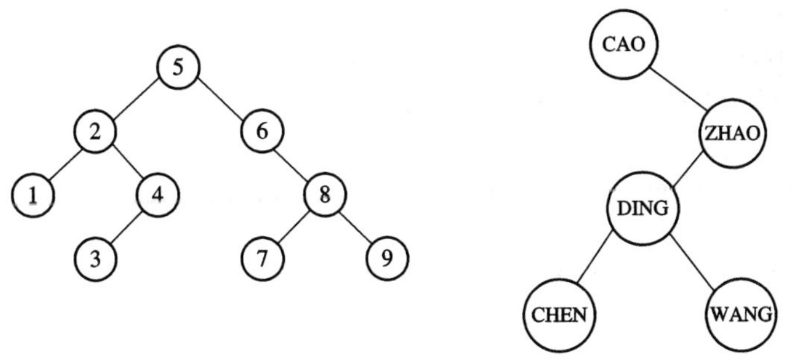

(a) 二叉排序树示例 1　　(b) 二叉排序树示例 2 (根据字符ASCII码的大小)

图 8.4　二叉排序树

1. 二叉排序树的插入和生成

已知一个关键字值为 key 的结点 s，若将其插入到二叉排序树中，只要保证插入操作后仍符合二叉排序树的定义即可。二叉排序树的插入可以用下面的方法进行：① 若二叉排序树是空树，则 key 成为二叉排序树的根；② 若二叉排序树非空，则将 key 与二叉排序树的根进行比较，如果 key 的值等于根结点的值，则停止插入；如果 key 的值小于根结点的值，则将 key 插入左子树；如果 key 的值大于根结点的值，则将 key 插入右子树。相应的递归算法如下：

```
void InsertBST(BSTree *bst, KeyType key)
/*若在二叉排序树中不存在关键字等于 key 的元素，插入该元素 */
{ BSTree s;
   if (*bst==NULL)  /*递归结束条件*/
    {
       s=(BSTree)malloc(sizeof(BSTNode));   /*申请新的结点 s*/
       s-> key=key;
       s->lchild=NULL; s->rchild=NULL;
        *bst=s;
    }
   else if (key < (*bst)->key)
     InsertBST(&((*bst)->lchild), key);   /*将 s 插入左子树*/
   else if (key > (*bst)->key)
     InsertBST(&((*bst)->rchild), key); /*将 s 插入右子树*/
}
```

【算法 8.4　二叉排序树的插入】

可以看出，二叉排序树的插入，即构造一个叶子结点，将其插入到二叉排序树的合适位置，以保证二叉排序树性质不变。插入操作时不需要移动元素。

假若给定一个元素序列，我们可以利用上述算法创建一棵二叉排序树。首先，将二叉排序树初始化为一棵空树，然后逐个读入元素，每读入一个元素，就建立一个新的结点并插入到当前已生成的二叉排序树中，即调用上述二叉排序树的插入算法将新结点插入。创建二叉排序树的算法如下：

```
void CreateBST(BSTree *bst)
/*从键盘输入元素的值，创建相应的二叉排序树*/
{ KeyType key;
   *bst=NULL;
  scanf("%d", &key);
  while (key!=ENDKEY)  /* ENDKEY为自定义常数 */
   {
      InsertBST(bst, key);
      scanf("%d", &key);
   }
}
```

【算法 8.5　创建二叉排序树】

例如，设关键字的输入顺序为 45、24、53、12、28、90，按上述算法生成的二叉排序树的过程如图 8.5 所示。

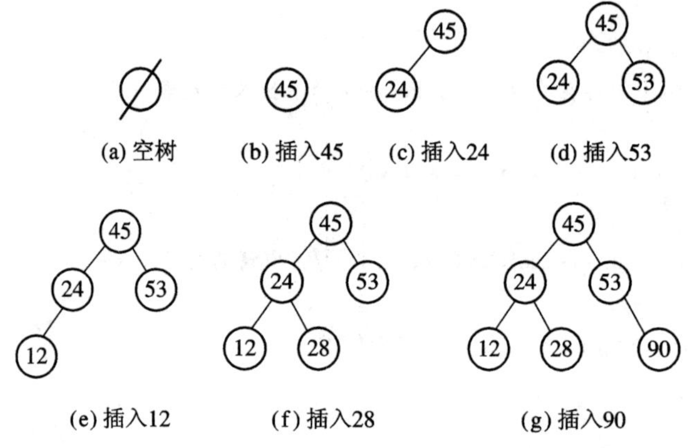

图 8.5　二叉排序树的建立过程

对同样一些元素值，如果输入顺序不同，所创建的二叉树形态也不同。如果上面的例子中的关键字的输入顺序为 24、53、90、12、28、45，则生成的二叉排序树如图 8.6 所示。

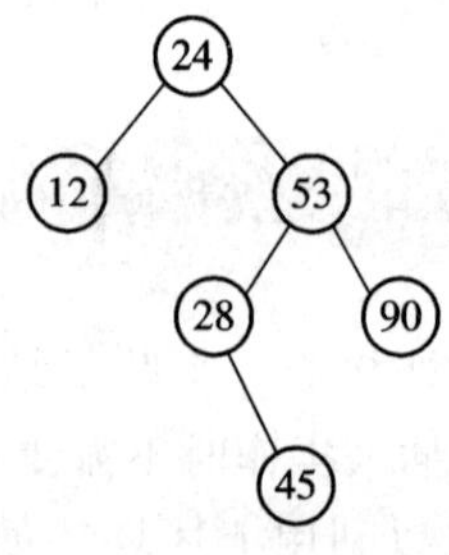

图 8.6　输入顺序不同所建立的不同二叉排序树

2. 二叉排序树的删除

从二叉排序树中删除一个结点，不能把以该结点为根的子树都删去，只能删掉该结点，并且还应保证删除后所得的二叉树仍然满足二叉排序树的性质不变。也就是说，在二叉排序树中删除一个结点相当于删除有序序列中的一个结点。

删除操作前首先要进行查找，以确定被删除结点是否在二叉排序树中，若不在，则不做任何操作；否则，假设要删除的结点为 p，结点 p 的双亲结点为 f，并假设结点 p 是结点 f 的左孩子(右孩子的情况类似)。下面分三种情况讨论：

(1) 若 p 为叶子结点，则可直接将其删除：f－＞lchild＝NULL；free(p)；

(2) 若 p 结点只有左子树，或只有右子树，则可将 p 的左子树或右子树直接改为其双亲结点 f 的左子树，即 f－＞lchild＝p－＞lchild(或 f－＞lchild＝p－＞rchild)；free(p)；

(3) 若 p 既有左子树，又有右子树，如图 8.7(a)所示。此时有两种处理方法：

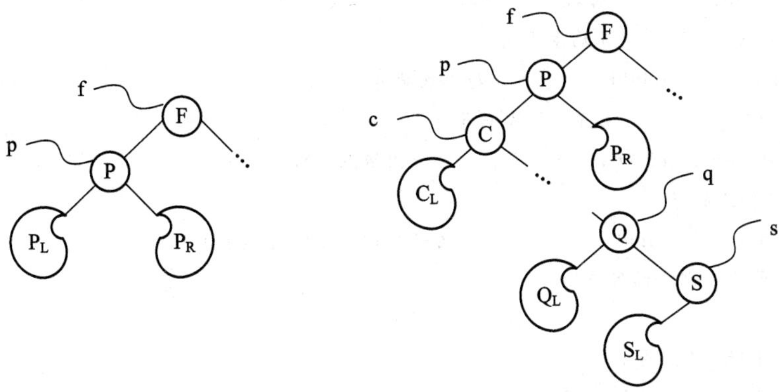

(a) P 的左、右子树均不空　　(b) S 为 P 的直接前驱

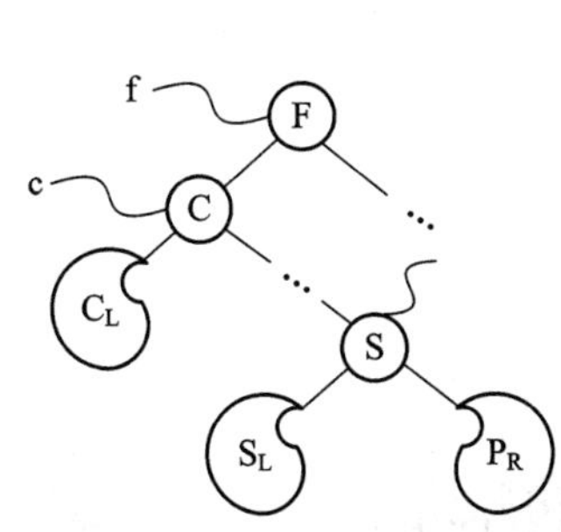

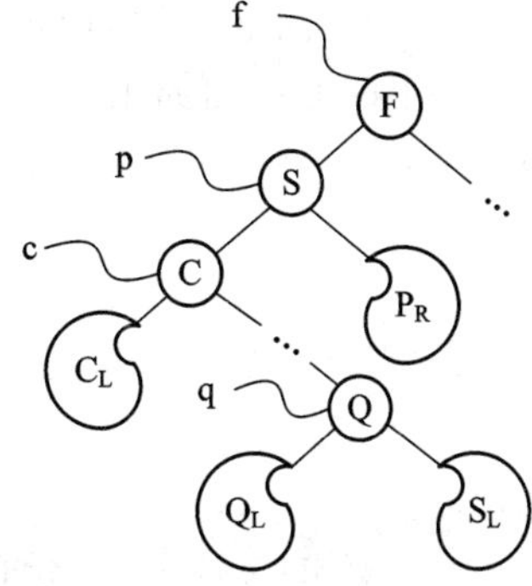

(c) 将 P 的左子树改为 F 的左子树，将 P 的右子树改为 S 的右子树

(d) 将原 P 结点的值改为 S 结点的值，删除原 S 结点并将原 S 的左子树改为 Q 的右子树

图 8.7　二叉排序树删除示意

方法 1：首先找到 p 结点在中序序列中的直接前驱 s 结点，如图 8.7(b)所示，然后将 p 的左子树改为 f 的左子树，而将 p 的右子树改为 s 的右子树：f－＞lchild＝p－＞lchild；s－＞rchild＝ p－＞rchild；free(p)；结果如图 8.7(c)所示。

方法 2：首先找到 p 结点在中序序列中的直接前驱 s 结点，如图 8.7(b)所示，然后用 s

结点的值替代 p 结点的值，再将 s 结点删除，原 s 结点的左子树改为 s 的双亲结点 q 的右子树：p－>data＝s－>data；q－>rchild＝ s－>lchild；free(s)；结果如图 8.7(d)所示。

采用方法 2 实现在二叉排序树中删除一个结点的算法如下：

```
BSTNode * DelBST(BSTree t, KeyType k)   /* 在二叉排序树 t 中删除关键字为 k 的结点 */
{ BSTNode *p, *f, *s , *q;
  p=t; f=NULL;
  while(p)  /* 查找关键字为 k 的待删除结点 p */
  { if(p->key==k ) break;   /* 找到，则跳出查找循环 */
    f=p;   /* f 指向 p 结点的双亲结点 */
    if(p->key>k) p=p->lchild;
    else p=p->rchild;
  }
  if(p==NULL) return t;   /* 若找不到，返回原来的二叉排序树 */
  if(p->lchild==NULL)  /* p 无左子树 */
  {if(f==NULL) t=p->rchild;   /* p 是原二叉排序树的根 */
    else if(f->lchild==p)  /* p 是 f 的左孩子 */
        f->lchild=p->rchild ;   /* 将 p 的右子树链到 f 的左链上 */
    else   /* p 是 f 的右孩子 */
        f->rchild=p->rchild ;   /* 将 p 的右子树链到 f 的右链上 */
    free(p);   /* 释放被删除的结点 p */
  }
  else   /* p 有左子树 */
  { q=p; s=p->lchild;
    while(s->rchild)  /* 在 p 的左子树中查找最右下结点 */
    {q=s; s=s->rchild; }
    if(q==p) q->lchild=s->lchild ;   /* 将 s 的左子树链到 q 上 */
    else q->rchild=s->lchild;
    p->key=s->key;   /* 将 s 的值赋给 p */
    free(s);
  }
  return t;
} /* DelBST */
```

【算法 8.6　在二叉排序树中删除结点】

3. 二叉排序树的查找

因为二叉排序树可看作一个有序表，所以在二叉排序树上进行查找的方法与折半查找法类似，也是一个逐步缩小查找范围的过程。根据二叉排序树的特点，首先将待查关键字 k 与根结点关键字 t 进行比较，如果：

(1) k＝t，则返回根结点地址；

(2) k＜t，则进一步查左子树；

（3）k>t，则进一步查右子树。

显然，这是一个递归过程，可用如下递归算法实现：

```
BSTree SearchBST(BSTree bst, KeyType key)
/* 在根指针 bst 所指二叉排序树中，递归查找某关键字等于 key 的元素，若查找成功，则返回指向该
   元素结点指针；否则返回空指针 */
{
   if (! bst) return NULL;
   else if (bst-> key==key) return bst;    /* 查找成功 */
   else
    if (key < bst-> key)
       return SearchBST(bst->lchild, key);    /* 在左子树中继续查找 */
    else
       return SearchBST(bst->rchild, key);    /* 在右子树中继续查找 */
}
```

【算法 8.7　二叉排序树查找的递归算法】

根据二叉排序树的定义，二叉排序树查找的递归算法可以用循环方式直接实现。二叉排序树查找的非递归算法如下：

```
BSTree SearchBST(BSTree bst, KeyType key)
/* 在根指针 bst 所指二叉排序树 bst 上，查找关键字等于 key 的结点，若查找成功，则返回指向该元
   素结点指针；否则返回空指针 */
{  BSTree q;
   q=bst;
   while(q)
    {if (q->key==key) return q;    /* 查找成功 */
     if (key < q->key) q=q->lchild;    /* 在左子树中查找 */
     else q=q->rchild;    /* 在右子树中查找 */
    }
   return NULL;    /* 查找失败 */
}/* SearchBST */
```

【算法 8.8　二叉排序树查找的非递归算法】

4. 二叉排序树的查找性能

显然，在二叉排序树上进行查找，若查找成功，则是从根结点出发走了一条从根结点到待查结点的路径。若查找不成功，则是从根结点出发走了一条从根到某个叶子结点的路径。因此二叉排序树的查找方法与折半查找法的过程类似，在二叉排序树中查找一个记录时，其比较次数不超过树的深度。但是，对长度为 n 的表而言，无论其排列顺序如何，折半查找时对应的判定树是唯一的，而含有 n 个结点的二叉排序树却是不唯一的，所以对于含有同样关键字序列的一组结点，结点插入的先后次序不同，所构成的二叉排序树的形态和

深度也不同。而二叉排序树的平均查找长度 ASL 与二叉排序树的形态有关，二叉排序树的各分支越均衡，树的深度越浅，其平均查找长度 ASL 越小。例如，图 8.8 为两棵二叉排序树，它们对应同一元素集合，但排列顺序不同，分别是{45，24，53，12，37，93}和{12，24，37，45，53，93}。假设每个元素的查找概率相等，则它们的平均查找长度分别为

$$ASL = (1+2+2+3+3+3)/6 = 14/6$$

$$ASL = (1+2+3+4+5+6)/6 = 21/6$$

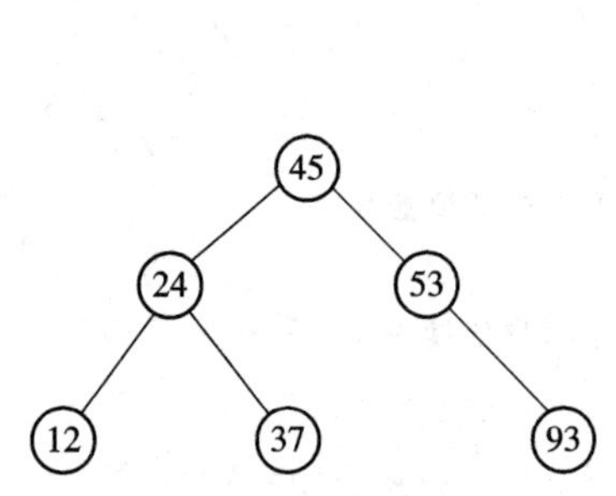

(a) 输入关键字序列为{45,24,53,12,37,93}时的二叉排序树

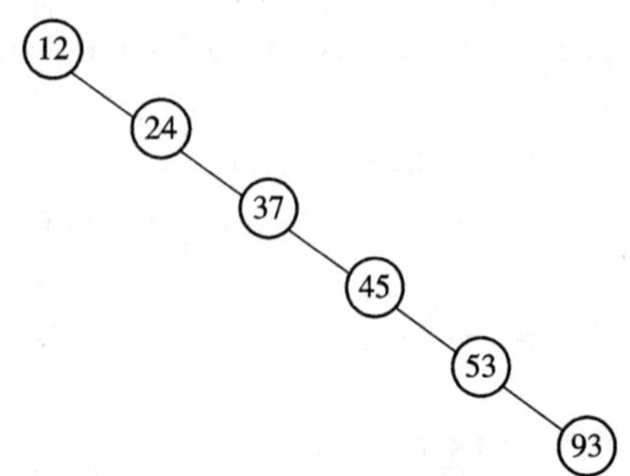

(b) 输入关键字序列为{12,24,37,45,53,93}时的单支二叉排序树

图 8.8　二叉排序树的不同形态

由此可见，在二叉排序树上进行查找时的平均查找长度和二叉排序树的形态有关。在最坏情况下，二叉排序树是通过把一个有序表的 n 个结点依次插入生成的，由此得到二叉排序树蜕化为一棵深度为 n 的单支树，它的平均查找长度和单链表上的顺序查找相同，也是(n+1)/2。在最好情况下，二叉排序树在生成过程中，树的形态比较均匀，最终得到的是一棵形态与二分查找的判定树相似的二叉排序树，此时它的平均查找长度大约是 $\log_2 n$。若考虑把 n 个结点按各种可能的次序插入到二叉排序树中，则有 n！棵二叉排序树(其中有的形态相同)，可以证明，对这些二叉排序树的查找长度进行平均，得到的平均查找长度仍然是 $O(\log_2 n)$。

基于二叉排序树查找的补充资料

就平均性能而言，二叉排序树上的查找方法和折半查找法相差不大，并且在二叉排序树上的插入和删除结点十分方便，无须移动大量结点。因此，对于需要经常做插入、删除、查找运算的表，宜采用二叉排序树结构。由此，人们也常常将二叉排序树称为二叉查找树。

8.3.2　平衡二叉排序树

平衡二叉排序树又称为 AV 树。一棵平衡二叉排序树或者是空树，或者是具有下列性质的二叉排序树：① 左子树与右子树的高度之差的绝对值小于等于 1；② 左子树和右子树也是平衡二叉排序树。引入平衡二叉排序树的目的是为了提高查找效率，其平均查找长度为 $O(\log_2 n)$。在下面的描述中，需要用到结点的**平衡因子**(Balance Factor)这一概念，其定义为结点的左子树深度与右子树深度之差。显然，对一棵平衡二叉排序树而言，其所有结点的平衡因子只能是－1、0，或 1。当我们在一个平衡二叉排序树上插入一个结点时，有可能导致失衡，即出现绝对值大于 1 的平衡因子，如 2、－2 等。图 8.9 中给出了一棵平衡二叉排序树和一棵失去平衡的二叉排序树。

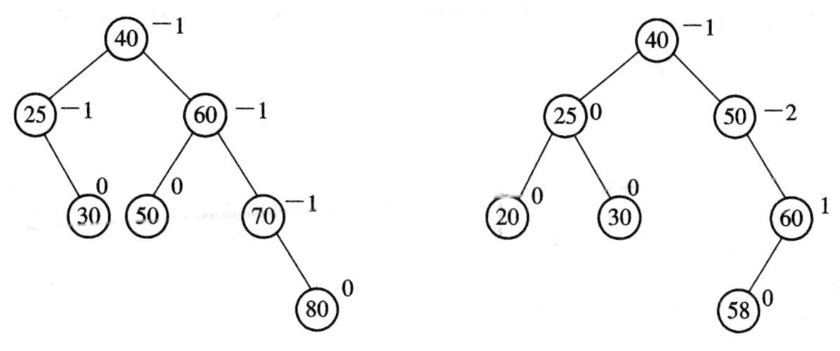

图 8.9 平衡与不平衡的二叉排序树

下面通过几个实例，直观说明二叉排序数的失衡情况以及相应的调整方法。

例 8－1 已知一棵平衡二叉排序树如图 8.10(a)所示。在 A 的左子树的左子树上插入 15 后，导致失衡，如图 8.10(b)所示。为恢复平衡并保持二叉排序树的特性，可将 A 改为 B 的右子，B 原来的右子改为 A 的左子，如图 8.10(c)所示。这相当于以 B 为轴，对 A 做了一次顺时针旋转。

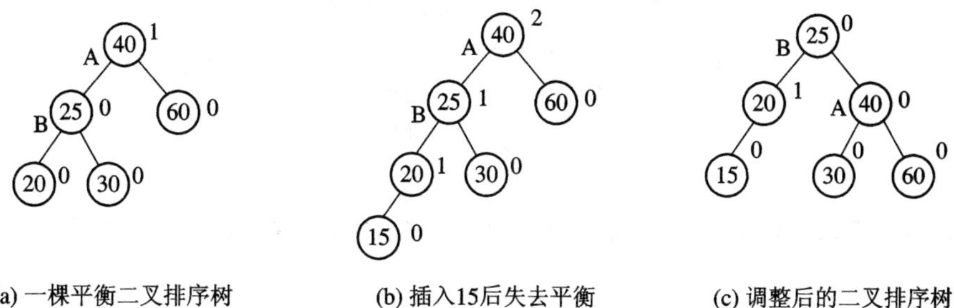

(a) 一棵平衡二叉排序树
(b) 插入15后失去平衡
(c) 调整后的二叉排序树

图 8.10 不平衡二叉排序树的调整(1)

例 8－2 已知一棵平衡二叉排序树如图 8.11(a)所示。在 A 的右子树 B 的右子树上插入 70 后，导致失衡，如图 8.11(b)所示。为恢复平衡并保持二叉排序树的特性，可将 A 改为 B 的左子，B 原来的左子改为 A 的右子，如图 8.11(c)所示。这相当于以 B 为轴，对 A 做了一次逆时针旋转。

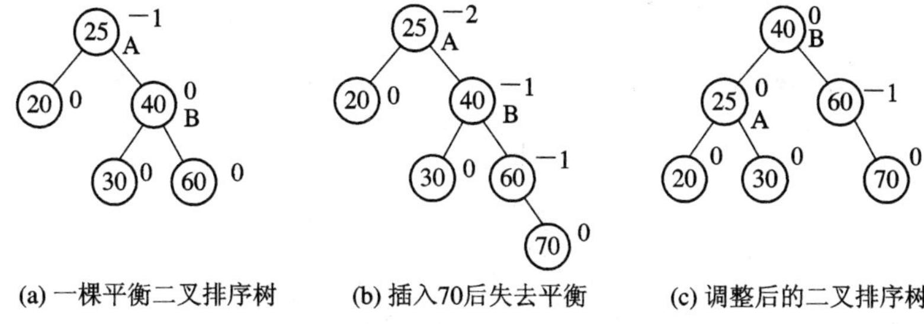

(a) 一棵平衡二叉排序树
(b) 插入70后失去平衡
(c) 调整后的二叉排序树

图 8.11 不平衡二叉排序树的调整(2)

例 8－3 已知一棵平衡二叉排序树如图 8.12(a)所示。在 A 的左子树 B 的右子树上插入 45 后，导致失衡，如图 8.12(b)所示。为恢复平衡并保持二叉排序树的特性，可首先将 B 改为 C 的左子，而 C 原来的左子改为 B 的右子；然后将 A 改为 C 的右子，C 原来的右子改为 A 的左子，如图 8.12(c)所示。这相当于对 B 做了一次逆时针旋转，对 A 做了一次顺时针旋转。

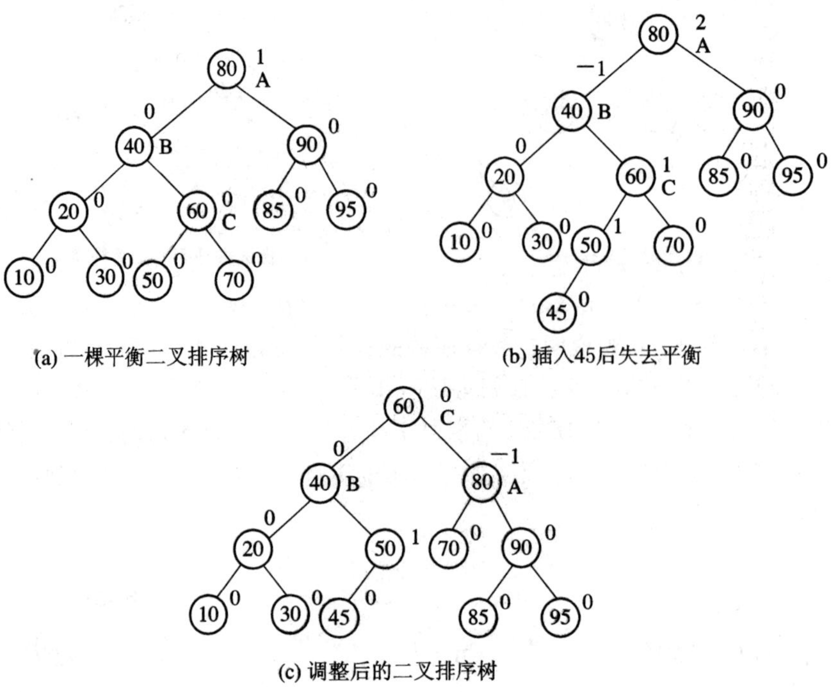

图 8.12　不平衡二叉树的调整(3)

例 8-4　已知一棵平衡二叉排序树如图 8.13(a)所示。在 A 的右子树的左子树上插入

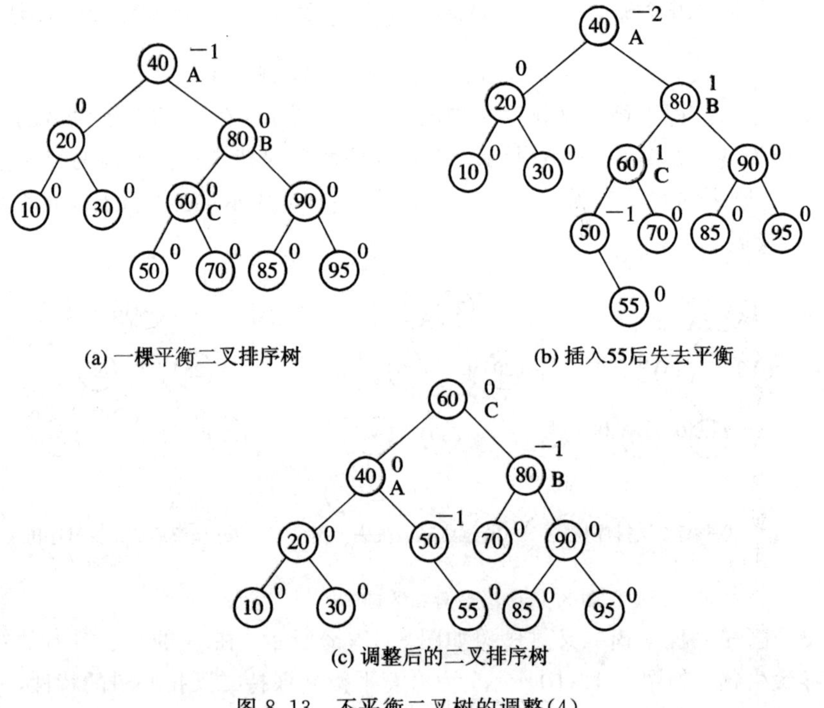

图 8.13　不平衡二叉树的调整(4)

55 后，导致失衡，如图 8.13(b)所示。为恢复平衡并保持二叉排序树的特性，可首先将 B 改为 C 的右子，而 C 原来的右子改为 B 的左子；然后将 A 改为 C 的左子，C 原来的左子改为 A 的右子，如图 8.13(c)所示。这相当于对 B 做了一次顺时针旋转，对 A 做了一次逆时针旋转。

一般情况下，只有新插入结点的祖先结点的平衡因子受影响，即以这些祖先结点为根的子树有可能失衡。下层的祖先结点恢复平衡，将使上层的祖先结点恢复平衡，因此应该调整最下面的失衡子树。因为平衡因子为 0 的祖先结点不可能失衡，所以从新插入结点开始向上，遇到的第一个其平衡因子不等于 0 的祖先结点为第一个可能失衡的结点，如果失衡，则应调整以该结点为根的子树。失衡的情况不同，调整的方法也不同。失衡类型及相应的调整方法可归纳为以下四种。

1) LL 型

假设最低层失衡结点为 A，在结点 A 的左子树的左子树上插入新结点 S 后，导致失衡，如图 8.14(a)所示。由 A 和 B 的平衡因子容易推知，B_L、B_R 以及 A_R 深度相同。为恢复平衡并保持二叉排序树的特性，可将 A 改为 B 的右子，B 原来的右子 B_R 改为 A 的左子，如图 8.14(b)所示。这相当于以 B 为轴，对 A 做了一次顺时针旋转。

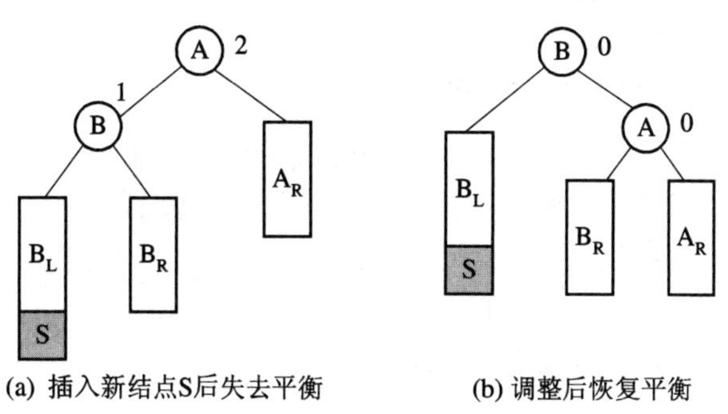

图 8.14　二叉排序树的 LL 型平衡旋转

在一般二叉排序树的结点中，增加一个存放平衡因子的域 bf，就可以用来表示平衡二叉排序树。在下面的讨论中，我们约定：用来表示结点的字母，同时也用来表示指向该结点的指针。因此，LL 型失衡的特点是：A－＞bf＝2，B－＞bf＝1。相应调整操作可用如下语句完成：

```
B=A->lchild;
A->lchild=B->rchild;
B->rchild=A;
A->bf=0; B->bf=0;
```

最后，将调整后二叉树的根结点 B“接到”原 A 处。令 A 原来的父指针为 FA，如果 FA 非空，则用 B 代替 A 作 FA 的左子或右子；否则原来 A 就是根结点，此时应令根指针 t 指向 B：

```
if (FA==NULL) t=B;
else if (A==FA->lchild) FA->lchild=B;
else FA->rchild=B;
```

2) LR 型

假设最低层失衡结点为 A，在结点 A 的左子树的右子树上插入新结点 S 后，导致失衡，如图 8.15(a)所示。图中假设在 C_L 下插入 S，如果是在 C_R 下插入 S，对树的调整方法相同，只是调整后 A、B 的平衡因子不同。由 A、B、C 的平衡因子容易推知，C_L 与 C_R 深度相同，B_L 与 A_R 深度相同，且 B_L、A_R 的深度比 C_L、C_R 的深度大 1。为恢复平衡并保持二叉排序树特性，可首先将 B 改为 C 的左子，而 C 原来的左子 C_L 改为 B 的右子；然后将 A 改为 C 的右子，C 原来的右子 C_R 改为 A 的左子，如图 8.15(b)所示。这相当于对 B 做了一次逆时针旋转，对 A 做了一次顺时针旋转。

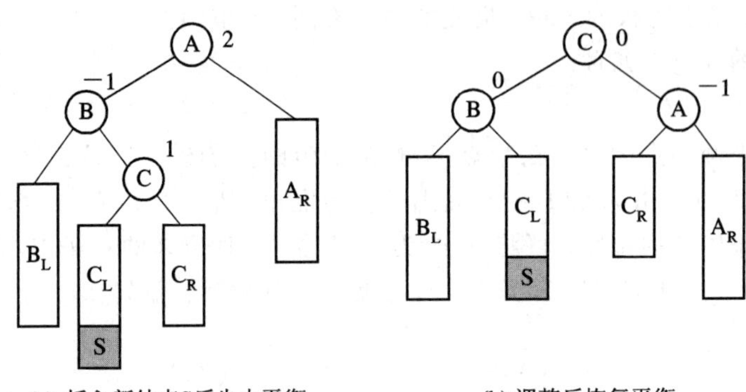

(a) 插入新结点S后失去平衡　　(b) 调整后恢复平衡

图 8.15　二叉排序树的 LR 型平衡旋转

上面提到了在 C_L 下插入 S 和在 C_R 下插入 S 的两种情况，还有一种情况是 B 的右子树为空，C 本身就是插入的新结点 S，此时，C_L、C_R、B_L、A_R 均为空。在这种情况下，对树的调整方法仍然相同，只是调整后 A、B 的平衡因子均为 0。

LR 型失衡的特点是：A－>bf＝2，B－>bf＝－1。相应调整操作可用如下语句完成：

```
B=A->lchild; C=B->rchild;
B->rchild=C->lchild;
A->lchild=C->rchild;
C->lchild=B; C->rchild=A;
```

然后针对上述三种不同情况，修改 A、B、C 的平衡因子：

```
if (S->key <C->key)   /* 在 CL 下插入 S */
  { A->bf=-1; B->bf=0 ; C->bf=0; }
if (S->key >C->key)   /* 在 CR 下插入 S */
  { A->bf=0; B->bf=1 ; C->bf=0; }
if (S->key ==C->key)   /* C 本身就是插入的新结点 S */
  { A->bf=0; B->bf=0 ; }
```

最后，将调整后的二叉树的根结点 C“接到”原 A 处。令 A 原来的父指针为 FA，如果 FA 非空，则用 C 代替 A 作 FA 的左子或右子；否则，原来 A 就是根结点，此时应令根指针 t 指向 C：

```
if (FA==NULL) t=C;
else if (A==FA->lchild) FA->lchild=C;
```

```
else FA->rchild=C;
```

3) RR 型

RR 型与 LL 型对称。假设最底层失衡结点为 A，在结点 A 的右子树的右子树上插入新结点 S 后，导致失衡，如图 8.16(a)所示。由 A 和 B 的平衡因子容易推知，B_L、B_R 以及 A_L 深度相同。为恢复平衡并保持二叉排序树特性，可将 A 改为 B 的左子，B 原来的左子 B_L 改为 A 的右子，如图 8.16(b)所示。这相当于以 B 为轴，对 A 做了一次逆时针旋转。

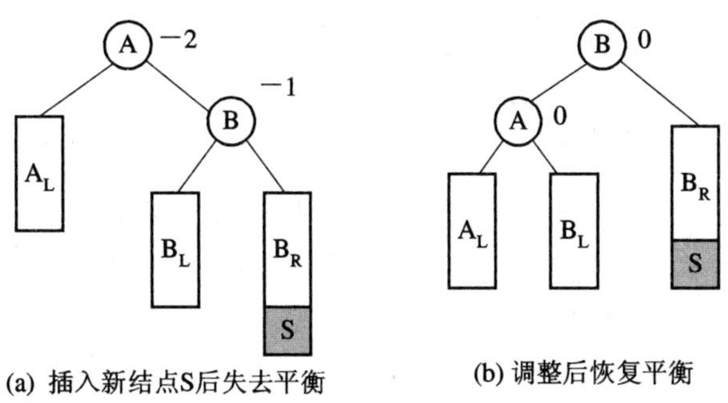

图 8.16 二叉排序树的 RR 型平衡旋转

RR 型失衡的特点是：A->bf=-2，B->bf=-1。相应调整操作可用如下语句完成：

```
B=A->rchild;
A->rchild=B->lchild;
B->lchild=A;
A->bf=0; B->bf=0;
```

最后，将调整后二叉树的根结点 B“接到”原 A 处。令 A 原来的父指针为 FA，如果 FA 非空，则用 B 代替 A 作 FA 的左子或右子；否则，原来 A 就是根结点，此时应令根指针 t 指向 B：

```
if (FA==NULL) t=B;
else if (A==FA->lchild) FA->lchild=B;
else FA->rchild=B;
```

4) RL 型

RL 型与 LR 型对称。假设最低层失衡结点为 A，在结点 A 的右子树的左子树上插入新结点 S 后，导致失衡，如图 8.17(a)所示。图中假设在 C_R 下插入 S，如果是在 C_L 下插入 S，对树的调整方法相同，只是调整后 A、B 的平衡因子不同。由 A、B、C 的平衡因子容易推知，C_L 与 C_R 深度相同，A_L 与 B_R 深度相同，且 A_L、B_R 的深度比 C_L、C_R 的深度大 1。为恢复平衡并保持二叉排序树特性，可首先将 B 改为 C 的右子，而 C 原来的右子 C_R 改为 B 的左子；然后将 A 改为 C 的左子，C 原来的左子 C_L 改为 A 的右子，如图 8.17(b)所示。这相当于对 B 做了一次顺时针旋转，对 A 做了一次逆时针旋转。

上面提到了在 C_L 下插入 S 和在 C_R 下插入 S 的两种情况，还有一种情况是 B 的左子树为空，C 本身就是插入的新结点 S，此时 C_L、C_R、A_L、B_R 均为空。在这种情况下，对树的调整方法仍然相同，只是调整后 A、B 的平衡因子均为 0。

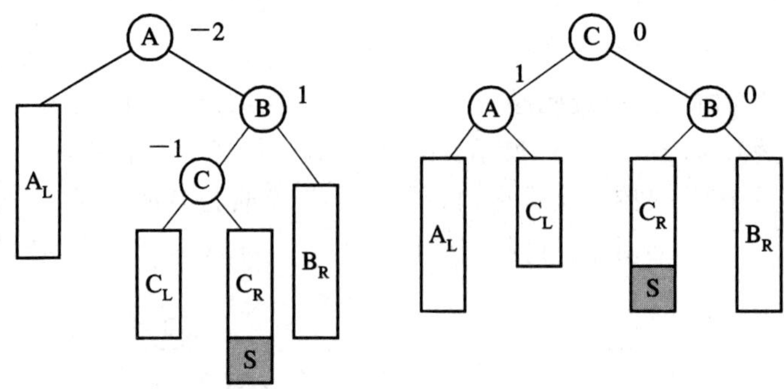

(a) 插入新结点S后失去平衡　　　(b) 调整后恢复平衡

图 8.17　二叉排序树的 RL 型平衡旋转

RL 型失衡的特点是：A－＞bf＝－2，B－＞bf＝1。相应调整操作可用如下语句完成：

```
B＝A－＞rchild；C＝B－＞lchild；
B－＞lchild＝C－＞rchild；
A－＞rchild＝C－＞lchild；
C－＞lchild＝A；C－＞rchild＝B；
```

然后针对上述三种不同情况，修改 A、B、C 的平衡因子：

```
if (S－＞key ＜C－＞key)    /＊ 在 CL 下插入 S ＊/
  { A－＞bf＝0；B－＞bf＝－1 ；C－＞bf＝0；}
if (S－＞key ＞C－＞key)    /＊ 在 CR 下插入 S ＊/
  { A－＞bf＝1；B－＞bf＝0 ；C－＞bf＝0；}
if (S－＞key ＝＝C－＞key)    /＊ C 本身就是插入的新结点 S ＊/
  { A－＞bf＝0；B－＞bf＝0 ；}
```

最后，将调整后的二叉树的根结点 C“接到”原 A 处。令 A 原来的父指针为 FA，如果 FA 非空，则用 C 代替 A 作 FA 的左子或右子；否则，原来 A 就是根结点，此时应令根指针 t 指向 C：

```
if (FA＝＝NULL) t＝C；
else if (A＝＝FA－＞lchild) FA－＞lchild＝C；
else FA－＞rchild＝C；
```

综上所述，在一个平衡二叉排序树上插入一个新结点 S 时，主要包括以下三步：

(1) 查找应插入的位置，同时记录离插入位置最近的可能失衡结点 A(A 的平衡因子不等于 0)。

(2) 插入新结点 S，并修改从 A 到 S 路径上各结点的平衡因子。

(3) 根据 A、B 的平衡因子，判断是否失衡以及失衡类型，并做相应处理。

下面给出完整算法，其中 AVLTree 为平衡二叉排序树类型，AVLTNode 为平衡二叉排序树结点类型，请读者参考前面二叉树类型自己写出。

```
void ins_AVLtree(AVLTree ＊avlt , KeyType k)
/＊在平衡二叉排序树中插入元素 k，使之成为一棵新的平衡二叉排序树＊/
{
   S＝(AVLTree)malloc(sizeof(AVLTNode))；
   S－＞key＝k；S－＞lchild＝S－＞rchild＝NULL；
```

```
S->bf=0;
if (*avlt==NULL) *avlt=S;
else
 {
    /* 首先查找S的插入位置fp，同时记录距S的插入位置最近且平衡因子不等于0(等于-1
       或1)的结点A，A为可能的失衡结点 */
    A=*avlt; FA=NULL;
    p=*avlt; fp=NULL
    while (p!=NULL)
      { if (p->bf!=0) {A=p; FA=fp};
        fp=p;
        if (K < p->key) p=p->lchild;
        else p=p->rchild;
      }
    /* 插入S */
    if (K < fp->key) fp->lchild=S;
    else fp->rchild=S;
    /* 确定结点B，并修改A的平衡因子 */
    if (K < A->key) {B=A->lchild; A->bf=A->bf+1}
    else {B=A->rchild; A->bf=A->bf-1}
    /* 修改B到S路径上各结点的平衡因子(原值均为0) */
    p=B;
    while (p!=S)
      if (K < p->key) {p->bf=1; p=p->lchild}
      else {p->bf=-1; p=p->rchild}
    /* 判断失衡类型并做相应处理 */
    if (A->bf==2 && B->bf==1)       /* LL型 */
      {
        A->lchild=B->rchild;
        B->rchild=A;
        A->bf=0; B->bf=0;
        if FA=NULL *avlt=B
        else if A=FA->lchild FA->lchild=B
          else FA->rchild=B;
      }

    else if (A->bf==2 && B->bf==-1)       /* LR型 */
      {
        C=B->rchild;
        B->rchild=C->lchild;
        A->lchild=C->rchild;
        C->lchild=B; C->rchild=A;
        if (S->key <C->key)
```

```
            { A->bf=-1; B->bf=0 ; C->bf=0; }
          else if (S->key >C->key)
            { A->bf=0; B->bf=1 ; C->bf=0; }
          else { A->bf=0; B->bf=0 ; }
            if (FA==NULL) *avlt=C;
            else if (A==FA->lchild) FA->lchild=C;
            else FA->rchild=C;
          }
      else if (A->bf==-2 && B->bf==1)       /* RL 型 */
        {
          C=B->lchild;
          B->lchild=C->rchild;
          A->rchild=C->lchild;
          C->lchild=A; C->rchild=B;
          if (S->key <C->key)
            { A->bf=0; B->bf=-1 ; C->bf=0; }
          else if (S->key >C->key)
            { A->bf=1; B->bf=0 ; C->bf=0; }
          else { A->bf=0; B->bf=0 ; }
          if (FA==NULL) *avlt=C;
          else if (A==FA->lchild) FA->lchild=C;
          else FA->rchild=C;
        }
        else if (A->bf==-2 && B->bf==-1)       /* RR 型 */
        {
          A->rchild=B->lchild;
          B->lchild=A;
          A->bf=0; B->bf=0;
          if (FA==NULL) *avlt=B;
          else if (A==FA->lchild) FA->lchild=B;
          else FA->rchild=B;
        }
    }
}
```

【算法 8.9　平衡二叉排序树的插入】

8.3.3　B_树

1. m 路查找树

与二叉排序树类似，可以定义一种“m 叉排序树”，通常称为 m 路查找树。一棵 m 路查找树，或者是一棵空树，又或者是满足如下性质的树：

(1) 每个结点最多有 m 棵子树、m－1 个关键字，其结构如下：

n	P_0	K_1	P_1	K_2	P_2	…	K_n	P_n

其中，n 为关键字个数；$P_i(0\leqslant i\leqslant n)$为指向子树根结点的指针；$K_i(1\leqslant i\leqslant n)$为关键字。

(2) $K_i<K_{i+1}$，$1\leqslant i\leqslant n-1$。

(3) 子树 P_i 中的所有关键字均大于 K_i、小于 K_{i+1}，$1\leqslant i\leqslant n-1$。

(4) 子树 P_0 中的关键字均小于 K_1，而子树 P_n 中的所有关键字均大于 K_n。

(5) 子树 P_i 也是 m 路查找树，$0\leqslant i\leqslant n$。

从上述性质可以看出，对任一关键字 K_i 而言，P_{i-1}相当于其“左子树”，P_i 相当于其“右子树”，$1\leqslant i\leqslant n$ 。

图 8.18 所示为一棵 3 路查找树，其查找过程与二叉排序树的查找过程类似。如果要查找 35，首先找到根结点 A；因为 35 介于 20 和 40 之间，所以找到结点 C；又因为 35 大于 30，所以找到结点 E；最后在 E 中找到 35。

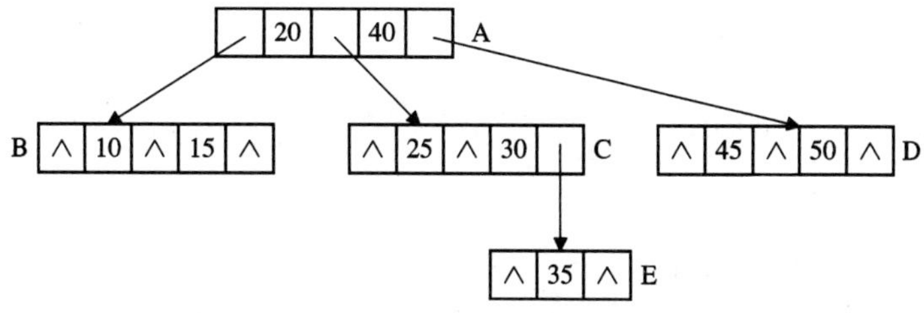

图 8.18　3 路查找树

显然，当 m 路查找树为平衡树时，其查找性能会更好。下面要讨论的 B_- 树便是一种平衡的 m 路查找树。

2. B_- 树及其查找

一棵 B_- 树是一棵平衡的 m 路查找树，它或者是空树，或者是满足如下性质的树：

(1) 树中每个结点最多有 m 棵子树。

(2) 根结点至少有两棵子树。

(3) 除根结点之外的所有非叶子结点至少有$\lceil m/2 \rceil$棵子树。

(4) 所有叶子结点出现在同一层上，并且不含信息，通常称为失败结点。失败结点为虚结点，在 B_- 树中并不存在，指向它们的指针为空指针。引入失败结点是为了便于分析 B_- 树的查找性能。

图 8.19 所示为一棵 4 阶 B_- 树，其查找过程与 m 路查找树相同。

例如，查找 58 的过程如下：首先由根指针 mbt 找到根结点 A，因为 58＞37，所以找到结点 C；又因为 40＜58＜85，所以找到结点 G；最后在结点 G 中找到 58。如果要查找 32，首先由根指针 mbt 找到根结点 A，因为 32＜37，所以找到结点 B；因为 32＞25，所以找到结点 E；又因为 30＜32＜35，所以最后找到失败结点 f，表示 32 不存在，查找失败。

在具体实现时，采用如下结点结构：

parent	n	K_1	K_2	…	K_n	P_0	P_1	…	P_n

其中，n、K_i、P_i的含义以及使用方法与前面 m 路查找树的相同，parent 为指向双亲结点的

指针。

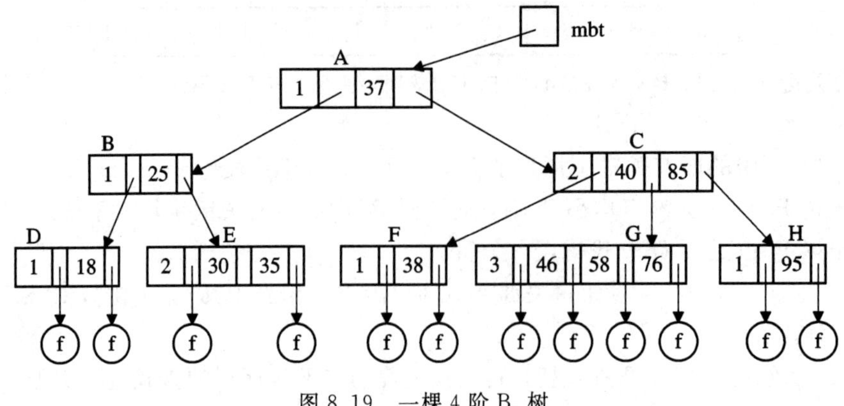

图 8.19　一棵 4 阶 B_ 树

```
#define m <阶数>
typedef int Boolean;
typedef struct Mbtnode
  {
    struct Mbtnode * parent ;
    int keynum ;
    KeyType key[m+1] ;
    struct Mbtnode * ptr[m+1] ;
  } Mbtnode, * Mbtree;
Boolean srch_mbtree (Mbtree mbt, KeyType k, Mbtree * np, int * pos)
/* 在根为 mbt 的 B_ 树中查找关键字 k，如果查找成功，则将所在结点地址放入 np，将结点内位置
   序号放入 pos，并返回 true；否则，将 k 应被插入的结点地址放入 np，将结点内应插入位置序号
   放入 pos，并返回 false */
{
  p = mbt; fp = NULL; found = false; i = 0;
  while (p != NULL && ! found)
  {
    i = search (p, k);
    if (i>0 && p->key[i] == k) found = true;
    else { fp = p; p = p->ptr[i]; }
  }
  if found { *np = p; *pos = i ; return true ; }
  else { *np = fp; *pos = i; return false ; }
}
```

【算法 8.10　在 B_ 树中查找关键字为 k 的元素】

```
int search (Mbtree mbt, KeyType key )
/* 在 mbt 指向的结点中，寻找小于等于 key 的最大关键字序号 */
{
  n = mbt->keynum ;
```

```
  i = 1 ;
  while (i <= n && mbt->key[i] <= key ) i ++;
  return (i - 1) /* 返回小于等于key的最大关键字序号，为0时表示应到最左分支寻找，越界时
                    表示应到最右分支寻找 */
}
```

【算法 8.11　寻找小于等于关键字 key 的最大关键字序号】

3. B_- 树的插入

我们首先通过实例说明 B_- 树的插入方法，然后给出插入算法。图 8.20 给出了一个 B_- 树的插入实例，已知一棵 3 阶 B_- 树如图 8.20(a)所示，要求插入 52、20、49。

· 插入 52：首先查找应插入的位置，即结点 f 中 50 的后面，插入后如图 8.20(b)所示。

· 插入 20：直接插入后如图 8.20(c)所示，由于结点 c 的分支数变为 4，超出了 3 阶 B_- 树的最大分支数 3，需将结点 c 分裂为两个较小的结点。以中间关键字 14 为界，将 c 中关键字分为左、右两部分，左边部分仍在原结点 c 中，右边部分放到新结点 c′中，中间关键字 14 插到其父结点的合适位置，并令其右指针指向新结点 c′，如图 8.20(d)所示。

· 插入 49：直接插入后如图 8.20(e)所示。f 结点应分裂，分裂后的结果如图 8.20(f)所示。50 插到其父结点 e 的 key[1]处，新结点 f′的地址插到 e 的 ptr[1]处，e 中 ptr[0]不变，仍指向原结点 f。此时，e 仍需要分裂，继续分裂后的结果如图 8.20(g)所示。53 存到其父结点 a 的 key[2]处，ptr[2]指向新结点 e′，ptr[1]仍指向原结点 e。

读者可进一步考虑插入 7 和 5 的情况，此时将连续发生三次分裂，最后产生一个新的根结点。

我们可以利用 B_- 树的插入方法，从空树开始，逐个插入关键字，从而创建一棵 B_- 树。例如，已知关键字集为{37，70，12，45，90，3，24，61，53}，要求从空树开始，逐个插入关键字，创建一棵 3 阶 B_- 树。创建过程如图 8.21 所示。

请读者自己考虑插入 53 后的分裂情况。

从上述 B_- 树的构造过程可得出以下结论：

(1) 由于 B_- 树是“从叶往根”长，而根对每个分支是公用的，因此不论根长到多“深”，各分支的长度同步增长，因而各分支是“平衡”的。

(2) 生长的几种情况：

· 最底层某个结点增大，分支数不变，且各分支深度也不变。

· 从最下层开始，发生单次或连续分裂，然而根结点未分裂，此时分支数增 1(最下层结点增 1)，但原分支深度不变，新分支深度与原分支相同。

· 从最下层开始，连续分裂，根结点也发生分裂，产生一个新的根结点，此时分支数仍增 1(最下层结点增 1)，但新、旧分支均为原分支长度加 1。

(3) 根的形成过程：

根：
- 初始未分裂的根：关键字个数为 0～m－1，分支数为
  - 0(空树)。
  - 2～m(失败结点数)。
- 由分裂形成的根：关键字个数为 1～m－1，分支数为 2～m。

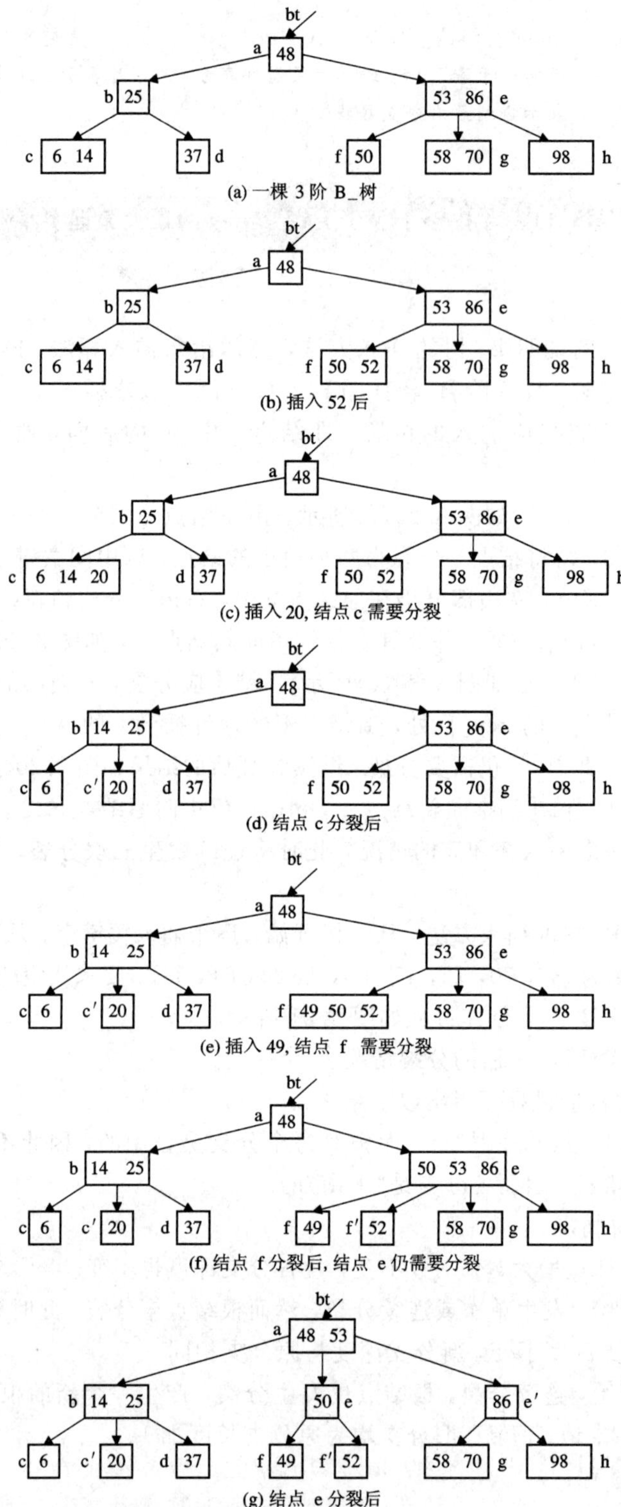

图 8.20 B_ 树的插入实例

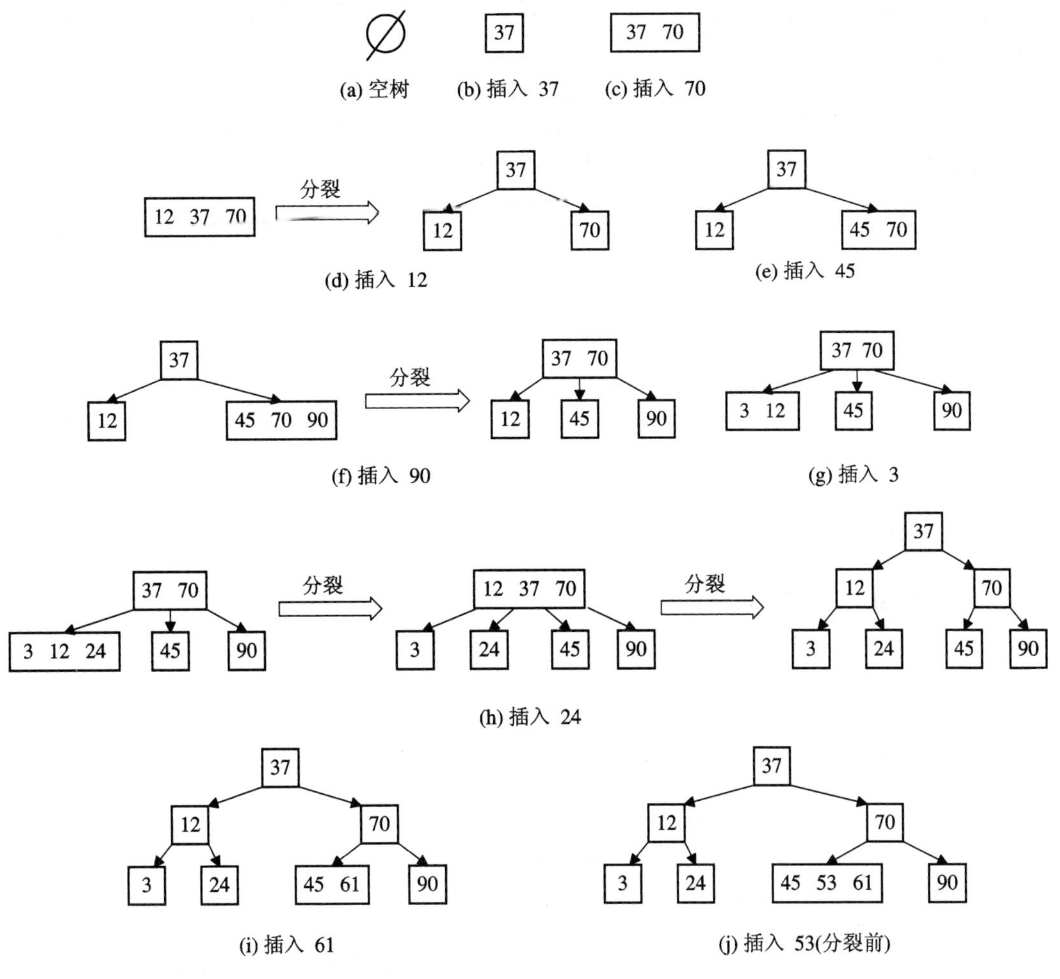

图 8.21 创建一棵 3 阶 B_ 树过程示意图(从空树开始，逐个插入关键字)

显然，对非空的 B_ 树而言，根结点至少有两棵子树(包括由失败结点构成的子树)，这就是 B_ 树定义中提到的第 2 条性质。

(4) 除根以外的非终端结点的形成过程：

由“满结点”分裂而得。假设 m 阶 B_ 树中 p 结点中已有 m－1 个关键字，当再插入一个关键字后，结点中信息为 m、A_0、(k_1，A_1)、(k_2，A_2)、…、(k_m，A_m)，有 m＋1 个分支，为保持 m 阶(m 个分支)，应将 p 结点分裂为关键字个数尽量相等的 p 结点和新结点 p1(或者说从 p 中分出一部分信息构成 p1)。分裂后 p 中剩余信息为$\lceil m/2 \rceil-1$、A_0、(k_1，A_1)、(k_2，A_2)、…、($k_{\lceil m/2\rceil-1}$，$A_{\lceil m/2\rceil-1}$)，共有$\lceil m/2 \rceil-1$ 个关键字，及这些关键字的$\lceil m/2 \rceil$个左、右相邻分支指针。分裂出去的信息为($k_{\lceil m/2\rceil}$，$A_{\lceil m/2\rceil}$)、($k_{\lceil m/2\rceil+1}$，$A_{\lceil m/2\rceil+1}$)、…、(k_m，A_m)，共计 $m-(\lceil m/2 \rceil-1) = m-\lceil m/2 \rceil+1$ 个关键字及其右指针，其中 $k_{\lceil m/2\rceil}$上移到 p 的父结点中，其余信息存入新结点 p1 中，所以 p1 中信息为 $m-\lceil m/2 \rceil$、$A_{\lceil m/2\rceil}$、($k_{\lceil m/2\rceil+1}$、$A_{\lceil m/2\rceil+1}$)、…、(k_m，A_m)。显然，分裂后的非终端结点(除根结点)所含关键字最少，分支也最少，其中 p 的分支数为 $B_1=\lceil m/2 \rceil$，p1 的分支数为 $B_2=m-\lceil m/2 \rceil+1$。容易证明，$B_1 \leqslant B_2$，所以，除根之外的所有非终端结点至少有$\lceil m/2 \rceil$棵子树，这就是 B_ 树定义中提到的第 3 条性质。

综上所述，B_树定义不是人为规定的，而是由其生成方法决定的。下面给出B_树插入的有关算法。

```
Void ins_mbtree(Mbtree *mbt, KeyType k, Mbtree q, int i);
/* 在m阶B_树t中插入k：如果mbt=NULL，则生成初始根(此时q=NULL，i=0)；否则q指向某个最下层非终端结点，k应插在该结点中q->key[i+1]处，插入后如果q->keynum>m-1，则进行分裂处理 */
{Mbtree q1, ap;
  if (*mbt==NULL)
    {
      *mbt =(Mbtree)malloc(sizeof(Mbtnode));
      (*mbt)->keynum=1; (*mbt)->parent=NULL;
      (*mbt)->key[1]=k; (*mbt)->ptr[0]=NULL ; (*mbt)->ptr[1]=NULL ;
    }
  else
    {  x=k;              /* 将x插到q->key[i+1] 处 */
       ap=NULL;          /* 将ap插到q->ptr[i+1] 处 */
       fFinished=NULL;
       while (q!=NULL && ! finished)     /* q=NULL 表示已经分裂到根 */
         {
           insert(q, i, x, ap);
           if (q->keynum<m) finished=TRUE    /* 不再分裂 */
           else {
                s=ceil((float)m/2);   /* s=⌈m/2⌉ */
                split(q, & q1);   /* 分裂 */
                x=q->key[s]; ap=q1;
                q=q->parent;
                if (q!=NULL) i=search(q, x); /* search( )的定义参见B_树查找一节的内容 */
             }
         }
       if (! finished)   /* 表示根结点要分裂，并产生新根 */
         {
           new_root=(Mbtree)malloc(sizeof(Mbtnode));
           new_root->keynum=1; new_root->parent=NULL; new_root->key[1]=x;
           new_root->ptr[0]= *mbt; new_root->ptr[1]=ap;
           *mbt=new_root;
         }
    }
}
```

【算法8.12 B_树的插入算法】

```
void insert(Mbtree mbp, int ipos, KeyType key, Mbtree rp)
/* 在mbp->key[ipos +1]处插上key，在mbp->ptr[ipos+1]处插上rp */
{
```

```
    for (j=mbp->keynum ; j>= ipos +1 ; j--)
      { mbp->key[j+1]=mbp->key[j];
        mbp->ptr[j+1]=mbp->ptr[j];
      }
    mbp->key[ipos+1]=key;
    mbp->ptr[ipos+1]=rp;
    mbp->keynum++;
}
```

【算法 8.13　在 mbp->key[ipos+1]处插上 key】

```
void split (Mbtree oldp, Mbtree * newp)
{/* B_树的分裂过程 */
  s=ceil((float)m/2);     /* s=⌈m/2⌉ */
  n=m-s;
  * newp=(Mbtree)malloc(sizeof(Mbtnode));
  (* newp)->keynum=n;
  (* newp)->parent=oldp->parent;
  (* newp)->ptr[0]=oldp->ptr[s];
  for (i=1 ; i<=n ; i++)
    { (* newp)->key[i]=oldp->key[s+i];
      (* newp)->ptr[i]=oldp->ptr[s+i];
    }
  oldp->keynum=s-1;
}
```

【算法 8.14　B_树的分裂算法】

4. 在 B_树中删除一个关键字

1) 在最下层结点中删除一个关键字

图 8.22 给出了在 B_树最下层结点中删除关键字的实例。图 8.22(a)所示为一棵 4 阶 B_树(m=4)，要求删除 11、53、39、64、27。

(1) 删除 11 时，13 与其右的指针左移即可，如图 8.22(b)所示。

(2) 删除 53 后，如图 8.22(c)所示。

结论　当最下层结点中的关键字数大于⌈m/2⌉-1 时，可直接删除。

(3) 删除 39 时，为保持其“中序有序”，可将父结点中 43 下移至 39 处，而将右兄弟中最左边的 47 上移至原 43 处，如图 8.22(d)所示。

结论　当最下层待删除关键字所在结点中关键字数目为最低要求⌈m/2⌉-1 时，如果其左(右)兄弟中关键字数目大于⌈m/2⌉-1，则可采用上述“父子换位法”。

(4) 删除 64 后，为保持各分支等长(平衡)，将删除 64 后的剩余信息(在此为空指针)

及 78 合并入右兄弟，如图 8.22(e)所示。也可将删除 64 后的剩余信息及 47 与左兄弟合并。

结论 当最下层待删除结点及其左、右兄弟中的关键字数目均为最低要求数目⌈m/2⌉－1 时，需要进行合并处理，合并过程与插入时的分裂过程“互逆”，合并一次，分支数少一，可能出现“连锁合并”；当合并到根时，各分支深度同时减 1。

(5) 删除 27 时，首先将剩余信息(在此为空指针)与父结点中的 18 并入左兄弟，并释放空结点，结果如图 8.22(f)所示。此时父结点也需要合并，将父结点中的剩余信息(指针 p1)与祖父结点中的 35 并入 47 左端，释放空结点后的结果如图 8.22(g)所示。至此，祖父结点仍需要合并，但由于待合并结点的父指针为 NULL，故停止合并，直接将根指针 bt 置为指针 p2 的值，释放空结点后的结果如图 8.22(h)所示。

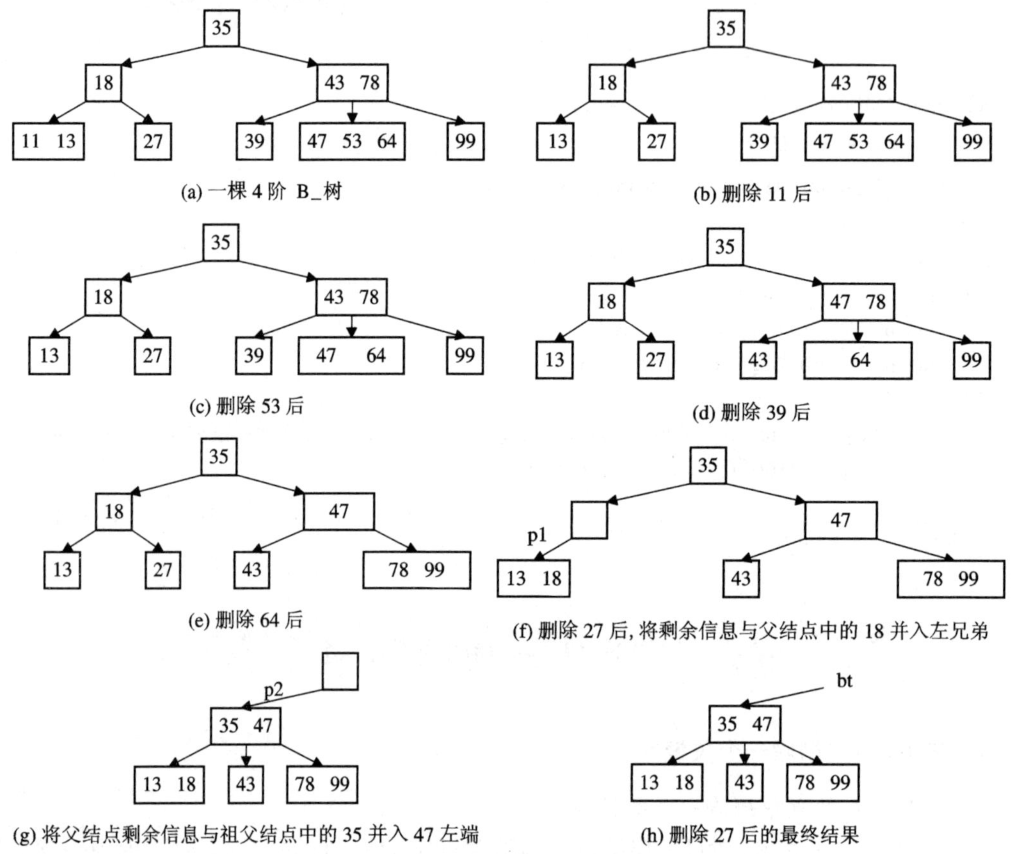

图 8.22 在 B_ 树最下层结点中删除关键字

2) 在非最下层结点中删除一个关键字

图 8.23 给出了在 B_ 树的非最下层结点中删除关键字的实例。图 8.23(a)所示为一棵 4 阶 B_ 树，要求删除 43、35。

(1) 删除 43，在保持“中序有序”的前提下，可将 43“右子树”中的最小值 47(“左下端”)代替 43，而后在“左下端”中删除 47，结果如图 8.23(b)所示。

(2) 删除 35，如果用 35“左子树”的“右下端”元素 27 代替 35，结果如图 8.23(c)所示；然后删除“右下端”中的 27，结果如图 8.23(d)所示。

一般情况下，删除非最下层结点中的关键字，可转化为删除最下层结点中的关键字。

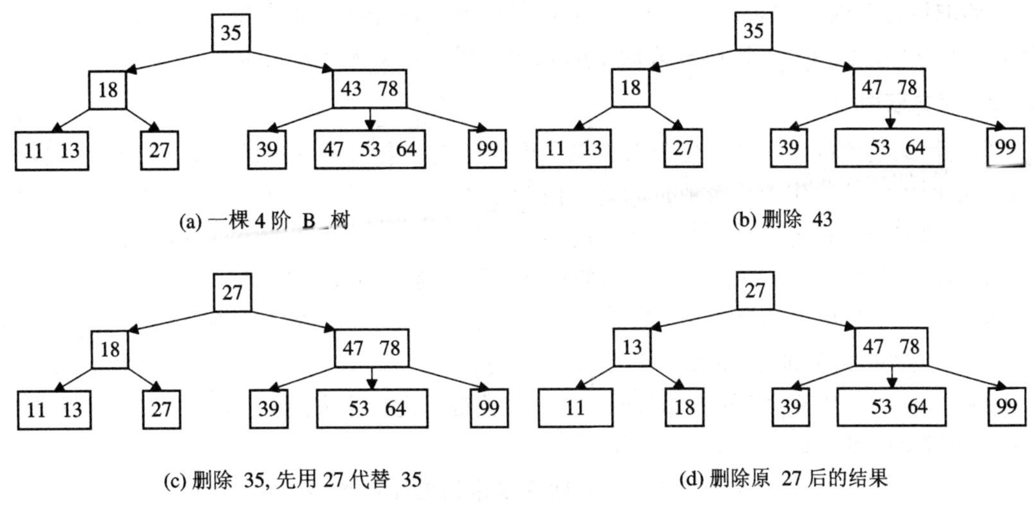

(a) 一棵 4 阶 B_树　　(b) 删除 43

(c) 删除 35, 先用 27 代替 35　　(d) 删除原 27 后的结果

图 8.23　在 B_ 树非最下层删除关键字

8.4　计算式查找法——哈希法

哈希法又称**散列法**、**杂凑法**或**关键字地址计算法**等，相应的表称为**哈希表**。这种方法的基本思想是：首先在元素的关键字 k 和元素的存储位置 p 之间建立一个对应关系 H，使得 p＝H(k)，H 称为**哈希函数**。创建哈希表时，把关键字为 k 的元素直接存入地址为H(k)的单元；以后当查找关键字为 k 的元素时，再利用哈希函数计算出该元素的存储位置 p＝H(k)，从而达到按关键字直接存取元素的目的。

当关键字集合很大时，关键字值不同的元素可能会映像到哈希表的同一地址上，即 $k_1 \neq k_2$，但 $H(k_1)=H(k_2)$，这种现象称为**冲突**，此时称 k_1 和 k_2 为**同义词**。实际中，冲突是不可避免的，只能通过改进哈希函数的性能来减少冲突。

哈希查找
补充资料

综上所述，哈希法主要包括以下两方面的内容：

(1) 如何构造哈希函数；

(2) 如何处理冲突。

8.4.1　哈希函数的构造方法

构造哈希函数的原则是：① 函数本身便于计算；② 计算出来的地址分布均匀，即对任一关键字 k，H(k) 对应不同地址的概率相等，目的是尽可能减少冲突。

下面介绍构造哈希函数常用的五种方法。

1. 数字分析法

如果事先知道关键字集合，并且每个关键字的位数比哈希表的地址码位数多时，可以从关键字中选出分布较均匀的若干位，构成哈希地址。例如，有 80 个记录，关键字为 8 位十进制整数 $d_1d_2d_3\cdots d_7d_8$，如哈希表长取 100，则哈希表的地址空间为 00～99。假设经过分析，各关键字中 d_4 和 d_7 的取值分布较均匀，则哈希函数为 $H(key)=H(d_1d_2d_3\cdots d_7d_8)=d_4d_7$。例如，H(81346532)＝43，H(81301367)＝06。相反，假设经过分析，各关键字中 d_1

和 d_8 的取值分布极不均匀，d_1 都等于 5，d_8 都等于 2，此时，如果哈希函数为 $H(key)=H(d_1d_2d_3\cdots d_7d_8)=d_1d_8$，则所有关键字的地址码都是 52，显然不可取。

2. 平方取中法

当无法确定关键字中哪几位分布较均匀时，可以先求出关键字的平方值，然后按需要取平方值的中间几位作为哈希地址。这是因为平方后中间几位和关键字中每一位都相关，故不同关键字会以较高的概率产生不同的哈希地址。

例如，我们把英文字母在字母表中的位置序号作为该英文字母的内部编码。假如 K 的内部编码为 11，E 的内部编码为 05，Y 的内部编码为 25，A 的内部编码为 01，B 的内部编码为 02。由此组成关键字“KEYA”的内部代码为 11052501，同理我们可以得到关键字“KYAB”“AKEY”“BKEY”的内部编码。之后对关键字进行平方运算后，取出第 7 到第 9 位作为该关键字哈希地址，如表 8-1 所示。

表 8-1　平方取中法求得的哈希地址

关键字	内部编码	内部编码的平方值	H(k)关键字的哈希地址
KEYA	11052501	122157 778355001	778
KYAB	11250102	126564 795010404	795
AKEY	01110525	001233 265775625	265
BKEY	02110525	004454 315775625	315

3. 分段叠加法

分段叠加法是按哈希表地址位数将关键字分成位数相等的几部分(最后一部分可以较短)，然后将这几部分相加，舍弃最高进位后的结果就是该关键字的哈希地址。具体方法有**折叠法**与**移位法**。移位法是将分割后的每部分低位对齐相加；折叠法是从一端向另一端沿分割界来回折叠(奇数段为正序，偶数段为倒序)，然后将各段相加。例如，key=12360324711202065，哈希表长度为 1000，则应把关键字分成 3 位一段，在此舍去最低的两位 65，分别进行移位叠加和折叠叠加，求得哈希地址为 105 和 907，如图 8.24 所示。

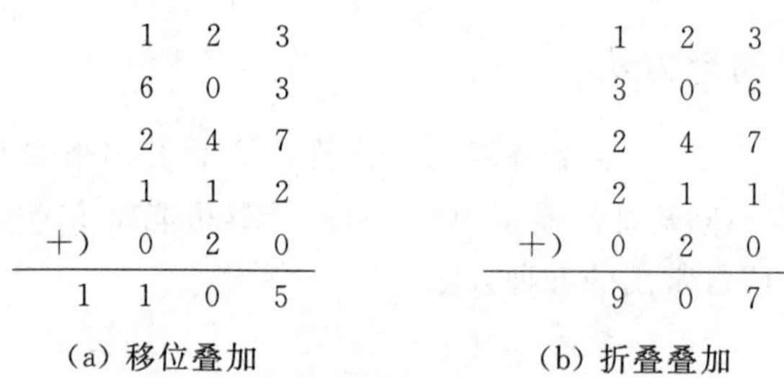

图 8.24　由分段叠加法求哈希地址

4. 除留余数法

假设哈希表长为 m，p 为小于等于 m 的最大素数，则哈希函数为

$$H(k)=k\%p$$

其中，%为模 p 取余运算。

例如，已知待散列元素为(18，75，60，43，54，90，46)，表长 m=10，p=7，则有

H(18)=18 % 7=4，　H(75)=75 % 7=5，　H(60)=60 % 7=4

H(43)=43 % 7=1，　H(54)=54 % 7=5，　H(90)=90 % 7=6

H(46)=46 % 7=4

此时冲突较多。为减少冲突，可取较大的 m 值和 p 值，如 m=p=13，结果如下：

H(18)=18 % 13=5，H(75)=75 % 13=10，H(60)=60 % 13=8

H(43)=43 % 13=4，H(54)=54 % 13=2，　H(90)=90 % 13=12

H(46)=46 % 13=7

此时没有冲突，除留余数法求哈希地址如图 8.25 所示。

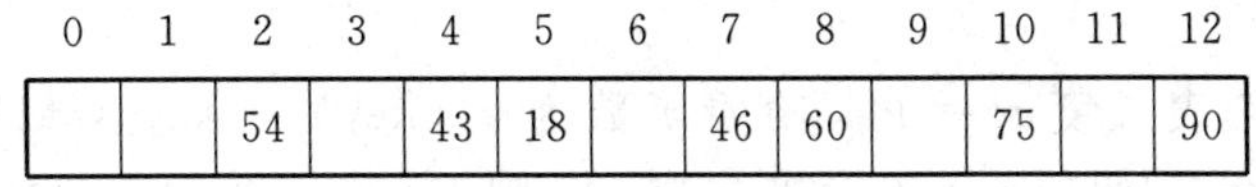

0	1	2	3	4	5	6	7	8	9	10	11	12
		54		43	18		46	60		75		90

图 8.25　除留余数法求哈希地址

5. 伪随机数法

采用一个伪随机函数作哈希函数，即 H(key)=random(key)。

在实际应用中，应根据具体情况，灵活采用不同的方法，并用实际数据测试它的性能，以便做出正确判定。通常应考虑以下五个因素：

(1) 计算哈希函数所需的时间(简单)。

(2) 关键字的长度。

(3) 哈希表的大小。

(4) 关键字的分布情况。

(5) 记录查找的频率。

8.4.2　处理冲突的方法

通过构造性能良好的哈希函数，可以减少冲突，但一般不可能完全避免冲突，因此解决冲突是哈希法的另一个关键问题。创建哈希表和查找哈希表都会遇到冲突，两种情况下解决冲突的方法应该一致。下面以创建哈希表为例，说明解决冲突的方法。常用的解决冲突方法有以下四种。

1. 开放定址法

开放定址法也称**再散列法**，其基本思想是：当关键字 key 的哈希地址 p= H(key)出现冲突时，以 p 为基础，产生另一个哈希地址 p_1；如果 p_1 仍然冲突，再以 p 为基础，产生另一个哈希地址 p_2……直到找出一个不冲突的哈希地址 p_i，将相应元素存入其中。这种方法有一个通用的再散列函数形式：

$$H_i = (H(key) + d_i) \% m \quad (i = 1, 2, \cdots, n)$$

其中，H(key)为哈希函数；m 为表长；d_i 称为增量序列。增量序列的取值方式不同，相应的再散列方式也不同，它主要有以下三种：

■ 线性探测再散列

$d_i=1, 2, 3, \cdots, m-1$

这种方法的特点是：当冲突发生时，顺序查看表中下一单元，直到找出一个空单元或查遍全表。

■ 二次探测再散列

$d_i=1^2, -1^2, 2^2, -2^2, \cdots, k^2, -k^2 \quad (k\leqslant m/2)$

这种方法的特点是：当冲突发生时，在表的左右进行跳跃式探测，比较灵活。

■ 伪随机探测再散列

di=伪随机数序列

在它具体实现时，应建立一个伪随机数发生器，(如 i=(i+p) % m)，并给定一个随机数作为起点。

例如，已知哈希表长度 m=11，哈希函数为 H(key)= key % 11，则 H(47)=3，H(26)=4，H(60)=5，假设下一个关键字为 69，则 H(69)=3，与 47 冲突。如果用线性探测再散列处理冲突，下一个哈希地址为 $H_1=(3+1)\% 11=4$，仍然冲突；再找下一个哈希地址为 $H_2=(3+2)\% 11=5$，还是冲突；继续找下一个哈希地址为 $H_3=(3+3)\% 11=6$，此时不再冲突；将 69 填入 6 号单元，参见图 8.26(a)。如果用二次探测再散列处理冲突，下一个哈希地址为 $H_1=(3+1^2)\% 11=4$，仍然冲突；再找下一个哈希地址为 $H_2=(3-1^2)\% 11=2$，此时不再冲突；将 69 填入 2 号单元，参见图 8.26(b)。如果用伪随机探测再散列处理冲突，且伪随机数序列为：2、5、9……则下一个哈希地址为 $H_1=(3+2)\% 11=5$，仍然冲突；再找下一个哈希地址为 $H_2=(3+5)\% 11=8$，此时不再冲突，将 69 填入 8 号单元，参见图 8.26(c)。

0	1	2	3	4	5	6	7	8	9	10
			47	26	60	69				

(a) 用线性探测再散列处理冲突

0	1	2	3	4	5	6	7	8	9	10
		69	47	26	60					

(b) 用二次探测再散列处理冲突

0	1	2	3	4	5	6	7	8	9	10
			47	26	60			69		

(c) 用伪随机探测再散列处理冲突

图 8.26 开放定址法处理冲突

从上述例子可以看出，线性探测再散列容易产生“二次聚集”，即在处理同义词的冲突时又导致非同义词的冲突。例如，当表中 i, i+1, i+2 三个单元已满时，下一个哈希地址为 i，或 i+1，或 i+2，或 i+3 的元素，都将填入 i+3 这同一个单元，而这四个元素并非同义词。线性探测再散列的优点是：只要哈希表不满，就一定能找到一个不冲突的哈希地址，而二次探测再散列和伪随机探测再散列则不一定。

2. 再哈希法

再哈希法是同时构造多个不同的哈希函数：

$$H_i = RH_i(key) \quad (i = 1, 2, \cdots, k)$$

当哈希地址 $H_1 = RH_1(key)$发生冲突时，再计算 $H_2 = RH_2(key)$……直到冲突不再产生。这种方法不易产生聚集，但增加了计算时间。

3. 链地址法

链地址法的基本思想是将所有哈希地址为 i 的元素构成一个称为**同义词链**的单链表，并将单链表的头指针存在哈希表的第 i 个单元中，因而查找、插入和删除操作主要在同义词链中进行。链地址法适用于经常进行插入和删除操作的情况。

例如，已知一组关键字(32，40，36，53，16，46，71，27，42，24，49，64)，哈希表长度为 13，哈希函数为 H(key)＝key%13，则用链地址法处理冲突的结果如图 8.27 所示。本例的平均查找长度为

$$ASL = \frac{1}{12} \times (1 \times 7 + 2 \times 4 + 3 \times 1) = 1.5$$

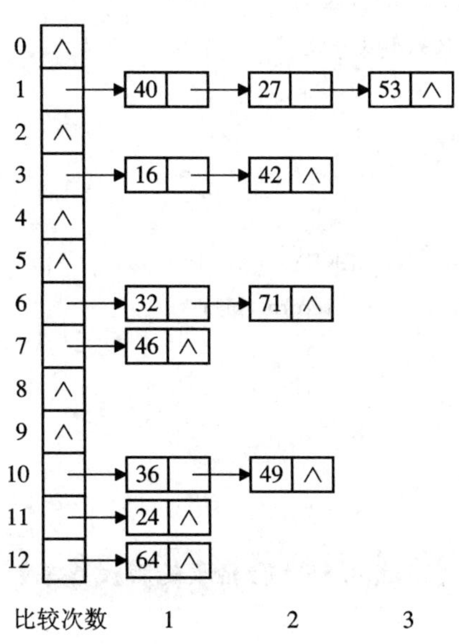

图 8.27　链地址法处理冲突时的哈希表

4. 建立公共溢出区

建立公共溢出区的基本思想是将哈希表分为**基本表**和**溢出表**两部分，凡是与基本表发生冲突的元素一律填入溢出表。

8.4.3　哈希表的查找过程

创建哈希表

哈希表的查找过程与哈希表的创建过程是一致的。当查找关键字为 K 的元素时，首先计算 p0＝hash(K)，如果单元 p_0 为空，则所查元素不存在。如果单元 p_0 中元素的关键字为 K，则找到所查元素。否则重复下述解决冲突的过程：按解决冲突的方法，找出下一个哈希地址 p_i，如果单元 p_i 为空，则所查元素不存在；如果单元 p_i

中元素的关键字为 K，则找到所查元素。

下面以线性探测再散列为例，给出哈希表的查找算法：

```
#define m <哈希表长度>
#define NULLKEY <代表空记录的关键字值>
typedef int KeyType;
typedef struct
   {
   KeyType key;
     ⋮
   } RecordType ;
typedef RecordType HashTable[m] ;
int HashSearch( HashTable ht, KeyType K)
{
   p0=hash(K);
   if (ht[p0].key==NULLKEY) return (-1);
   else if (ht[p0].key==K) return (p0);
   else   /* 用线性探测再散列解决冲突 */
    {
       for (i=1; i<=m-1; i++)
         {
           pi=(p0+i) % m;
           if (ht[pi ].key==NULLKEY) return (-1);
           else if (ht[pi].key==K) return (pi);
         }
       return (-1);
    }
}
```

【算法 8.15 哈希表的查找算法】

8.4.4 哈希法性能分析

由于冲突的存在，哈希法仍需进行关键字比较，因此仍需用平均查找长度来评价哈希法的查找性能。哈希法中影响关键字比较次数的因素有三个：哈希函数、处理冲突的方法以及哈希表的装填因子。哈希表的装填因子 α 的定义如下：

$$\alpha=\frac{\text{哈希表中元素个数}}{\text{哈希表的长度}}$$

α 可描述哈希表的装满程度。显然，α 越小，发生冲突的可能性越小；而 α 越大，发生冲突的可能性也越大。假定哈希函数是均匀的，则影响平均查找长度的因素只剩下两个：处理冲突的方法以及 α。以下按处理冲突的不同方法分别列出相应的平均查找长度。

■ 线性探测再散列

查找成功时　$S_{nl}=\frac{1}{2}\left(1+\frac{1}{1-\alpha}\right)$

查找失败时　$U_{nl}=\frac{1}{2}\left(1+\frac{1}{(1-\alpha)^2}\right)$

■ 伪随机探测再散列、二次探测再散列以及再哈希法

查找成功时　$S_{nr}=-\frac{1}{\alpha}\ln(1-\alpha)$

查找失败时　$U_{nr}=\frac{1}{1-\alpha}$

■ 链址法

查找成功时　$S_{nc}=1+\frac{\alpha}{2}$

查找失败时　$U_{nc}=\alpha+e^{-\alpha}$

从以上讨论可知：哈希表的平均查找长度是装填因子 α 的函数，而与待散列元素数目 n 无关。因此，无论元素数目 n 有多大，都能通过调整 α，使哈希表的平均查找长度较小。

此外，我们还可以通过计算的方法得出用哈希法查找的平均查找长度。例如，已知一组关键字序列(19，14，23，01，68，20，84，27，55，11，10，79)，按哈希函数 H(key)＝key ％ 13 和线性探测处理冲突构造所得哈希表 ht[0..15]，如图 8.28 所示。

	0	1	2	3	4	5	6	7	8	9	10	11	12	13	14	15
		14	01	68	27	55	19	20	84	79	23	11	10			
冲突计算次数（缺少部分为 1 次）			②		④	③			③	⑨			③			

图 8.28　哈希表 ht[0..15]

查找 19 时，通过计算 H(19)＝ 6，ht[6].key 非空且值为 19，则查找成功，因此查找关键字 19，仅需要计算 1 次地址就可以找到。

查找 14 时，通过计算 H(14)＝ 1，ht[1].key 非空且值为 14，则查找成功，因此查找关键字 14，仅需要计算 1 次地址就可以找到。

查找 23 时，通过计算 H(23)＝10，ht[10].key 非空且值为 23，则查找成功，因此查找关键字 23 ，仅需要计算 1 次地址就可以找到。

同样，查找关键字 68、20、11，均需要计算 1 次地址就可以找到。

查找关键字 01 时，通过计算 H(01)＝1，ht[1].key 非空且值为 14≠01，则查找第一次冲突处理后的地址 $H_1=(1+1)\%16=2$，此时，ht[2].key 非空且值为 01，查找成功，因此查找关键字 01 时，需要计算 2 次地址才可以找到。

查找关键字 55 时，通过计算 H(55)＝3，ht[3].key 非空且值为 68≠55，则查找第一次冲突处理后的地址 $H_1=(3+1)\%16=4$，此时，ht[4].key 非空且值为 27≠55，则查找第二次冲突后处理地址 $H_2=(3+2)\%16=5$，ht[5].key 非空且值为 55，则查找成功，因此查找关键字 55 时，需要计算 3 次地址才能找到。同理，查找关键字 10、84 均需要计算 3 次地址才能找到。

查找关键字 55 时，通过计算 H(27)＝1，ht[1].key 非空且值为 14≠27，则查找第一次

冲突处理后的地址 $H_1=(1+1)\%16=2$，此时，ht[2].key 非空且值为 $01\neq27$，则查找第二次冲突后处理地址 $H_2=(1+2)\%16=3$，ht[3].key 非空且值为 $68\neq27$，则查找第三次冲突后处理地址 $H_3=(1+3)\%16=4$，ht[4].key 非空且值为 27，则查找成功，因此查找关键字 27 时，需要计算 4 次地址才可以找到。

根据上面的方法，查找关键字 79 时，通过计算 H(79)＝1，ht[1].key 非空且值为 $14\neq79$，则查找第一次冲突处理后的地址 $H_1=(1+1)\%16=2$，此时，ht[2].key 非空且值为 $01\neq79$，则查找第二次冲突后处理地址 $H_2=(1+2)\%16=3$，ht[3].key 非空且值为 $68\neq79$，则查找第三次冲突后处理地址 $H_3=(1+3)\%16=4$，ht[4].key 非空且值为 $27\neq79$，则查找第四次冲突后处理地址 $H_4=(1+4)\%16=5$，ht[5].key 非空且值为 $55\neq79$，则查找第五次冲突后处理地址 $H_5=(1+5)\%16=6$，ht[6].key 非空且值为 $19\neq79$，则查找第六次冲突后处理地址 $H_6=(1+6)\%16=7$，ht[7].key 非空且值为 $20\neq79$，则查找第七次冲突后处理地址 $H_7=(1+7)\%16=8$，ht[8].key 非空且值为 $84\neq79$，则查找第八次冲突后处理地址 $H_8=(1+8)\%16=9$，ht[9].key 非空且值为 79，则查找成功，因此查找关键字 79 时，需要计算 9 次地址才可以找到。

■ 手工计算等概率情况下查找成功的平均查找长度公式

手工计算等概率情况下查找成功的平均查找长度规则如下：

$$ASL_{succ}=\frac{1}{\text{表中置入元素个数 n}}\sum_{i=1}^{n}C_i$$

其中，C_i 为查找每个元素时所需的比较次数。

据此计算公式，对如图 8.27 所示的哈希表采用线性探测再散列法处理冲突，计算出在等概率查找的情况下其查找成功的平均查找长度为

$$ASL=\frac{1}{12}(1\times6+2+3\times3+4+9)=2.5$$

为便于计算，在图 8.28 所示哈希表下方加注圆圈，圆圈内表示的是有冲突时的计算次数，如代表需要一次地址计算就可找到的关键字有 6 个，依此类推，即可得到计算结果。

同理据此公式，对采用链地址法处理冲突的哈希表例图 8.27，计算出在等概率情况下其查找成功的平均查找长度为

$$ASL_{succ}=\frac{1}{12}(1\times7+2\times4+3)=1.5$$

■ 手工计算在等概率情况下查找不成功的平均查找长度公式

手工计算等概率情况下查找不成功的平均查找长度规则如下：

$$ASL_{unsucc}=\frac{1}{\text{哈希函数取值个数 r}}\sum_{i=1}^{r}C_i$$

其中，C_i 为函数取值为 i 时确定查找不成功时的比较次数。

据此计算公式，对如图 8.28 所示的哈希表，采用线性探测再散列法处理冲突，计算出在等概率查找的情况下其查找不成功的平均查找长度为

$$ASL_{unsucc}=\frac{1}{13}(1+13+12+11+10+9+8+7+6+5+4+3+2)=7$$

同理据此公式，对采用链地址法处理冲突的哈希表例图 8.27，计算出在等概率情况下其查找不成功的平均查找长度为

$$ASL_{unsucc}=\frac{1}{13}(1\times6+2\times3+3\times3+4)\approx1.9$$

习　　题

第 8 章习题参考答案

8.1　若对大小均为 n 的有序的顺序表和无序的顺序表分别进行顺序查找，试在下列三种情况下分别讨论两者在等概率时的平均查找长度是否相同？

(1) 查找不成功，即表中没有关键字等于给定值 K 的记录。

(2) 查找成功且表中只有一个关键字等于给定值 K 的记录。

(3) 查找成功且表中有若干个关键字等于给定值 K 的记录，一次查找要求找出所有记录。

8.2　画出对长度为 10 的有序表进行折半查找的判定树，并求其等概率时查找成功的平均查找长度。

8.3　试推导含 12 个结点的平衡二叉树的最大深度并画出一棵这样的树。

8.4　试从空树开始，画出按以下次序向 2－3 树(即 3 阶 B 树)中插入关键码的建树过程：20、30、50、52、60、68、70。如果此后删除 50 和 68，画出每一步执行后 2－3 树的状态。

8.5　选取哈希函数 H(k)＝(3k)％11，用线性探测再散列法处理冲突。试在 0～10 的散列地址空间中，对关键字序列(22，41，53，46，30，13，01，67)构造哈希表，并求等概率情况下查找成功与不成功时的平均查找长度。

8.6　试为下列关键字建立一个装载因子不小于 0.75 的哈希表，并计算你所构造的哈希表的平均查找长度。

(ZHAO，QIAN，SUN，LI，ZHOU，WU，ZHENG，WANG，CHANG，CHAO，YANG，JIN)

8.7　试编写利用折半查找法确定记录所在块的分块查找算法。

8.8　试写一个判别给定二叉树是否为二叉排序树的算法。设此二叉树以二叉链表作存储结构，且树中结点的关键字均不同。

8.9　编写算法，求出指定结点在给定的二叉排序树中所在的层数。

8.10　编写算法，在给定的二叉排序树上找出任意两个不同结点的最近公共祖先(若在两结点 A、B 中，A 是 B 的祖先，则认为 A 是 A、B 的最近公共祖先)。

8.11　编写一个函数，利用二分查找算法在一个有序表中插入一个元素 x，并保持表的有序性。

8.12　已知长度为 12 的表：(Jan，Feb，Mar，Apr，May，June，July，Aug，Sep，Oct，Nov，Dec)。

(1) 试按表中元素的顺序依次插入一棵初始为空的二叉排序树，画出插入完成后的二叉排序树并求其等概率的情况下查找成功的平均查找长度。

(2) 若对表中元素先进行排序构成有序表，求在等概率的情况下对此有序表进行折半查找时查找成功的平均查找长度。

(3) 按表中元素的顺序依次构造一棵平衡二叉排序树，并求其等概率的情况下查找成功的平均查找长度。

8.13　含有 9 个叶子结点的 3 阶 B 树中至少有多少个非叶子结点？含有 10 个叶子结点的 3 阶 B 树中至少有多少个非叶子结点？

8.14　写一时间复杂度为 $O(\log_2 n+m)$的算法，删除二叉排序树中所有关键字不小于 x 的结点，并释放结点空间。其中 n 为树中的结点个数，m 为被删除的结点个数。

8.15　在平衡二叉排序树的每个结点中增加一个 lsize 域，其值为它的左子树中的结点数加 1。编写一时间复杂度为 $O(\log_2 n)$的算法，确定树中第 k 个结点的位置。

实　习　题

一、哈希表设计。

为班级 30 个人的姓名设计一个哈希表，假设姓名用汉语拼音表示。要求用除留余数法构造哈希函数，用线性探测再散列法处理冲突，平均查找长度的上限为 2。

二、简单的员工管理系统。

每个员工的信息包括：编号、姓名、性别、出生年月、学历、职务、电话、住址等。系统的功能包括：

(1) 查询：按特定条件查找员工。

(2) 修改：按编号对某个员工的某项信息进行修改。

(3) 插入：加入新员工的信息。

(4) 删除：按编号删除已离职的员工的信息。

(5) 排序：按特定条件对所有员工的信息进行排序。

第 8 章知识框架

第9章

内部排序

当进行数据处理时，经常需要进行查找操作，而为了查得快找得准，通常希望待处理的数据按关键字大小有序排列，因为这样就可以采用查找效率较高的查找法。由此可见，排序是计算机程序设计中的一种基础性操作，研究和掌握各种排序方法是非常重要的。本章将介绍排序的基本概念并讨论五类重要的排序方法。

9.1 排序的基本概念

为了便于以后的讨论，我们先给出排序的相关概念。

1. 排序

有 n 个记录的序列{R_1，R_2，…，R_n}，其相应关键字的序列是{K_1，K_2，…，K_n}，相应的下标序列为 1、2、…、n。通过排序，要求找出当前下标序列 1、2、…、n 的一种排列 p1、p2、…、pn，使得相应关键字满足如下的非递减(或非递增)关系，即 $K_{p1} \leqslant K_{p2} \leqslant \cdots \leqslant K_{pn}$，这样就得到一个按关键字有序的记录序列{$R_{p1}$、$R_{p2}$、…、$R_{pn}$}。

2. 内部排序与外部排序

根据排序时数据所占用存储器的不同，可将排序分为两类：一类是整个排序过程完全在内存中进行，称为**内部排序**；另一类是由于待排序记录数据量太大，内存无法容纳全部数据，排序时需要借助外部存储设备才能完成，称为**外部排序**。

3. 稳定排序与不稳定排序

上面所说的关键字 K_i 可以是记录 R_i 的主关键字，也可以是次关键字，甚至可以是记录中若干数据项的组合。若 K_i 是主关键字，则任何一个无序的记录序列经排序后得到的有序序列是唯一的；若 K_i 是次关键字或是记录中若干数据项的组合，则得到的排序结果将是不唯一的，因为待排序记录的序列中存在两个或两个以上关键字相等的记录。

排序算法稳定性的意义

假设 $K_i = K_j$($1 \leqslant i \leqslant n$，$1 \leqslant j \leqslant n$，$i \neq j$)，若在排序前的序列中 R_i 领先于 R_j(即 $i < j$)，经过排序后得到的序列中 R_i 仍领先于 R_j，则称所用的**排序方法是稳定的**；反之，当相同关键字的领先关系在排序过程中发生变化，则称所用的**排序方法是不稳定的。**

无论是稳定的还是不稳定的排序方法，均能排好序。在应用排序的某些场合，如选举和比赛等，对排序的稳定性是有特殊要求的。

证明一种排序方法是稳定的，要从算法本身的步骤中加以证明。证明排序方法是不稳定的，只需给出一个反例说明。

在排序过程中，一般进行两种基本操作：

(1) 比较两个关键字的大小；

(2) 将记录从一个位置移动到另一个位置。

其中，操作(1)对于大多数排序方法来说是必要的，而操作(2)则可以通过采用适当的存储方式予以避免。对于待排序的记录序列，有三种常见的存储表示方法：

(1) 向量结构：将待排序的记录存放在一组地址连续的存储单元中。因为在这种存储方式中，记录之间的次序关系由其存储位置来决定，所以排序过程中一定要移动记录才行。

(2) 链表结构：采用链表结构时，记录之间逻辑上的相邻性是靠指针来维持的，这样在排序时，就不用移动记录元素，而只需要修改指针。这种排序方式被称为链表排序。

(3) 记录向量与地址向量结合：将待排序记录存放在一组地址连续的存储单元中，同时另设一个指示各个记录位置的地址向量。这样在排序过程中不移动记录本身，而修改地址向量中记录的“地址”，在排序结束后，再按照地址向量中的值调整记录的存储位置。这种排序方式被称为地址排序。

本章主要讨论在向量结构上各种排序方法的实现。为了讨论方便，假设待排记录的关键字均为整数，均从数组中下标为 1 的位置开始存储，下标为 0 的位置存储监视哨或空闲不用。

```
typedef int KeyType;
typedef struct {
    KeyType key;
    OtherType other_data;
    } RecordType;
```

9.2 插入类排序

插入排序的基本思想是：在一个已排好序的记录子集的基础上，每一步将下一个待排序的记录有序地插入到已排好序的记录子集中，直到将所有待排记录全部插入为止。

打扑克牌时的抓牌就是插入排序一个很好的例子，每抓一张牌，插入到合适位置，直到抓完牌为止，即可得到一个有序序列。

9.2.1 直接插入排序

直接插入排序是一种最基本的插入排序方法。其基本操作是将第 i 个记录插入到前面 i−1 个已排好序的记录中，具体过程为：将第 i 个记录的关键字 K_i 顺次与其前面记录的关键字 K_{i-1}、K_{i-2}、…、K_1 进行比较，将所有关键字大于 K_i 的记录依次向后移动一个位置，直到遇见一个关键字小于或者等于 K_i 的记录 K_j，此时 K_j 后面必为空位置，将第 i 个记录插入空位置即可。完整的直接插入排序是从 i=2 开始的，也就是说，将第 1 个记录视为已排好序的单元素子集合，然后将第 2 个记录插入到单元素子集合中。i 从 2 循环到 n，即可实现完整的直接插入排序。图 9.1 给出了一个完整的直接插入排序示例。图中，大括号内为当前已排好序的记录子集合。

A) { **48** } 62 35 77 55 14 35 98

B) { **48** **62**} 35 77 55 14 35 98

C) { **35** **48** **62**} 77 55 14 35 98

D) { **35** **48** **62** **77**} 55 14 35 98

E) { **35** **48** **55** **62** **77**} 14 35 98

F) { **14** **35** **48** **55** **62** **77**} 35 98

G) { **14** **35** **35** **48** **55** **62** **77**} 98

H) { **14** **35** **35** **48** **55** **62** **77** **98** }

图 9.1 直接插入排序示例

假设待排序记录存放在 r[1..n]之中，为了提高效率，我们附设一个监视哨 r[0]，使得 r[0]始终存放待插入的记录。监视哨的作用有两个：一是备份待插入的记录，以便前面关键字较大的记录后移；二是防止越界，这一点与第 8 章顺序查找法中监视哨的作用相同。

直接插入排序算法的描述如下：

```
void InsSort(RecordType r[], int n)
/* 对记录数组 r 做直接插入排序，n 为数组的长度 */
{
  for ( i=2 ; i= n; i++ )
  {
   r[0]=r[i]; j=i-1;              /* 将待插入记录存放到监视哨 r[0]中 */
   while (r[0].key< r[j].key )    /* 寻找插入位置 */
      {
        r[j+1]= r[j]; j=j-1;
      }
   r[j+1]=r[0];                   /* 将待插入记录插入到已排序的序列中 */
  }
} /* InsSort */
```

【算法 9.1 直接插入排序】

直接插入排序详解

上述算法的要点是：① 使用监视哨 r[0]临时保存待插入的记录；② 从后往前查找应插入的位置；③ 查找与移动在同一循环中完成。

直接插入排序算法分析：

从空间耗费角度来看，它只需要一个辅助空间 r[0]。

从时间耗费角度来看，主要时间耗费在关键字比较和元素移动上。

对于一趟插入排序，算法中的 while 循环的次数主要取决于待插入记录与前 i-1 个记录的关键字的关系上。

最好情况为(顺序)：r[i].key> r[i-1].key，while 循环只执行 1 次，且不移动记录。

最坏情况为(逆序)：r[i]. key< r[1]. key，则 while 循环中关键字比较次数和移动记录的次数为 i－1。

对整个排序过程而言，最好情况是待排序记录本身已按关键字有序排列，此时总的比较次数为 n－1 次，移动记录的次数也达到最小值 2(n－1)(每一次只对待插记录 r[i]移动两次)；最坏情况是待排序记录按关键字逆序排列，此时总的比较次数达到最大值为 $(n+2)(n-1)/2$，即 $\sum_{i=2}^{n} i$，记录移动的次数也达到最大值 $(n+4)(n-1)/2$，即 $\sum_{i=2}^{n}(i+1)$。直接插入排序算法执行的时间耗费主要取决于数据的分布情况。若待排序记录是随机的，即待排序记录可能出现的各种排列的概率相同，则可以取上述最小值和最大值的平均值，约为 $n^2/4$。因此，直接插入排序的时间复杂度为 $T(n)=O(n^2)$，空间复杂度为 $S(n)=O(1)$。

说明：排序算法的稳定性必须从算法本身加以证明。直接插入排序法是稳定的排序方法。在直接插入排序算法中，由于待插入元素的比较是从后向前进行的，循环 while (x. key< r[j]. key)的判断条件就保证了后面出现的关键字不可能插入到与前面相同的关键字之前。

直接插入排序算法简便，比较适用于待排序记录数目较少且基本有序的情况。当待排记录数目较大时，直接插入排序的性能就不好，为此我们可以对直接插入排序做进一步的改进。在直接插入排序法的基础上，从减少“比较关键字”和“移动记录”两种操作的次数着手来进行改进。

9.2.2 折半插入排序

从第 8 章关于查找的讨论中可知：对于有序表进行折半查找，其性能优于顺序查找。所以，我们可以将折半查找用于在有序记录 r[1..i－1]中确定应插入位置，相应的排序法称为折半插入排序法。折半插入排序算法的描述如下：

```
void BinSort (RecordType r[], int n)
/* 对记录数组 r 进行折半插入排序，n 为数组的长度 */
{
   for ( i=2 ; i<=n ; ++i )
     {
        x= r[i];
        low=1; high=i-1;
        while (low<=high )           /* 确定插入位置 */
          { mid=(low+high) / 2;
            if ( x.key< r[mid].key ) high=mid-1;
            else low=mid+1;
          }
        for ( j=i-1 ; j>= low; --j ) r[j+1]= r[j];   /* 记录依次向后移动 */
        r[low]=x;   /* 插入记录 */
     }
} /* BinSort */
```

【算法 9.2 折半插入排序】

采用折半插入排序法，可减少关键字的比较次数。每插入一个元素，需要比较的次数最大为折半判定树的深度，如插入第 i 个元素时，设 $i=2^j$，则需进行 $\log_2 i$ 次比较，因此插入 n－1 个元素的平均关键字的比较次数为 $O(n\log_2 n)$。

虽然折半插入排序法与直接插入排序法相比较，改善了算法中比较次数的数量级，但其并未改变移动元素的时间耗费，所以折半插入排序的总的时间复杂度仍然是 $O(n^2)$。

思考 能否改动算法 9.2，使查找与移动在同一个循环中进行？

9.2.3 表插入排序

表插入排序是采用链表存储结构进行插入排序的方法。表插入排序的基本思想是：先在待插入记录之前的有序子链表中查找应插入位置，然后将待插入记录插入链表。因为链表的插入操作只修改指针域，不移动记录，所以表插入排序可提高排序效率。在算法的具体实现上，我们可以采用静态链表作为存储结构。首先给出类型说明如下：

```
typedef int KeyType;
typedef struct {
    KeyType key;
    OtherType other_data;
    int next;
  } RecordType1;
```

设 r 为用 RecordType1 类型数组表示的静态链表，为了插入操作方便，用 r[0]作为表头结点，并构成循环链表，即 r[0]. next 指向静态循环链表的第一个结点，r[n]. next=0。

表插入排序算法的描述如下：

```
void SLinkListSort(RecordType1 r[], int n)
{
   r[0].next=n; r[n].next=0;
   for ( i=n-1 ; i>= 1; --i)
     { p= r[0].next; q=0;
        while( p>0 && r[p].key< r[i].key )    /* 寻找插入位置 */
          {q=p; p= r[p].next;}
        r[q].next=i; r[i].next=p;      /* 修改指针，完成插入 */
     }
} /* SLinkListSort */
```

【算法 9.3 表插入排序】

从上述算法可以看出，每插入一条记录，最大的比较次数等于已排好序的记录个数，即当前循环链表长度。所以，总的比较次数为 $\sum_{i=1}^{n-1} i=\frac{n(n-1)}{2}\approx\frac{n^2}{2}$，因此表插入排序的时间复杂度为 $T(n)=O(n^2)$。表插入排序中移动记录的次数为零，但移动记录时间耗费的减少是以增加 n 个 next 域为代价的。

9.2.4 希尔排序

直接插入排序法在待排序的关键字序列基本有序且关键字个数 n 较少时，其算法的性能最佳。希尔排序又称缩小增量排序法，是一种基于插入思想的排序方法，它利用了直接插入排序的最佳性质，将待排序的关键字序列分成若干个较小的子序列，对子序列进行直接插入排序，使整个待排序的序列排好序。在时间耗费上，希尔排序较直接插入排序法的性能有较大的改进。

我们知道，在进行直接插入排序时，若待排序记录序列已经有序时，直接插入排序的时间复杂度可以提高到 O(n)。可以设想，若待排序记录序列基本有序，即序列中具有特性 r[i]. key<Max{ r[j]. key}，(1≤j<i)的记录较少时，直接插入排序的效率会大大提高。希尔排序正是从这一点出发对直接插入排序进行了改进。

希尔排序的基本思想是：先将待排序记录序列分割成若干个“较稀疏的”子序列，分别进行直接插入排序。经过上述粗略调整，整个序列中的记录已经基本有序，最后对全部记录进行一次直接插入排序。

在具体实现时，首先选定两个记录间的距离 d_1，在整个待排序记录序列中将所有间隔为 d_1 的记录分成一组，进行组内直接插入排序；然后取两个记录间的距离 $d_2<d_1$，在整个待排序记录序列中，将所有间隔为 d_2 的记录分成一组，进行组内直接插入排序，直至选定两个记录间的距离 $d_t=1$ 为止。此时只有一个子序列，即整个待排序记录序列。

图 9.2 给出了一个希尔排序过程的示例。

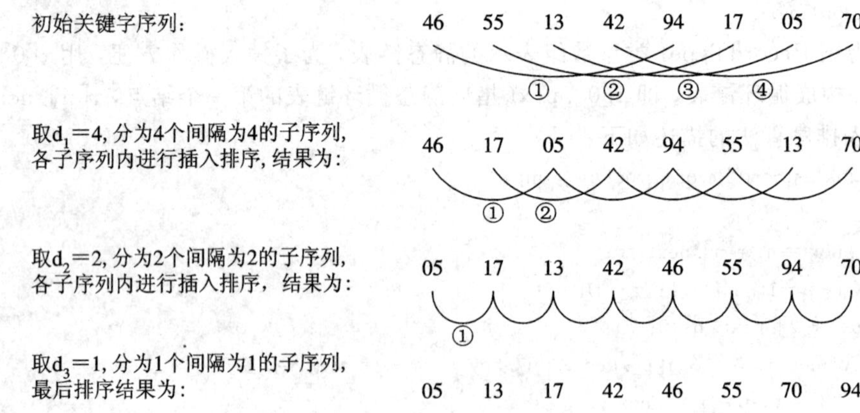

图 9.2　希尔排序示例

希尔排序算法如下：

```
void ShellInsert(RecordType r[], int length, int delta)
/* 对记录数组 r 做一趟希尔排序，length 为数组的长度，delta 为增量 */
{
   for(i=1+delta ; i<= length; i++)
        /* 1+delta 为第一个子序列的第二个元素的下标 */
     if(r[i]. key < r[i-delta]. key)
     {
        r[0]= r[i];    /* 备份 r[i] (不作监视哨) */
        for(j=i-delta; j>0 &&r[0]. key < r[j]. key ; j-=delta)
           r[j+delta]= r[j];
        r[j+delta]= r[0];
     }
} /* ShellInsert */
```

```
void ShellSort(RecordType r[], int length, int delta[], int n)
/*对记录数组r做希尔排序，length为数组r的长度，delta为增量数组，n为delta[]的长度*/
{
   for(i=0 ; i<=n-1; ++i)
   ShellInsert(r, Length, delta[i]);
}
```

【算法 9.4　希尔排序】

当 $d_t=1$ 时，排序的过程与 9.2.1 节直接插入排序过程相同。在希尔排序中，各子序列的排序过程相对独立，但具体实现时，并不是先对一个子序列进行完全排序，再对另一个子序列进行排序。当我们顺序扫描整个待排序记录序列时，各子序列的元素将会反复轮流出现。根据这一特点，希尔排序从第一个子序列的第二个元素开始，顺序扫描待排序记录序列，对首先出现的各子序列的第二个元素，分别在各子序列中进行插入处理；然后对随后出现的各子序列的第三个元素，分别在各子序列中进行插入处理，直到处理完各子序列的最后一个元素。

为了分析希尔排序的优越性，我们引出逆转数的概念。对于待排序序列中的某个记录的关键字，它的逆转数是指在它之前比此关键字大的关键字的个数。

例如，对待排序序列{46，55，13，42，94，17，05，70}而言，其逆转数如下：

关键字	46	55	13	42	94	17	05	70
逆转数(B_i)	0	0	2	2	0	4	6	1

对直接插入排序法而言，n 个记录的 n 个关键字的逆转数之和为

$$\sum_{i=2}^{n} B_i \text{（待排序列中的第 1 个记录的逆转数为 0）}$$

这时逆转数之和就是排序过程中插入某一个待排序记录所需要移动记录的次数。原因是，若插入第 i 个记录，则其前必有 B_i 个关键字大于它的记录需要移动。这样一次比较、一次移动，每次只是减少一个逆转数。但对于希尔排序而言，一次比较、一次移动后减少的逆转数不止一个。如上述待排序序列{46，**55**，13，42，94，**17**，05，70}，在未经过一次希尔排序之前，它的逆转数之和为 0+0+2+2+0+4+6+1=15，之后经过一次希尔排序后得到的序列为{46，**17**，05，42，94，**55**，13，70}，其中 17 和 55 的位置发生了变化，对 17 之前和 55 之后的关键字的逆转数无影响，而对于两个关键字本身以及介于这两个关键字之间的关键字的逆转数都会减少。对于 17 本身而言，其逆转数必减少 1；而关键字 17 和 55 之间的关键字，若其值大小介于 17 和 55 之间，则这些关键字的逆转数一定会减少。即假设被调换位置的两个关键字之间有 n 个介于两个关键字之间的数，则一定会减少 2n+1 个逆转。

我们还以上面的待排序序列为例，初始时逆转数之和为 15。

经 $d_1=4$ 后，逆转数为 1+2+1+0+1+5+1=11。

经 $d_2=2$ 后，逆转数为 0+1+0+0+0+1=2。

经 $d_3=1$ 后，逆转数为 0。

当 $d_3=1$ 时，尽管这一趟希尔排序相当于直接插入排序，但因为逆转数很小，所以移动

次数相对于简单的直接插入排序而言也会减少。由此可见，希尔排序是一个较好的插入排序方法。希尔排序能迅速减少逆转数，尽管当间隔为1时，希尔排序相当于直接插入排序，但此时的关键字序列的逆转数已经很小，序列已经基本有序，所使用的恰好是直接插入的最佳性质。

希尔排序的分析是一个复杂的问题，因为它的时间耗费是所取的“增量”序列的函数。到目前为止，尚未有人求得一种最好的增量序列。但经过大量研究，也得出了一些局部的结论。

在排序过程中，若相同关键字记录的领先关系发生变化，则说明该**排序方法是不稳定的。**

例如，待排序序列{2，4，1，$\underline{2}$}，采用希尔排序，设 $d_1=2$，得到一趟排序结果为{1，$\underline{2}$，2，4}，说明希尔排序法是不稳定的排序方法。

9.3 交换类排序法

基于交换的排序法是一类通过交换逆序元素进行排序的方法。在本节中，首先介绍基于简单交换思想实现的冒泡排序法，在此基础上给出了改进方法——快速排序法。

9.3.1 冒泡排序(相邻比序法)

冒泡排序是一种简单的交换类排序方法，它是通过相邻的数据元素的交换，逐步将待排序序列变成有序序列的过程。冒泡排序的基本思想是：从头扫描待排序记录序列，在扫描的过程中顺次比较相邻的两个元素的大小。以升序为例，在第一趟排序中，对n个记录进行如下操作：若相邻的两个记录的关键字比较，逆序时就交换位置。在扫描的过程中，不断地将相邻两个记录中关键字大的记录向后移动，最后将待排序记录序列中的最大关键字记录换到了待排序记录序列的末尾，这也是最大关键字记录应在的位置。接下来进行第二趟冒泡排序，对前n－1个记录进行同样的操作，其结果是使次大的记录被放在第n－1个记录的位置上。如此反复，直到排好序为止(若在某一趟冒泡过程中，没有发现一个逆序，则可结束冒泡排序)，所以冒泡过程最多进行n－1趟。图9.3给出了一个表示第一趟冒泡排序过程的示例。

冒泡排序算法如下：

```
void BubbleSort(RecordType r[], int length )
/* 对记录数组r做冒泡排序，length为数组的长度 */
{
   n=length; change=TRUE;
   for ( i=1 ; i<= n-1 && change ;++i )
     {
       change=FALSE;
       for ( j=1 ; j<= n-i ; ++j)
         if (r[j]. key> r[j+1]. key )
           {
             x= r[j];
             r[j]= r[j+1];
```

```
            r[j+1]= x;
            change=TRUE;
          }
      }
  } /* BubbleSort */
```

【算法 9.5　冒泡排序法】

48	62	35	77	55	14	35	98	22	40
48	62	35	77	55	14	35	98	22	40
48	35	62	77	55	14	35	98	22	40
48	35	62	77	55	14	35	98	22	40
48	35	62	55	77	14	35	98	22	40
48	35	62	55	14	77	35	98	22	40
48	35	62	55	14	35	77	98	22	40
48	35	62	55	14	35	77	98	22	40
48	35	62	55	14	35	77	22	98	40
48	35	62	55	14	35	77	22	40	98

(a) 一趟冒泡排序示例

第1趟	48	35	62	55	14	35	77	22	40	**98**
第2趟	35	48	55	14	35	62	22	40	**77**	**98**
第3趟	35	48	14	35	55	22	40	**62**	**77**	**98**
第4趟	35	14	35	48	22	40	**55**	**62**	**77**	**98**
第5趟	14	35	35	22	40	**48**	**55**	**62**	**77**	**98**
第6趟	14	35	22	35	**40**	**48**	**55**	**62**	**77**	**98**
第7趟	14	22	35	**35**	**40**	**48**	**55**	**62**	**77**	**98**

(b) 冒泡排序全过程

图 9.3　冒泡排序示例

冒泡排序算法算法分析：最坏情况是待排序记录按关键字的逆序排列，此时，第 i 趟冒泡排序需要进行 n－i 次比较、3(n－i)次移动。经过 n－1 趟冒泡排序后，总的比较次数为 $\sum_{i=1}^{n-1} n-i = n(n-1)/2$，总的移动次数为 3n(n－1)/2 次，因此该算法的时间复杂度为$O(n^2)$，空间复杂度为

冒泡排序详解

O(1)。另外，冒泡排序法是一种稳定的排序方法。

9.3.2 快速排序

在上节讨论的冒泡排序中，由于扫描过程中只对相邻的两个元素进行比较，因此在互换两个相邻元素时只能消除一个逆序。如果能通过两个(不相邻的)元素的交换，消除待排序记录中的多个逆序，则会大大加快排序的速度。快速排序方法就是想通过一次交换而消除多个逆序。

快速排序的基本思想是：从待排序记录序列中选取一个记录(通常选取第一个记录)，其关键字设为 K_1；然后将其余关键字小于 K_1 的记录移到前面，而将关键字大于 K_1 的记录移到后面，结果将待排序记录序列分成两个子表；最后将关键字为 K_1 的记录插到其分界线的位置处。我们将这个过程称为一趟快速排序。通过一次划分后，就以关键字为 K_1 的记录为分界线，将待排序序列分成了两个子表，其中前面子表中所有记录的关键字均不大于 K_1，而后面子表中的所有记录的关键字均不小于 K_1。对分割后的子表继续按上述原则进行分割，直到所有子表的表长不超过 1 为止，此时待排序记录序列就变成了一个有序表。

假设待划分序列为 r[low]、r[low+1]、…、r[high]，首先将基准记录 r[low]移至变量 x 中，使 r[low]相当于空单元，然后反复进行如下两个扫描过程，直到 low 和 high 相遇。

(1) high 从右向左扫描，直到 r[high]. key<x. key 时，将 r[high]移至空单元 r[low]，此时 r[high]相当于空单元。

(2) low 从左向右扫描，直到 r[low]. key>=x. key 时，将 r[low]移至空单元 r[high]，此时 r[low]相当于空单元。

当 low 和 high 相遇时，r[low](或 r[high])相当于空单元，且 r[low]左边所有记录的关键字均小于基准记录的关键字，而 r[low]右边所有记录的关键字均大于或等于基准记录的关键字。最后将基准记录移至 r[low]中，就完成了一次划分过程。对于 r[low]左边的子表和 r[low]右边的子表均可采用同样的方法进行进一步划分。

图 9.4 给出了一个表示第一次划分过程的示例。

快速排序算法如下：

```
void QKSort(RecordType r[], int low, int high )
/* 对记录数组 r[low..high]用快速排序算法进行排序 */
{
  if(low<high)
  {
    pos=QKPass(r, low, high);
    QKSort(r, low, pos-1);
    QKSort(r, pos+1, high);
  }
}
```

【算法 9.6 快速排序】

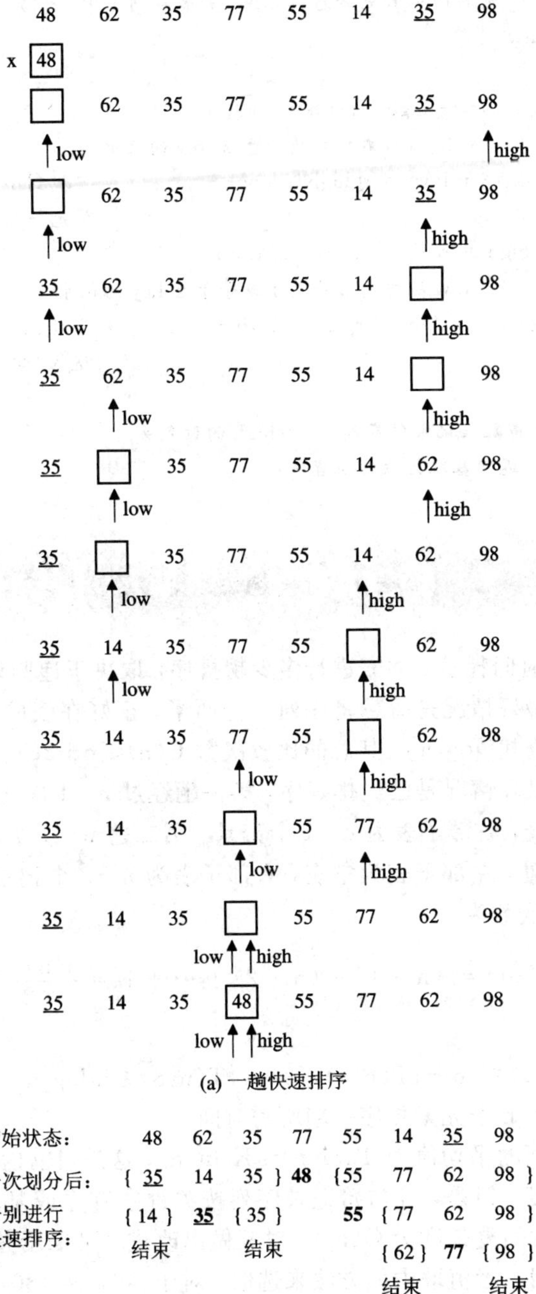

(b) 快速排序全过程

图 9.4 快速排序过程示例

一趟快速排序算法如下:

```
int QKPass(RecordType r[], int left, int right)
/* 用基准记录对 r[low]至 r[high]部分进行一趟排序(划分),并得到基准记录的新位置,使得基准记
   录之前所有记录的关键字均小于基准记录的关键字,而基准记录之后所有记录的关键字均大于或
   等于基准记录的关键字 */
{
```

```
    x= r[low];    /* 选 r[low]作划分基准记录，并暂存到 x 中，r[low]可视为"空单元" */
    while ( low<high )
    {
      while (low< high && r[high].key>=x.key )
          high--;    /* high从右到左找小于 x.key的记录 */
      if ( low <high ) { r[low]= r[high]; low++;}    /* 若找到小于 x.key 的记录，则送入"空
                                                       单元"r[low] */
      while (low<high && r[low].key<x.key )
          low++;    /* low从左到右找大于或等于 x.key的记录 */
      if ( low<high ) { r[high]= r[low]; high--;}    /* 若找到大于或等于 x.key 的记录，则
                                                       送入"空单元"r[high] */
    }
    r[low]=x;    /*将基准记录保存到 low=high 的位置*/
    return low;    /*返回基准记录的位置*/
} /* QKPass */
```

【算法 9.7　一趟快速排序算法】

分析快速排序的时间耗费，共需进行多少趟排序，取决于递归调用深度。

(1) 快速排序的最好情况是每趟将序列一分两半，正好在表的中间将表分成两个大小相等的子表。同折半查找[$\log_2 n$]，其总的比较次数 $C(n)\leqslant n+2C(n/2)$。

(2) 快速排序的最坏情况是已经排好序，第一趟经过 n－1 次比较，第 1 个记录定在原位置，左部子表为空表，右部子表为 n－1 个记录。第二趟 n－1 个记录经过 n－2 次比较，第 2 个记录定在原位置，左部子表为空表，右部子表为 n－2 个记录；依此类推，共需进行 n－1 趟排序，其比较次数为

$$\sum_{i=1}^{n-1}(n-i)=(n-1)+(n-2)+\cdots+1=\frac{n(n-1)}{2}\approx\frac{n^2}{2}$$

执行次数为

$$T(n)\leqslant C_n+2T(n/2)\leqslant 2n+4T(n/4)\leqslant 3n+4T(n/8)\leqslant n\log_2 n+nT(1)\approx O(n\log_2 n)$$

其中，C_n 是常数，表示 n 个元素排序一趟所需时间。

快速排序所需时间的平均值为 $Targ(n)\leqslant K_n\ln(n)$，这是目前内部排序方法中所能达到的最好平均时间复杂度。但是，若初始记录序列按关键字有序或基本有序，则快速排序将蜕变为冒泡排序，其时间复杂度为 $O(n^2)$。对其做出改进，可采用其他方法选取枢轴元素，以弥补缺陷。如果采用三者值取中的方法来选取，对于{46，94，80}来说，则取 80，即

$$k_i=\mathrm{mid}\left(r[low].key,\ r\left[\left\lfloor\frac{low+high}{2}\right\rfloor\right].key,\ r[high].key\right)$$

或者取表中间位置的值作为枢轴的值，如对于{46，94，80}，可取位置序号为 2 的记录 94 为枢轴。

9.4　选择类排序法

选择排序的基本思想是：每一趟在 n－i＋1(i＝1，2，…，n－1)个记录中选取关键字最

小的记录作为有序序列中第 i 个记录。本节主要介绍简单选择排序、树形选择排序和堆排序。

9.4.1 简单选择排序

简单选择排序的基本思想：第 i 趟简单选择排序是指通过 n－i 次关键字的比较，从 n－i＋1 个记录中选出关键字最小的记录，并与第 i 个记录进行交换。共需进行 i－1 趟比较，直到所有记录排序完成为止。例如，进行第 i 趟选择时，从当前候选记录中选出关键字最小的 k 号记录，并与第 i 个记录进行交换。图 9.5 给出了一个简单选择排序示例，说明了前三趟选择后的结果。图中大括号内为当前候选记录，大括号外为当前已经排好序的记录。

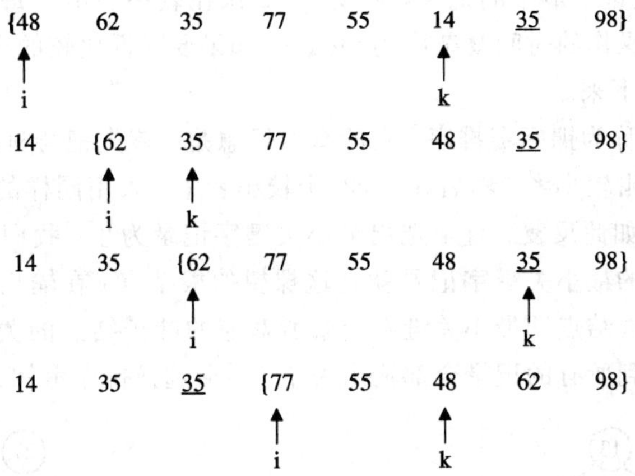

```
{48   62   35   77   55   14   35   98}
 ↑                        ↑
 i                        k
 14  {62   35   77   55   48   35   98}
      ↑    ↑
      i    k
 14   35  {62   77   55   48   35   98}
           ↑                   ↑
           i                   k
 14   35   35  {77   55   48   62   98}
                ↑         ↑
                i         k
```

图 9.5 简单选择排序示例

简单选择排序的算法描述如下：

```
void SelectSort(RecordType r[], int length)
/* 对记录数组 r 做简单选择排序，length 为数组的长度 */
{
   n=length;
   for ( i=1 ; i<= n-1; ++i)
     {
        k=i;
        for ( j=i+1 ; j<= n ; ++j)
           if (r[j].key < r[k].key ) k=j;
        if ( k!=i)
           { x= r[i]; r[i]= r[k]; r[k]=x;}
     }
} /* SelectSort */
```

【算法 9.8 简单选择排序】

简单选择排序算法分析：在简单选择排序过程中，所需移动记录的次数比较少。最好情况下，即待排序记录初始状态就已经是正序排列了，则不需要移动记录。最坏情况下，即第一个记录最大，其余记录从小到大有序排列，此时移动记录的次数最多，为 3(n－1)次。

简单选择排序过程中需要进行的比较次数与初始状态下待排序的记录序列的排列情况无关。当 i=1 时，需进行 n－1 次比较；当 i=2 时，需进行 n－2 次比较；依此类推，共需要进行的比较次数是 $\sum_{i=1}^{n-1} n-i = (n-1)+(n-2)+\cdots+2+1=n(n-1)/2$，即进行比较操作的时间复杂度为 $O(n^2)$。

选择排序详解

9.4.2 树形选择排序

在简单选择排序中，首先从 n 个记录中选择关键字最小的记录，需要 n－1 次比较；在 n－1 个记录中选择关键字最小的记录，需要 n－2 次比较……由于每次都没有利用上次比较的结果，因此比较操作的时间复杂度为 $O(n^2)$。如果要降低比较的次数，则需要把比较过程中的大小关系保存下来。

树形选择排序也称为锦标赛排序。它的基本思想是：首先把待排序的 n 个记录的关键字两两进行比较，取出较小者；然后在 $\lfloor n/2 \rfloor$ 个较小者中，采用同样的方法进行比较，选出每两个中的较小者；如此反复，直至选出最小关键字记录为止。我们可以用一棵有 n 个结点的树来表示，选出的最小关键字记录就是这棵树的根结点。在输出最小关键字之后，为选出次小关键字，将根结点即最小关键字记录所对应的叶子结点的关键字的值置为∞，再进行上述的过程，直到所有的记录全部输出为止。树形选择排序示例如图 9.6 所示。

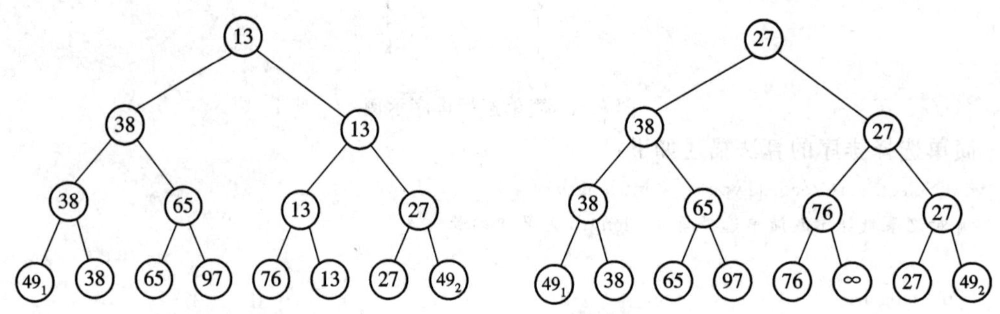

(a) 选出最小关键字13

(b) 选出次小关键字27

图 9.6 树形选择排序示例

在树形选择排序中，被选中的关键字都是走了一条由叶子结点到根结点的比较的过程，由于含有 n 个叶子结点的完全二叉树的深度为 $\lfloor \log_2 n \rfloor+1$，则在树形选择排序中，每选择一个小关键字需要进行 $\lfloor \log_2 n \rfloor$ 次比较，因此其时间复杂度为 $O(n \log_2 n)$。由于移动记录次数不超过比较次数，故总的算法时间复杂度为 $O(n \log_2 n)$。与简单选择排序相比，树形选择排序降低了比较次数的数量级，增加了 n－1 个额外的存储空间来存放中间比较结果，同时附加了与∞进行比较的时间耗费。为了弥补以上不足，威洛母斯在 1964 年提出了进一步的改进方法，即另外一种形式的选择排序方法——堆排序。

9.4.3 堆排序

堆排序是对树形选择排序的进一步改进。采用堆排序时，只需要一个记录大小的辅助空间。堆排序是在排序过程中，将向量中存储的数据看作一棵完全二叉树，利用完全二叉树中双亲结点和孩子结点之间的内在关系来选择关键字最小的记录，即待排序记录仍采用向量数组方式存储，并非采用树的存储结构，而仅仅是采用完全二叉树的顺序结构的特征进行分析而已。

具体做法是：把待排序的记录的关键字存放在数组 r[1..n]之中，将 r 看成是一棵完全二叉树的顺序表示，每个结点表示一个记录，第一个记录 r[1]作为二叉树的根，以下各记录 r[2...n]依次逐层从左到右顺序排列，任意结点 r[i]的左孩子是 r[2i]，右孩子是 r[2i+1]，双亲是 r[i/2]。对这棵完全二叉树进行调整，使各结点的关键字值满足条件：r[i].key≥r[2i].key且 r[i].key≥r[2i+1].key(i=1，2，…，$\lfloor n/2 \rfloor$)。满足这个条件的完全二叉树为堆。这个堆中根结点的关键字最大，称为大根堆。反之，如果这棵完全二叉树中任意结点的关键字小于或者等于其左孩子和右孩子的关键字(当有左孩子或右孩子时)，对应的堆为小根堆。图 9.7 分别给出了一个大根堆和一个小根堆。

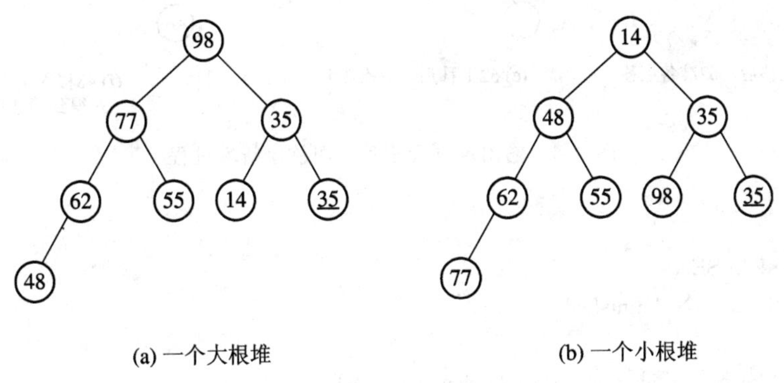

图 9.7 堆示例

以下的讨论中以大根堆为例。堆排序的过程主要需要解决两个问题：① 按堆定义建初堆；② 去掉最大元之后重建堆，得到次大元。

问题 1 当堆顶元素改变时，如何重建堆？

首先将完全二叉树根结点中的记录移出，该记录称为待调整记录。此时根结点相当于空结点。从空结点的左、右子结点中选出一个关键字较大的记录，如果该记录的关键字大于待调整记录的关键字，则将该记录上移至空结点中。此时，原来那个关键字较大的子结点相当于空结点。重复上述移动过程，直到空结点左、右子结点的关键字均不大于待调整记录的关键字，此时将待调整记录放入空结点即可。上述调整方法相当于把待调整记录逐步向下“筛”的过程，所以一般称之为“筛选”法。图 9.8 给出了一个筛选过程示例。

“筛选”算法如下：

```
void sift(RecordType r[], int k, int m)
/* 假设 r[k..m]是以 r[k]为根的完全二叉树，且分别以 r[2k]和 r[2k+1]为根的左、右子树为大根
   堆，调整 r[k]，使整个序列 r[k..m]满足堆的性质 */
{
  t= r[k] ;   /* 暂存“根”记录 r[k] */
  x=r[k].key ;
```

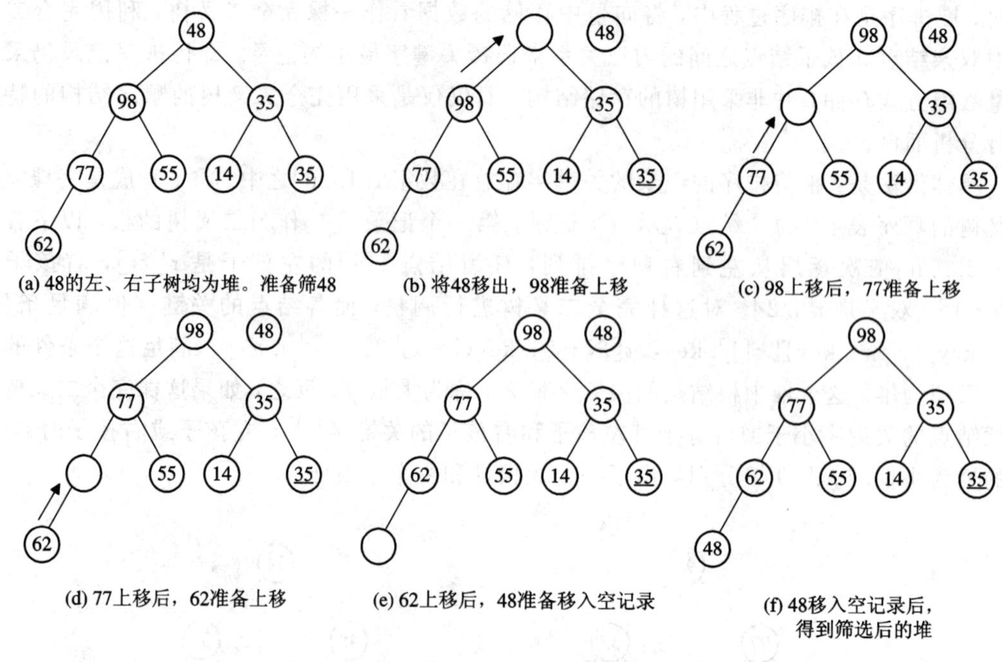

图 9.8 输出堆顶元素后，调整建新堆过程

```
    i=k ;
    j=2*i ;
    finished=FALSE ;
    while( j<=m && ! finished )
      {
        if (j<m && r[j].key< r[j+1].key ) j=j+1;
        /* 若存在右子树，且右子树根的关键字大，则沿右分支“筛选” */
        if ( x>= r[j].key) finished=TRUE ;   /* 筛选完毕 */
        else {
               r[i] = r[j] ;
               i=j ;
               j=2*i ;
             }  /* 继续筛选 */
      }
    r[i] =t ;   /* r[k]填入到恰当的位置 */
} /* sift */
```

【算法 9.9 调整堆】

问题 2 如何由一个任意序列建初堆？

一个任意序列看成是对应的完全二叉树，由于叶子结点可以视为单元素的堆，因而可以反复利用“筛选”法，自底向上逐层把所有以非叶子结点为根的子树调整为堆，直到将整个完全二叉树调整为堆为止。可以证明，最后一个非叶子结点位于第$\lfloor n/2 \rfloor$个元素，n 为二叉树结点数目。因此，“筛选”须从第$\lfloor n/2 \rfloor$个元素开始，逐层向上倒退，直到根结点为止。

例如，已知关键字序列{48，62，35，77，55，14，<u>35</u>，98}，要求将其筛选为一个堆。在此，n=8，所以应从第 4 个结点 77 开始筛选。图 9.9 给出了完整的建堆过程，图中箭头所指为当前待筛结点。

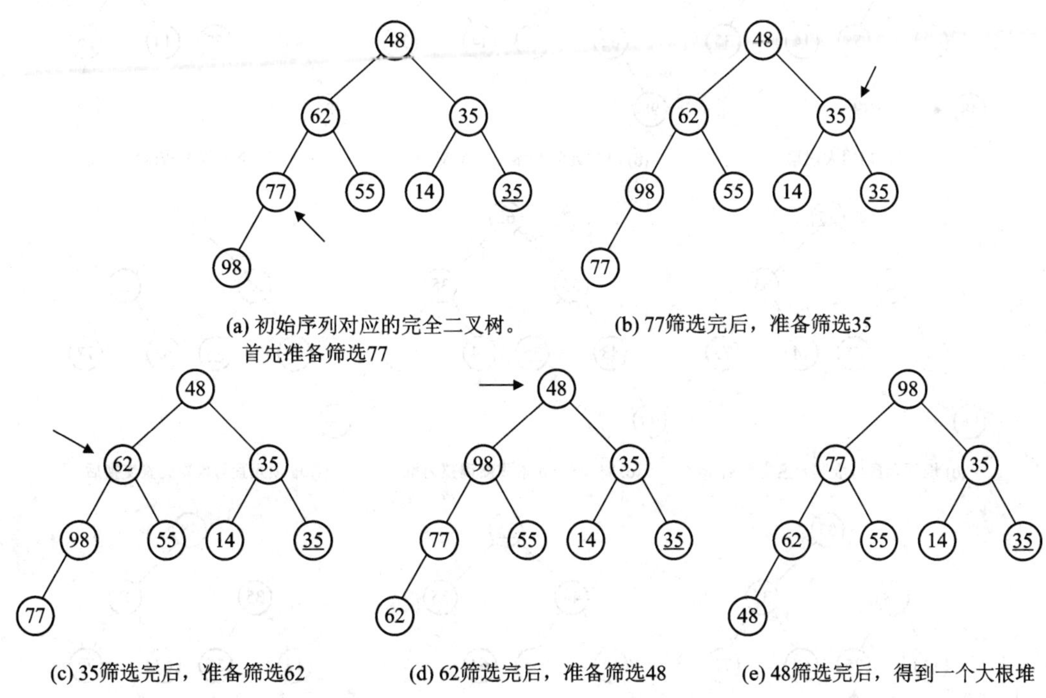

(a) 初始序列对应的完全二叉树。首先准备筛选77
(b) 77筛选完后，准备筛选35
(c) 35筛选完后，准备筛选62
(d) 62筛选完后，准备筛选48
(e) 48筛选完后，得到一个大根堆

图 9.9　调整堆

建(初)堆算法如下：

```
void crt_heap(RecordType r[], int length )
/* 对记录数组 r 建堆，length 为数组的长度 */
{
  n= length;
  for ( i=n/2 ; i>= 1 ; --i)          /* 自第[n/2]个记录开始进行筛选建堆 */
      sift(r, i, n) ;
}
```

【算法 9.10　建初堆算法】

问题 3　如何利用堆进行排序？

进行堆排序的步骤：① 将待排序记录按照堆的定义建初堆(算法 9.10)，并输出堆顶元素；② 调整剩余的记录序列，利用筛选法将前 n−i 个元素重新筛选并建成为一个新堆，再输出堆顶元素；③ 重复执行步骤②，进行 n−1 次筛选。新筛选成的堆会越来越小，而新堆后面的有序关键字会越来越多，最后使待排序记录序列成为一个有序的序列，这个过程称之为堆排序。

图 9.10 给出了一个完整的堆排序过程，图中箭头所指为当前堆尾结点。

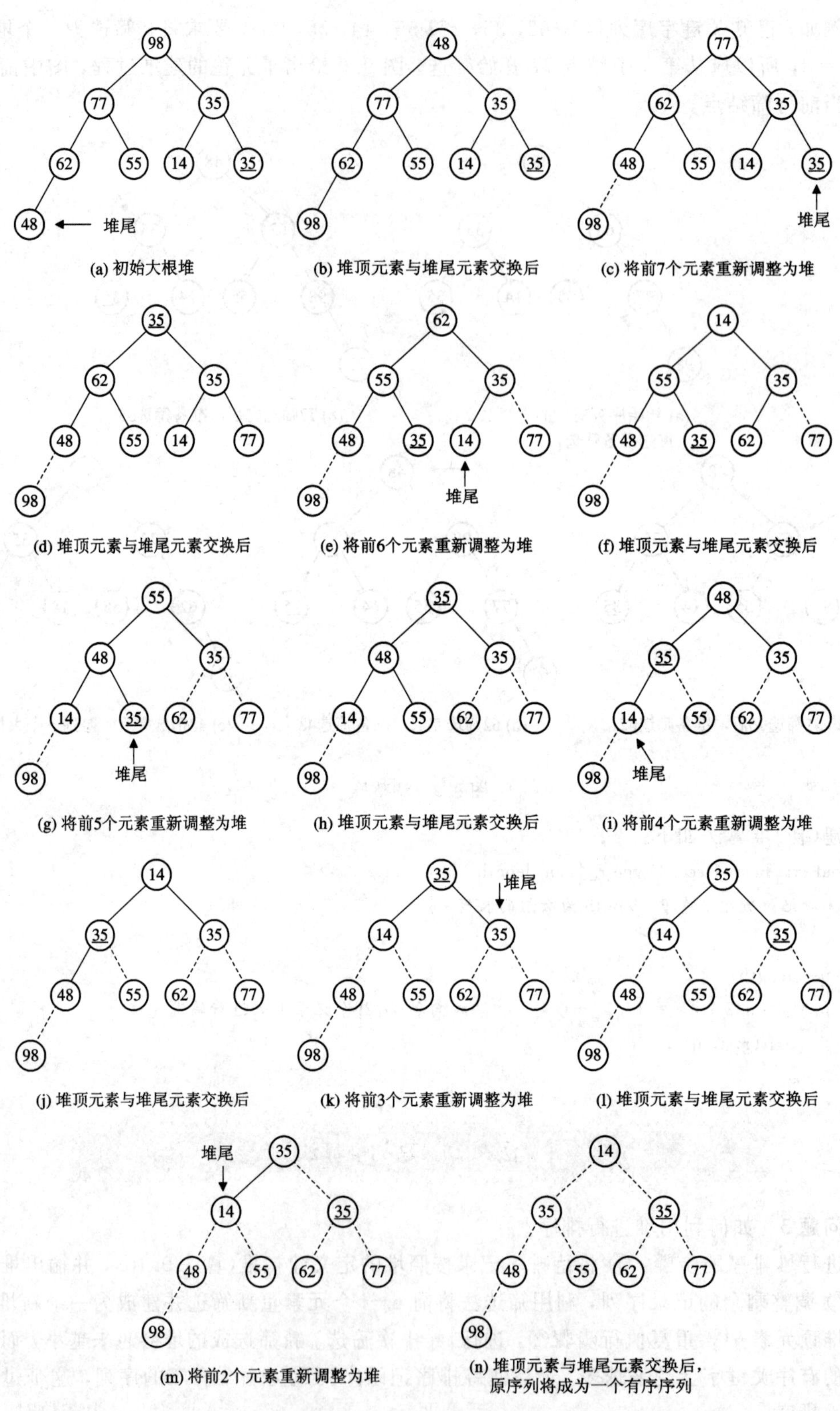

图 9.10　完整的堆排序过程

堆排序的算法如下：

```
void HeapSort(RecordType r[], int length)
/* 对 r[1..n]进行堆排序，执行本算法后，r 中记录按关键字由大到小有序排列 */
{
  crt_heap( r, length);
  n= length;
  for ( i=n ; i>= 2 ; --i)
    {
      b=r[1];        /* 将堆顶记录和堆中的最后一个记录互换 */
      r[1]= r[i]
      r[i]=b;
      sift(r, 1, i-1);   /* 进行调整，使 r[1..i-1]变成堆 */
    }
} /* HeapSort */
```

【算法 9.11 堆排序算法】

堆排序算法
疑问解答

堆排序的时间主要耗费在建初堆和调整建新堆时进行的反复"筛选"上。对深度为 k 的堆，筛选算法中进行的关键字的比较次数至多为 2(k－1)次，则在建含 n 个元素、深度为 h 的堆时，总共进行的关键字比较次数不超过 4n。另外，n 个结点的完全二叉树的深度为$\lfloor \log_2 n \rfloor+1$，则调整建新堆时调用 sift 过程 n－1 次总共进行的比较次数不超过：

$$2(\lfloor \log_2(n-1) \rfloor+\lfloor \log_2(n-2) \rfloor+\cdots+\lfloor \log_2 2 \rfloor) < 2n[\log_2 n]$$

因此，堆排序在最坏情况下，其时间复杂度也为 $O(n \log_2 n)$，这是堆排序的最大优点。堆排序与树形排序相比较，排序中只需要存放一个记录的辅助空间，因此也将堆排序称为原地排序。然而堆排序是一种不稳定的排序方法，它不适用于待排序记录个数 n 较少的情况，但对于 n 较大的文件还是很有效的。对于层次为 $k=\lfloor \log_2 n \rfloor+1$ 的堆，筛选过程最多执行 k 次，建堆的时间复杂度为 $O(\log_2 n)$。对于有 n 个结点的堆($2^{k-1}<n\leqslant 2^k$)，第 k 层最多有 2^{k-1} 个记录参加比较；在第 i($1\leqslant i\leqslant k-1$)层，有 2^{i-1} 个记录参加比较，则需要检查以它为根的子树是否为堆，每个元素的最大调整次数为记录在树中的层次(k－i)，因此重建堆共需要的调整次数为 $\sum_{i=1}^{k-1} 2^{i-1}(k-i) \leqslant 4n$，n 个结点调用重建堆的过程 n－1 次，堆排序的时间复杂度为 $O(n \log_2 n)$。

9.5 归并排序

前面介绍的三类排序方法：插入排序、交换排序和选择排序，都是将一组记录按关键字大小排成一个有序的序列。而本节介绍的归并排序法，它的基本思想是将两个或两个以上的有序表合并成一个新的有序表。假设初始序列含有 n 个记录，首先将这 n 个记录看成 n 个有序的子序列，每个子序列的长度为 1，然后两两归并；得到$\lceil n/2 \rceil$个长度为 2(n 为奇数时，最后一个序列的长度为 1)的有序子序列；在此基础上，再进行两两归并；如此重复，直至得到一个长度为 n 的有序序列为止。这种方法被称为 2 路归并排序。图 9.11 为一个 2 路归并排序示例。

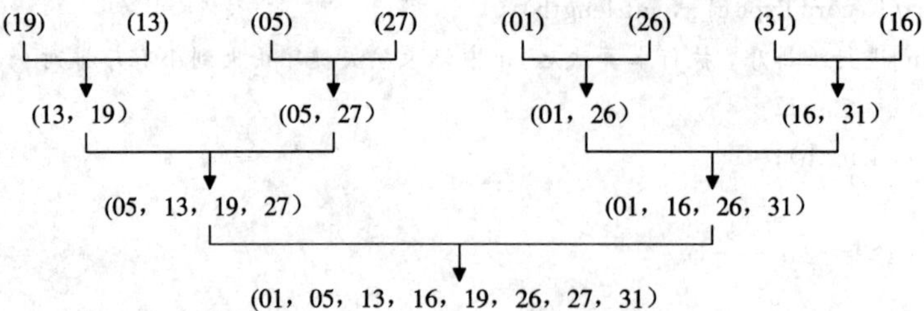

图 9.11　2 路归并排序示例

2 路归并排序法的基本操作是将待排序列中相邻的两个有序子序列合并成一个有序序列。该归并算法描述如下：

```
void Merge ( RecordType r1[], int low, int mid, int high, RecordType r[])
/* 已知r1[low..mid]和r1[mid+1..high]分别按关键字有序排列，将它们合并成一个有序序列，存
   放在 r[low..high] */
{
  i=low; j=mid+1; k=low;
  while ( (i<=mid)&&(j<=high) )
    {
      if ( r1[i].key<=r1[j].key )
        {
          r[k]=r1[i] ; ++i;
        }
      else
        {
          r[k]=r1[j] ; ++j;
        }
      ++k ;
    }
  while (i≤mid)
  { r[k]=r1[i]; k++; i++;}
  while (j≤high)
  { r[k]=r1[j]; k++; j++;}
} /* Merge */
```

【算法 9.12　2 路归并算法】

在合并过程中，两个有序的子表被遍历了一遍，表中的每一项均被复制了一次。因此，合并的代价与两个有序子表的长度之和成正比，该算法的时间复杂度为 O(n)。

2 路归并排序可以采用递归方法实现，具体描述如下：

```
void MergeSort (RecordType r1[], int low, int high, RecordType r[])
/* r1[low..high]经过排序后放在 r[low..high]中，r2[low..high]为辅助空间 */
{  RecordType *r2;
   r2=(RecordType*)malloc(sizeof(RecordType)*(hight-low+1));
```

```
    if ( low==high) r[low]=r1[low];
    else{
        mid=(low+high)/2;
        MergeSort(r1, low, mid, r2);
        MergeSort(r1, mid+1, high, r2);
        Merge (r2, low, mid, high, r);
        }
    free(r2);
} /* MergeSort */
```

【算法 9.13　2 路归并排序的递归算法】

2 路归并排序的初始调用过程如下：

```
void MergeSorting ( RecordType r[], int n )
/* 对记录数组 r[1..n]做归并排序 */
{
  MergeSort ( r, 1, n, r );
}
```

【算法 9.14　2 路归并排序的初始调用过程】

归并排序中的一趟归并中要多次用到 2 路归并算法 9.12，一趟归并排序的操作是调用 $\left\lceil\frac{n}{2h}\right\rceil$ 次算法 merge，将 r1[1..n]中前后相邻且长度为 h 的有序段进行两两归并，得到前后相邻、长度为 2h 的有序段，并存放在 r[1..n]中，其时间复杂度为 O(n)。整个归并排序需进行 $m(m=\log_2 n)$趟 2 路归并，所以归并排序总的时间复杂度为 $O(n\log_2 n)$。在实现归并排序时，需要有待排记录等数量的辅助空间，空间复杂度为 O(n)。

递归形式的 2 路归并排序的算法(如算法 9.13)，在形式上较简洁，但实用性很差。其非递归形式的算法，读者可自行思考。

与快速排序和堆排序相比，归并排序的最大特点是它为一种稳定的排序方法。一般情况下，由于要求附加与待排记录等数量的辅助空间，因此很少利用 2 路归并排序进行内部排序。

类似 2 路归并排序，可设计多路归并排序法，归并的思想主要用于外部排序。

外部排序可分两步：① 待排序记录分批读入内存，用某种方法在内存排序，组成有序的子文件，再按某种策略存入外存；② 子文件多路归并，形成较长的有序子文件，再存入外存，如此反复，直到整个待排序文件有序。

外部排序可使用外存、磁带和磁盘，最初形成有序子文件的长度取决于内存所能提供的排序区大小和最初排序策略，归并路数取决于所能提供排序的外部设备数。

9.6　分配类排序

分配类排序
算法补充

前面所述的各种排序方法使用的基本操作主要是比较与交换，而分配类排序则利用分配和收集两种基本操作。基数类排序就是典型的分配类排序。

在介绍基数排序之前，先介绍关于多关键字排序的问题。

9.6.1　多关键字排序

关于多关键字排序问题，我们可以通过一个例子来了解。例如，我们可以将一副扑克牌的排序过程看成由花色和面值两个关键字进行排序的问题。若规定花色和面值的顺序如下：

花色：梅花 < 方块 < 红桃 < 黑桃

面值：A<2<3<…<10<J<Q<K

并进一步规定花色的优先级高于面值，则一副扑克牌从小到大的顺序为：梅花 A、梅花 2，…、梅花 K，方块 A、方块 2、…、方块 K，红桃 A、红桃 2、…、红桃 K，黑桃 A、黑桃 2、…、黑桃 K。具体进行排序时有两种做法，其中一种做法是先按花色分成有序的四类，然后按面值对每一类从小到大排序。该方法称为“高位优先”排序法。另一种做法是分配与收集交替进行。首先按面值从小到大把牌摆成 13 沓(每沓 4 张牌)，然后将每沓牌按面值的次序收集到一起，再对这些牌按花色摆成 4 沓，每沓有 13 张牌，最后把这 4 沓牌按花色的次序收集到一起，于是就得到了上述有序序列。该方法称为“低位优先”排序法，如图 9.12 所示。

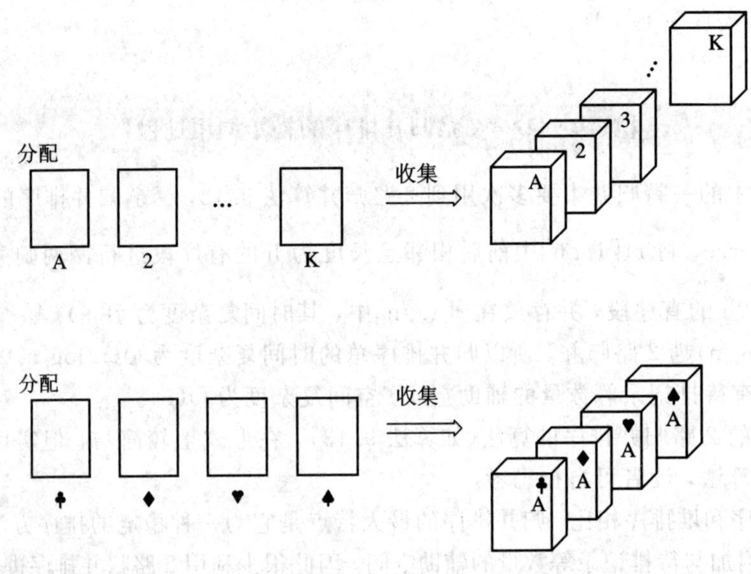

图 9.12　扑克牌的洗牌过程

9.6.2　链式基数排序

基数排序属于上述“低位优先”排序法，通过反复进行分配与收集操作完成排序。假设记录 r[i]的关键字为 keyi，keyi 是由 d 位十进制数字构成的，即 keyi $=Ki^1\ Ki^2\cdots Ki^d$，则每一位可以视为一个子关键字，其中 Ki^1 是最高位，Ki^d 是最低位，每一位的值都在 $0\leqslant Ki^j\leqslant 9$ 的范围内，此时基数 rd＝10。如果 keyi 是由 d 个英文字母构成的，即 keyi $=Ki^1\ Ki^2\cdots Ki^d$，其中$'a'\leqslant Ki^j\leqslant 'z'$，则基数 rd＝26。

排序时先按最低位的值对记录进行初步排序，在此基础上再按次低位的值进行进一步排序；依此类推，由低位到高位，每一趟都是在前一趟的基础上，根据关键字的某一位对所有记录进行排序，直至最高位，这样就完成了基数排序的全过程。

具体实现时，一般采用链式基数排序。我们首先通过一个具体的例子来说明链式基数排序的基本过程。假设对 10 个记录进行排序，每个记录的关键字是 1000 以下的正整数。在此，每个关键字由三位子关键字构成 $K^1K^2K^3$，其中 K^1 代表关键字的百位数，K^2 代表关键字的十位数，K^3 代表关键字的个位数，基数 rd=10。在进行分配与收集操作时，需要用到队列，而且队列的数目与基数相等，所以共设 10 个链队列，head[i]和 tail[i]分别为队列 i 的头指针和尾指针。

首先将待排序记录存储在一个链表中，如图 9.13(a)所示；然后进行三趟分配、收集操作，参见图 9.13(b)～(g)。

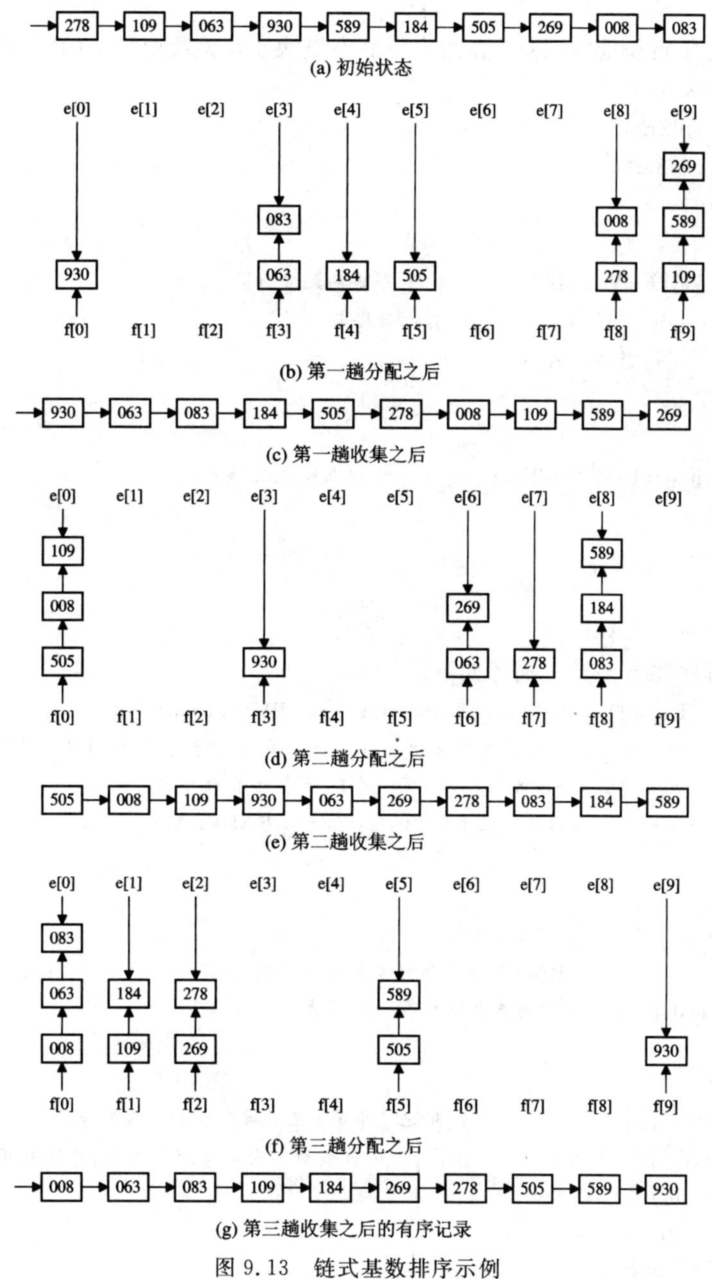

图 9.13 链式基数排序示例

第一趟分配用最低位子关键字 K^3 进行，将所有最低位子关键字相等的记录分配到同一个队列，如图 9.13(b)所示，然后进行收集操作。收集时，改变所有非空队列的队尾结点的 next 指针，令其指向下一个非空队列的队头记录，从而将分配到不同队列中的记录重新链成一个链表。第一趟收集完成后，结果如图 9.13(c)所示。

第二趟分配用次低位子关键字 K^2 进行，将所有次低位子关键字相等的记录分配到同一个队列，如图 9.13(d)所示。第二趟收集完成后，结果如图 9.13(e)所示。

第三趟分配用最高位子关键字 K^1 进行，将所有最高位子关键字相等的记录分配到同一个队列，如图 9.13(f)所示。第三趟收集完成后，结果如图 9.13(g)所示。至此，整个排序过程结束。

为了有效地存储和重排记录，算法采用静态链表。有关数据类型的定义如下：

```
#define RADIX 10
#define KEY_SIZE 6
#define LIST_SIZE 20
typedef int KeyType;
typedef struct {
    KeyType key[KEY_SIZE];      /* 子关键字数组 */
    OtherType other_data;       /* 其他数据项 */
    int next;  /* 静态链域 */
    } RecordType1;
typedef struct {
    RecordType1 r[LIST_SIZE+1];   /* r[0]为头结点 */
    int length;
    int keynum;
    } SLinkList;    /* 静态链表 */
typedef int PVector[RADIX];
```

链式基数排序的有关算法描述如下：

```
void Distribute(RecordType1 r[], int i, PVector head, PVector tail)
/* 记录数组 r 中记录已按低位关键字 key[i+1], …, key[d]进行过“低位优先”排序。本算法按第 i
   位关键字 key[i]建立 RADIX 个队列，同一个队列中记录的 key[i]相同。head[j]和 tail[j]分别指
   向各队列中第一个和最后一个记录(j=0, 1, 2, …, RADIX-1)。head[j]=0 表示相应队列为空
   队列 */
{
  for ( j=0 ; j<=RADIX-1 ; ++j)
    head[j]=0;    /* 将 RADIX 个队列初始化为空队列 */
   p= r[0].next ;    /* p 指向链表中的第一个记录 */
   while( p!=0 )
    {
      j=Order(r[p].key[i]);    /* 用记录中第 i 位关键字求相应队列号 */
      if ( head[j]==0 ) head[j]=p ;   /* 将 p 所指向的结点加入第 j 个队列中 */
      else r[tail[j]].next=p;
      tail[j]=p;
      p= r[p].next ;
```

```
    }
} /* Distribute */

void Collect (RecordType r[], PVector head, PVector tail)
/* 本算法从 0 到 RADIX-1 扫描各队列，将所有非空队列首尾相接，重新链接成一个链表 */
{
  j=0;
  while (head[j]==0 )   /* 找第一个非空队列 */
   ++j ;
  r[0].next =head[j] ; t=tail[j] ;
  while ( j<RADIX-1 )   /* 寻找并串接所有非空队列 */
   {
     ++j ;
     while ( (j<RADIX-1 ) && (head[j]==0 ) )     /* 找下一个非空队列 */
      ++j ;
     if ( head[j]!=0 )      /* 链接非空队列 */
      {
        r[t].next =head[j] ; t=tail[j] ;
      }
   }
  r[t].next =0;        /* t指向最后一个非空队列中的最后一个结点 */
} /* Collect */

void RadixSort (RecordType r[], int length )
/* length个记录存放在数组r中，执行本算法进行基数排序后，链表中的记录将按关键字从小到大
   的顺序相链接 */
{
  n= length;
  for ( i=0 ; i<= n-1 ; ++i) r[i].next=i+1 ;   /* 构造静态链表 */
  r[n].next =0 ;
  d= keynum;
  for ( i =d-1 ; i>= 0; --i )   /* 从最低位子关键字开始，进行d趟分配和收集 */
   { Distribute(r, i, head, tail);   /* 第i趟分配 */
     Collect(r, head, tail)          /* 第i趟收集 */
   }
} /* RadixSort */
```

【算法 9.15　链式基数排序算法】

从上述算法中容易看出，对于 n 个记录(每个记录含 d 个子关键字，每个子关键字的取值范围为 RADIX 个值)进行链式排序的时间复杂度为 O(d(n+RADIX))，其中每一趟分配算法的时间复杂度为 O(n)，每一趟收集算法的时间复杂度为 O(RADIX)，整个排序进行 d 趟分配和收集，所需辅助空间为 2×RADIX 个队列指针。当然，由于需要链表作为存储结构，则相对于其他以顺序结构存储记录的排序方法而言，还增加了 n 个指针域空间。

9.6.3 基数排序的顺序表结构

基数排序法也可以利用顺序方式实现，即仿照第 5 章中介绍的稀疏矩阵转置中的交换方法实现。例如，对于关键字 k1k2k3，先按 k3 扫描一遍，分别记下 k3 位为 0 的记录个数，为 1 的记录个数，…，为 9 的记录个数。之后形成两个计数数组 num[10]和 cpos[10]，那么按 k3 位统计的结果如下：

	0	1	2	3	4	5	6	7	8	9
num[]	1	0	0	2	1	1	0	0	2	3
cpos[]	0	1	2	2	4	5	6	6	6	8

通过统计和确定位置，决定了第一次出现在 k3 位上值为 i(0⩽i⩽9)的记录在排好序向量中的位置 cpos[i]，之后扫描待排序记录，根据其 k3 位的值 i，找到其在排好序的向量中的相应位置，即可完成按 k3 位进行的排序。依此类推，再分别按 k2 和 k1 位进行统计、定位与置放，最终完成基数排序的全过程。注意：这种方法必须以上一趟排序的结果为基础，以保证基数排序的稳定性。

9.7 各种排序方法的综合比较

首先，我们从算法的平均时间复杂度、最坏时间复杂度以及算法所需的辅助存储空间三方面出发，对各种排序方法加以比较，如表 9－1 所示。其中简单排序包括除希尔排序以外的其他插入排序、冒泡排序和简单选择排序。

表 9－1 各种排序方法的性能比较

排序方法	平均时间复杂度	最坏时间复杂度	辅助存储空间
简单排序	$O(n^2)$	$O(n^2)$	O(1)
快速排序	O(n logn)	$O(n^2)$	O(logn)
堆排序	O(n logn)	O(n logn)	O(1)
归并排序	O(n logn)	O(n logn)	O(n)
基数排序	O(d(n+rd))	O(d(n+rd))	O(rd)

综合分析和比较各种排序方法，可以得出以下结论：

(1) 简单排序一般只用于 n 较小的情况。当序列中的记录“基本有序”时，直接插入排序是最佳的排序方法，常与快速排序、归并排序等其他排序方法结合使用。

(2) 快速排序、堆排序和归并排序的平均时间复杂度均为 O(n logn)，但实验结果表明，就平均时间性能而言，快速排序是所有排序方法中最好的。遗憾的是，快速排序在最坏情况下的时间性能为 $O(n^2)$。堆排序和归并排序的最坏时间复杂度仍为 O(n logn)，当 n 较大时，归并排序的时间性能优于堆排序，但它所需的辅助空间最多。

(3) 基数排序的时间复杂度可以写成 O(d×n)。因此，它最适用于 n 值很大而关键字的位数 d 较小的序列。

(4) 从排序的稳定性上来看，基数排序是稳定的，除了简单选择排序，其他各种简单排序法也是稳定的。然而，快速排序、堆排序、希尔排序等时间性能较好的排序方法，以及简单选择排序都是不稳定的。多数情况下，排序是按记录的主关键字进行的，此时不用考虑排序方法的稳定性。如果排序是按记录的次关键字进行的，则应充分考虑排序方法的稳定性。

综上所述，每一种排序方法各有特点，没有哪一种方法是绝对最优的。我们应根据具体情况选择合适的排序方法，也可以将多种方法结合起来使用。

习　题

第 9 章习题参考答案

9.1　以关键码序列(503，087，512，061，908，170，897，275，653，426)为例，手工执行以下排序算法，写出每一趟排序结束时的关键码状态：

(1) 直接插入排序；　　(2) 希尔排序(增量 d[1]=5)；

(3) 快速排序；　　(4) 堆排序；

(5) 归并排序；　　(6) 基数排序。

9.2　有一组关键字码：40、27、28、12、15、50、7，采用快速排序或堆排序，写出每趟排序结果。

9.3　不难看出，对长度为 n 的记录序列进行快速排序时，所需进行的比较次数依赖于这 n 个元素的初始排列。

(1) n=7 时在最好情况下需进行多少次比较？请说明理由。

(2) 对 n=7 给出一个最好情况的初始排列实例。

9.4　假设序列由 n 个关键字不同的记录构成，要求不经排序而从中选出关键字从大到小顺序的前 k(k<n)个记录。试问如何进行才能使所做的关键字间的比较次数达到最小？

9.5　插入排序中找插入位置的操作可以通过二分查找的方法来实现。试据此写一个改进后的插入排序算法。

9.6　编写一个双向冒泡的排序算法，即相邻两遍向相反方向冒泡。

9.7　编写算法，对 n 个关键字取整数值的记录序列进行整理，以使所有关键字为负值的记录排在关键字为非负值的记录之前，要求：

(1) 采取顺序存储结构，至多使用一个记录的辅助存储空间；

(2) 求算法的时间复杂度 O(n)；

(3) 讨论算法中记录的最大移动次数。

9.8　试以单链表为存储结构实现简单选择排序的算法。

9.9　假设含 n 个记录的序列中，其所有关键字为值介于 v 和 w 之间的整数，且其中很多关键字的值是相同的，则可按如下方法排序：另设数组 number[v..w]且令 number[i]为统计关键字取整数 i 的记录数，然后按 number 重排序列以达到有序。编写算法实现上述排序方法，并讨论此方法的优缺点。

9.10　已知两个有序序列(a_1，a_2，…，a_m)和(a_{m+1}，a_{m+2}，…，a_n)，并且其中一个序列的记录个数少于 s，且 $s=[\sqrt{n}]$。试写一个算法，用 O(n)时间和 O(1)辅助空间完成这两个有序序列的归并。

9.11　偶交换排序如下所述：第一趟对所有奇数 i，将 a[i]和 a[i+1]进行比较；第二趟对所有偶数 i，将 a[i]和 a[i+1]进行比较，若 a[i]>a[i+1]，则将两者交换；第一趟对所有奇数 i，第二趟对所有偶数 i，依此类推直至整个序列有序为止。

(1) 这种排序方法的结束条件是什么？

(2) 分析当初始序列为正序或逆序两种情况下，奇偶交换排序过程中所需进行的关键字比较的次数。

(3) 写出奇偶交换排序的算法。

9.12 如果只想得到一个序列中的第 k 个最小元素之前的部分排序序列，那么最好采用何种排序方法？为什么？若给定序列(57，40，38，11，13，34，48，75，25，6，19，9，7)，要求得到其第 4 个最小元素之前的部分序列(6，7，9，11，…)，用所选择的算法实现时，需执行多少次比较？

9.13 在快速排序算法中，能否用队列(Queue)来代替堆栈(Stack)？简要说明理由。

9.14 将两个已排序的文件(X_1，…，X_m)和(X_{m+1}，…，X_n)加以合并，成为第三个已排序好的文件(Z_1，…，Z_n)，试设计合并算法。

9.15 举出一个例子证明希尔排序是不稳定排序。

9.16 写一个从堆中删除一个记录的算法，将第 i 个记录从堆中删除，分析算法的时间复杂度。(提示：将第 i 个记录和最后一个记录交换位置，将序列长度减 1，然后从 i 开始进行调整。)

9.17 如果初始待排序序列是反序的(即和要求的顺序正好相反)，则直接插入排序、简单选择排序和冒泡排序哪一个更好？

9.18 判断以下序列是否是堆，如果不是，则把它调整为堆。

(1) (100，86，48，73，35，39，42，57，66，21)

(2) (12，70，33，65，25，56，48，92，86，33)

(3) (103，97，56，38，66，23，42，12，30，52，06，20)

(4) (05，56，20，23，40，38，29，61，35，76，28，100)

9.19 为什么通常使用一维数组作为堆的存放形式？

9.20 已知(k_1，k_2，…，k_n)是堆，写一个算法，将(k_1，k_2，…，k_n，k_{n+1})调整为堆。按此思想写一个从空堆开始逐个添入元素的建堆算法。

9.21 试比较直接插入排序、简单选择排序、快速排序、堆排序、归并排序、希尔排序和基数排序的时空性能、稳定性和适用情况。

9.22 在供选择的答案中填入正确答案：

(1) 排序(分类)的方法有许多种：____A____法从未排序序列中依次取出元素，与排序序列(初始为空)中的元素作比较，将其放入已排序列的正确位置上；____B____法从未排序序列中挑选元素，并将其依次放入已排序序列(初始时为空)的一端；交换排序法是对序列中元素进行一系列的比较，当被比较的两元素逆序时进行交换。____C____和____D____是基于这类方法的两种排序方法，而____D____是比____C____效率更高的方法，利用某种算法，根据元素的关键值计算出排序位置的方法是____E____。

供选择答案如下：

① 选择排序　② 快速排序　③ 插入排序　④ 冒泡排序

⑤ 归并排序　⑥ 二分排序　⑦ 哈希排序　⑧ 基数排序

(2) 一组记录的关键字为(46，79，56，38，40，84)，利用快速排序的方法，以第一个记录为基准得到的一次划分结果为________。

(A) 38，40，46，56，79，84

(B) 40，38，46，79，56，84

(C) 40，38，46，56，79，84

(D) 40，38，46，84，56，79

(3) 下列排序算法中，______算法可能会出现下面情况：初始数据有序时，花费时间反而最多。

(A) 堆排序　　(B) 冒泡排序　　(C) 快速排序　　(D) 希尔排序

9.23　判断正误：

(1) 在一个大堆中，最小元素不一定在最后。(　)

(2) 对 n 个记录采用快速排序方法进行排序，最坏情况下所需时间复杂度是 $O(n\log_2 n)$。(　)

(3) 在执行某排序算法过程中，出现了排序码朝着与最终排序序列相反方向移动的现象，则称该算法是不稳定的。(　)

实　习　题

一、随机生成30个数，试比较直接插入排序、简单选择排序、冒泡排序、快速排序、堆排序和希尔排序的时空性能和稳定性。

二、统计成绩。

给出n个学生的考试成绩表，每条信息由姓名与分数组成。

(1) 按分数高低次序打印出每个学生在考试中获得的名次，分数相同的学生为同一名次；

(2) 按名次列出每个学生的姓名与分数。

第9章知识框架

第10章 ◇◇◇◇◇

外部排序

在前面讨论的各种排序方法中，待排序记录及有关信息都是存储在内存中的，整个排序过程也全部是在内存中完成的，不涉及数据的内存与外存交换，因此统称为内部排序。若待排序的记录数 n 很大，以致内存容纳不下时，排序过程必须借用外部存储器才能完成，我们称这类排序为外部排序。外部排序方法与各种外存设备的特征有关，所以在讨论外部排序的基本方法之前，我们先简单介绍有关外存信息存取的特点。

10.1 外存信息的特性

计算机通常配有两种存储器：内部存储器(内存)和外部存储器(外存)。内存的存储容量小但工作速度高；外存的容量大但速度较低。外存一般分为两类：顺序存取设备(如磁带存储器)和直接存取设备(如磁盘存储器)。

10.1.1 磁带存储器

磁带存储器早在20世纪50年代初就为人们广泛使用，它是一种典型的顺序存取设备，其优点是存储容量大，使用方便，价格便宜。

1. 磁带存储器的特性

磁带存储器主要由磁带、读/写磁头和磁带驱动器组成，如图10.1所示。磁带卷在带盘上，带盘安装在磁带驱动器的转轴上，当转轴正向转动时，磁带通过读/写磁头，就可进行磁带信息的读/写操作。

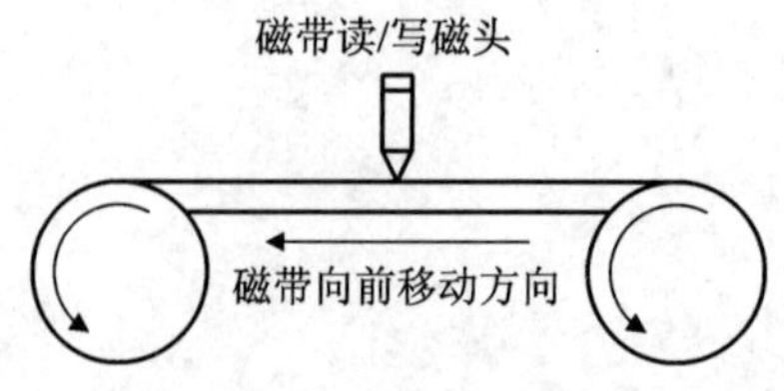

图10.1 磁带运行示意图

目前常用的典型磁带长2400英尺[①]、宽0.5英寸[②]、厚0.002英寸。磁带表面上涂有磁性材料，可分为七道和九道磁带。七道磁带的每一横排中有六个二进制数据位和一个奇偶校验位。九道磁带的每一横排中有八个二进制数据位和一个奇偶校验位。这样的一排二进制数据位组成一个字节。磁带的存储密度(每英寸带面上所存放的字节数)通常为800字节/英寸和1600字节/英寸两种，走带速度为200英寸/s。

磁带存储器是一种典型的顺序存取设备。所谓顺序存取，就是将记录在存储器上一个接一个地依次存放，为得到第i个记录，必须先读第i－1个记录。磁带的存取时间主要用在定位上(即把磁带转到待读/写信息所在的物理位置上)，读/写磁头与所需信息的距离越远，定位时间就越长，一般情况下，定位时间为20毫秒至数分钟。当磁带转到信息所在位置上时，才开始真正读/写数据。磁带的读/写速度由走带速度和存储密度所决定，对于存储密度为800字节/英寸的磁带来说，每秒钟约可写800×200＝160 000字节。由于磁带机不是连续运转的设备，而是一种启停设备，因而磁带的运转从静止到达正常的走带速度以及从正常运转到达停止都需要一定的时间。在启停时间内，不能对磁带进行正常读/写操作，因此磁带上的信息通常分为若干记录块，块与块之间留有一定的间隙，该间隙一般为(1/4～3/4)英寸。由于磁带存取比较慢，而且存储位置的顺序性很强，因而适用于顺序存取或成批处理。

2. 分页块存储方法

由以上分析可知，用磁带存储信息时需要在每段信息之间留有空隙，且此空隙占用了大量的存储空间。举例来说，假设在存储密度为1600字节/英寸的磁带上存放1000个记录，每个记录为80个字节，则可计算出每个记录所占的磁带长度为80/1600＝0.05英寸，而记录间隙却占0.6英寸，因此存放1000个记录共占用长度650英寸，而真正用于存储记录的长度只有50英寸，可见磁带的利用率是相当低的。

为了减少存储空间的浪费，通常采用把若干个记录组合成页块进行存储的办法，将记录间的间隙变成页块间的间隙。一般情况下，可以把记录称为逻辑记录；而把逻辑记录组合成的页块称为物理记录。例如，如果将100个记录作为一个页块，则存放1000个记录仅需长度为

$$1000\times 0.05+1000\times 0.6/100=56\text{ 英寸}$$

显然，采用分页块存储法后，可以大大节省存储空间，而且页块越大，浪费间隙的空间越小。但是这并不等于说页块越大越好，原因是采用分页块存储后，内存和外存数据交换的基本单位为页块，而不是记录，因此需要在内存中开辟一个数据缓冲区来暂存一个页块的内容，以便进行输入/输出操作。页块越大，则要求缓冲区越大，这势必会过多地占用内存空间，造成读/写时间过长、出错概率过大等一系列的问题，所以应适当地选择页块的大小。通常一个页块取(1～8) KB为宜。

10.1.2 磁盘存储器

磁盘是一种直接存取的外部存储设备。磁盘与磁带存储器不同，它既能进行顺序存取，

---

① 1英尺＝0.3048 m

② 1英寸＝0.0254 m

又能进行直接存取(随即存取)，并且存取速度快，这是磁盘存储器的显著优点。

1. 磁盘存储器的特性

磁盘存储器主要由磁盘组和磁盘驱动器组成。磁盘组由若干个盘片组成，每个盘片有上下两个盘面，盘面上涂有光滑的磁性物质。以6片盘组为例，因为最顶上和最底下盘片的外侧面不能使用，所以总共只有10个盘面可用来保存信息。能够存储信息的盘面称为记录面。在记录盘面上有许多称为磁道的圆圈，信息就记载在磁道上。磁盘驱动器由主轴和读/写磁头组成，每个盘面都配有一个读/写磁头。

磁盘可分为固定臂盘和活动臂盘两种。固定臂盘的每个盘面的每一磁道上都有独立的磁头，它是固定不动的，专门负责读写某一磁道上的信息。目前使用较多的是活动臂盘，如图10.2所示。

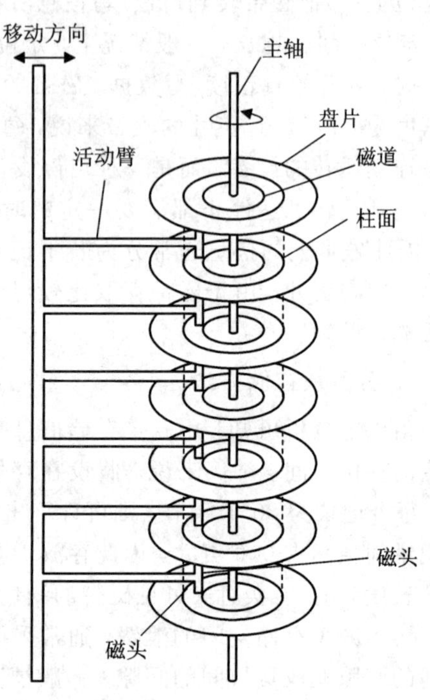

图10.2　活动臂盘示意图

活动臂盘的磁头是安装在一个活动臂上的，随着活动臂的移动，磁头可在盘面上做同步的径向移动，从一个磁道移到另一个磁道，当盘面高速旋转，磁道在读/写磁头下通过时，便可进行信息的读/写。

各记录盘面上半径相同的磁道合在一起称为一个柱面；柱面上各磁道在同一磁头位置下，即活动臂移动时，实际上是把这些磁头从一个柱面移到另一个柱面。一个磁道内还可以分为若干段，称为扇段。因此，对磁盘存储来说，由大到小的存储单位是盘片组、柱面、磁道、扇段。以IBM2314型磁盘为例，其参数为20个记录面/磁盘组，200个磁道/记录面，7294字节/磁道，因此整个盘片组的容量为7294×200×200≈29 MB。

下面分析一下对磁盘存储器进行一次存取所要执行的步骤及所需的时间。当有多个磁盘组时，要首先选定某个磁盘组，这是由电子线路实现的，因而很快；确定磁盘组后，要确定信息所在的柱面，这需要使活动臂做机械动作，将磁头移到所需位置，由于是机械动作，因此较慢，一般称这段时间为磁头定位时间或寻查时间；选定柱面后，要进一步确定数据所在的记录面，这实际上是选定哪个磁头的问题，也是由电子线路实现，所以很快；在确定了柱面和记录面之后，信息所在的磁道位置也就随之确定下来，最后要确定的就是所要读/写的数据所在磁盘上的准确位置(例如在哪一扇段)，这时最好的情况是刚好要读/写的信息位置就在磁头下，这样立即可读，最坏的情况是所需的信息刚刚从磁头下转过去，则需要等待一圈后才能读/写，平均来讲需等待半圈，通常将这段时间称为等待时间；最后为真正进行读/写操作。由于电信号传输速度远比磁盘的旋转速度快得多，因此在磁道旋转一周的时间内，总能够完成对数据的读/写。

由以上分析可知，磁盘的存取时间主要取决于寻查时间和等待时间。磁盘以(2400～

3600) r/min 的速度旋转，因此平均等待时间约为(10～20) ms，而平均寻查时间约为几毫秒至几十毫秒，这与 CPU 的处理速度相比较而言，仍是很慢的。因此，在讨论外存的数据结构及其上的操作时，要尽量设法减少访问外存的次数，以提高磁盘存取效率。

2. 分页块存储法

为了减少访问外存的次数，一般采用把记录组合成页块的方式来进行内存和外存数据的交换。一个页块(简称块)是磁盘上的一个物理记录，通常可以容纳多个逻辑记录，内存中设置的缓冲区应该与页块的大小相等。每次访问记录时，需要把一个页块读入一个缓冲区或者把一个缓冲区的数据写到一个页块。由于在这种方式下仅当一个页块中的记录已处理完，接着将处理下一页的记录时才需要再次访问外存，因而大大提高了处理效率。分页块存储方法被广泛采用。

10.2 外排序的基本方法

最常用的外部排序方法是归并排序法。这种方法由两个阶段组成：第一阶段是把文件逐段输入到内存，用有效的内排序方法对文件的各个段进行排序，经排序的文件段称为顺串(或归并段)，当它们生成后立即写到外存上，这样在外存上就形成了许多初始顺串；第二阶段是对这些顺串用某种归并方法(如 2 路归并法)进行多边归并，使顺串的长度逐渐由小至大，直至变成一个顺串，即整个文件有序为止。

下面举例说明采用归并法实现外排序的过程。

10.2.1 磁盘排序

1. 磁盘排序的例子

假设磁盘上存有一文件，共有 3600 个记录(A_1, A_2, …, A_{3600})，页块长为 200 个记录，供排序使用的缓冲区可提供容纳 600 个记录的空间，现要对该文件进行排序，排序过程可按如下步骤进行：

第一步：每次将三个页块(600 个记录)由外存读到内存，进行内排序，整个文件共得到 6 个初始顺串 R_1～R_6(每一个顺串占三个页块)，然后把它们写回到磁盘上去，如图10.3所示。

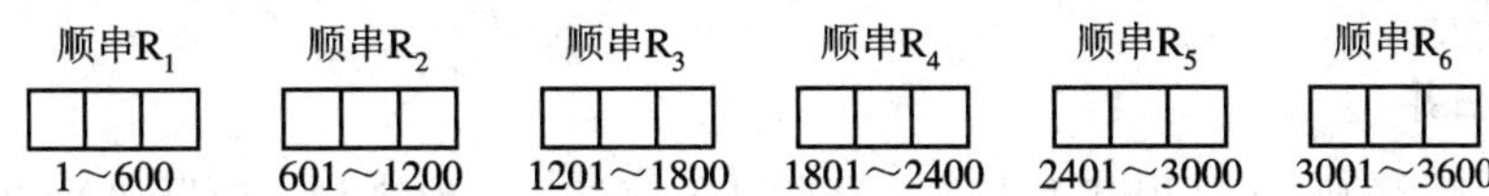

图 10.3　内排序后得到的初始顺串

第二步：将供内排序使用的内存缓冲区分为三块相等的部分(即每块可容纳 200 个记录)，其中两块作为输入缓冲区，一块作为输出缓冲区，然后对各顺串进行两路归并。首先归并 R_1 和 R_2 这两个顺串中各自的第一个页块并分别读入到两个缓冲区中，进行归并后送入输出缓冲区。当输出缓冲区装满 200 个记录时，就把它写回磁盘；如果归并期间某个输入缓冲区空了，便立即读入同一顺串中的下一个页块，继续进行归并，此过程不断进行，直到顺串 R_1 和顺串 R_2 归并为一个新的顺串为止。这个经归并后的新的顺串含有 1200 个记录。在 R_1 和 R_2 归并完成之后，再归并 R_3 和 R_4，最后归并 R_5 和 R_6。到此为止，完成了对整个文件的一遍扫描，这意味着文件中的每一个记录被读/写一次(即从磁盘上读入内存一次，并从内存写到磁盘一次)。经一遍扫描后形成了三个顺串，每个顺串含有 6 个页块(共 1200 个记录)。利用上述方法，再对这三个顺串进行归并，即先将其中的两个顺串归并起来，结果得到一个含有 2400 个记录的顺串；然后把该顺串和剩下的另一个含有 1200 个记录的顺串进行归并，从而得到最终的一个顺串，即为所要求的排序的文件。图 10.4 给出了这个归并过程。

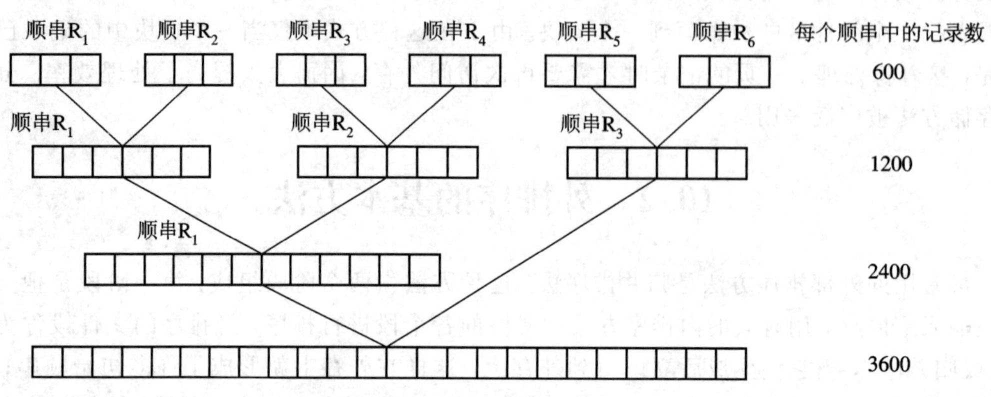

图 10.4　6 个顺串的归并过程

从以上归并过程可见，扫描遍数对于归并过程所需要的时间起着关键的作用，在上例中，除了在内排序形成初始顺串时需做一遍扫描外，各顺串的归并还需 $2\frac{2}{3}$ 遍扫描：把 6 个长为 600 个记录的顺串归并为 3 个长为 1200 个记录的顺串需要扫描一遍；把两个长为 1200 个记录的顺串归并为一个长为 2400 个记录的顺串需要扫描 2/3 遍，把一个长为 2400 个记录的顺串与另一个长为 1200 个记录的顺串归并在一起，需要扫描一遍。

可见，磁盘排序过程主要是先产生初始顺串，然后对这些顺串进行归并。提高排序速度可从以下两个方面来考虑：一是减少对数据的扫描遍数，采用多路归并可以达到这个目的，从而减少了输入/输出量；另一条途径是通过增大初始顺串的大小来减少初始顺串的个数，以便有利于在归并时减少对数据的扫描遍数。我们将采用一种算法，在扫描一遍的前提下，使所生成的各顺串有更大的长度。为了叙述方便，我们先讨论多路归并，然后讨论初始顺串的生成。

2. 多路归并

图 10.4 所示的归并过程基本上是 2 路归并的算法。一般来说，如果初始顺串有 m 个，则如图 10.4 所示那样的归并树就有$\lceil \log_2 m \rceil+1$ 层，要对数据进行$\lceil \log_2 m \rceil$遍扫描。采用多路归并可以减少扫描遍数，图 10.5 所示为 4 路归并的情况。

在 k 路归并中，为了确定下一个要输出的记录，就需要在 k 个记录中寻找关键字值最小的那个记录，这要比 2 路归并复杂些。如果逐个比较每个顺串的待选记录，从而选出一个关键字值最小的记录，则每选取一个记录需要进行 k−1 次比较。为了减少这个代价，我们可采用下面介绍的选择树的方法来实现 k 路归并。

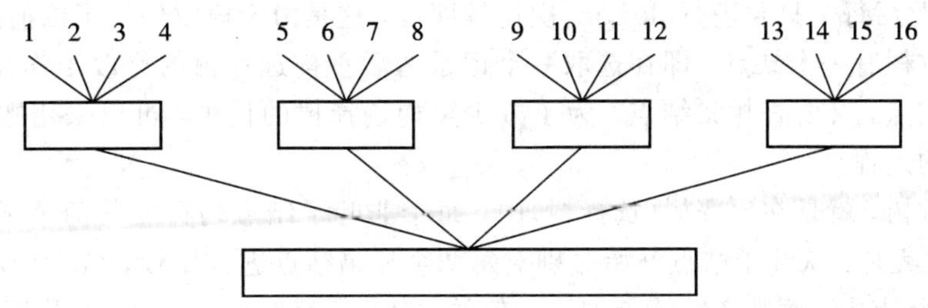

图 10.5　16 个顺串归并的示例

选择树是一种完全二叉树，图 10.6 所示为 8 路归并的选择树，其中叶子结点为各顺串在归并过程中的当前记录(图中标出了它们各自的关键字值)，其他每个结点都代表其两个子结点中(关键字值)较小的一个。因此根结点是树中的最小结点，即为下一个要输出的记录结点。这种选择树的构造可比作一种淘汰制的体育比赛，其中获胜者便是那个具有较小关键字值的记录。每场比赛的获胜者进入下一轮比赛，而根结点则代表全胜者。在非叶子结点中，可以只存关键字值及指向相应记录的指针，而不必存放整个记录内容。由于非叶子结点总是代表优胜者，因而可以把这种树称为胜方树。

在图 10.6 中，根结点所指记录具有最小的关键字值 6，它所指的记录是顺串 4 的当前记录，该记录即为下一个要输出的记录。该记录输出后，顺串 4 的下一个记录(其关键字值为 15)成为顺串 4 的当前记录进入选择树。这个记录进入选择树后，需要重构选择树，方法是把获得新值的结点(顺串 4 中关键字值为 15 的记录)与它的孪生结点进行比较，较小的关键字值写到父结点，此过程一直进行到根结点，从而构成一棵新的胜方树。

在上述例子中，选定一个记录之后的胜方树与修改的过程如图 10.7 所示。

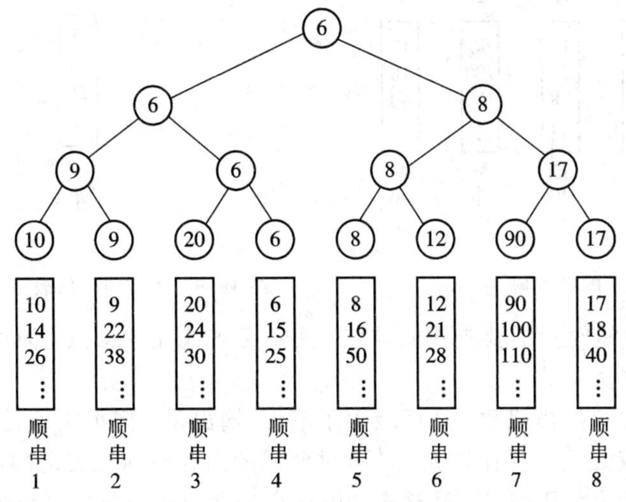

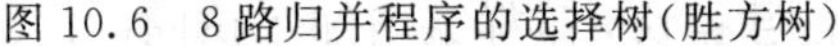

图 10.6　8 路归并程序的选择树(胜方树)

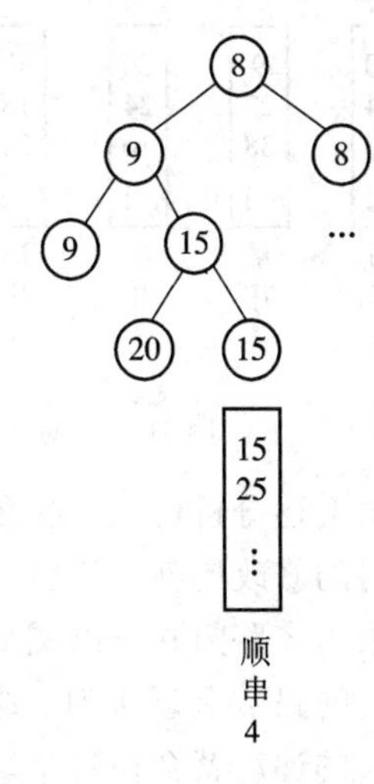

图 10.7　胜方树的修改

对一组顺串进行归并的完整过程是反复按上述方法选取记录的过程。当某个顺串的记录取尽时，则把一个比任何实际关键字值都大的值写到对应的叶子结点并参加比较，直至全部顺串都取尽时，再把下一组顺串读入，重新建立胜方树。

由上述过程可见，要选取关键字值最小的记录，只有第一个需要进行 m−1 次比较(建立胜方树)，此后每个只要进行$\lceil \log_2 m \rceil$次比较即可，这是由于树中保持了以前的比较结果。

然而胜方树有一个缺点，即在选取一个记录之后重构选择树的修改工作比较麻烦，既要查找兄弟结点，又要查找父结点。为了减少重构选择树的代价，可以采用败方树的办法来简化重构的过程。

所谓败方树，就是在比赛树(选择树)中，每个非叶子结点均存放其两个子结点中的败方。其建立过程是：从叶子结点开始分别对每两个兄弟结点进行比较，败者(较大的关键字值)存放在父结点中，而胜者继续参加下一轮的比较，最终结果是每个“选手”都停在自己失败的“比赛场”上。在根结点之上有一个附加的结点，存放全局优胜者。将图 10.6 所示的胜方树改为败方树后如图 10.8 所示。

在败方树中，当输出全局优胜者记录之后，对树的修改比胜方树容易一些。修改过程如下：将新进入树的叶子结点与父结点进行比较，大的存放在父结点，小的与上一级父结点再进行比较，此过程不断进行，直至到根，最后把新的全局优胜者存放到附加的结点。例如，在图 10.8 中输出关键字值最小的记录(顺串 4 中的 6)之后，败方树的修改过程如图 10.9 所示。

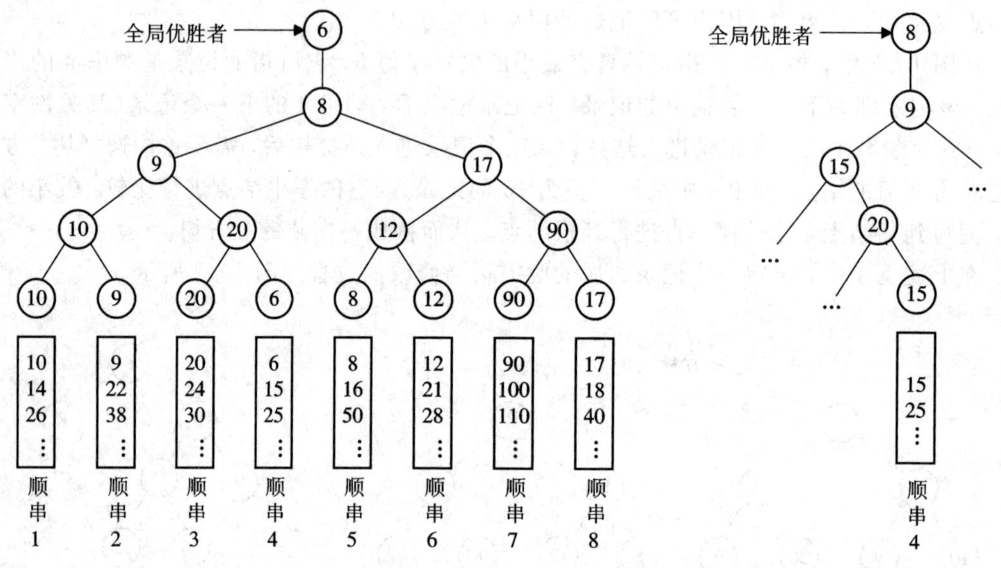

图 10.8　对应于图 10.6 的败方树

图 10.9　败方树的修改

由上述分析可见，在修改败方树时只需要查找父结点，而不必查找兄弟结点，因而使败方树的修改比胜方树更容易一些。

采用多路归并可以减少对数据的扫描遍数，从而减少了输入/输出量。但也应该看到，若归并的路数 k 增大时，缓冲区就要设置得比较大。若可供使用的内存空间是固定的，则路数 k 的递增就会使每个缓冲区的容量压缩，这就意味着内存和外存交换的数据页块长度就要缩减。于是每遍数据扫描要读/写更多的数据块，这样就增加了访问的次数和时间。由此可见，k 值过大时，尽管所作的扫描遍数减少，但输入/输出时间仍可能增加。因此 k 值要选择适当，k 的最优值与可用缓冲区的内存空间大小及磁盘的特性参数均有关系。

3. 初始顺串的生成

采用前面介绍的内排序方法，可以实现初始顺串的生成，但所生成的顺串的大小正好等于一次能放入内存中的记录个数。如果采用败方树方法，可以增大初始化顺串的长度。下面我们简单介绍这个方法。

假定内存中可以存放 k 个记录及在此基础上所构成的败方树，并且输入/输出操作是通过输入/输出缓冲区进行的。败方树方法的基本思路如下：从输入文件中取 k 个记录，并在此基础上建立败方树，将全局优胜者送入当前的初始顺串，并从输入文件中取下一个记录进入败方树以替代刚输入的记录结点位置。若新进入败方树的记录的关键字值小于已输出记录的关键字值，则该新进入的记录不属于当前初始顺串，而属于下一个初始顺串，因而不再参加比赛，实际上可把它看作在比赛中始终为败方，这样就不会送到当前的初始顺串中，其他(属于当前初始顺串)的记录继续进行比赛；若新进入败方树的记录的关键字值大于或等于已输出记录的关键字值，则该新进入的记录属于当前初始顺串，与其他记录继续进行比赛；比赛不断进行，直至败方树中的 k 个记录都已不属于当前初始顺串，于是当前初始顺串生成结束，开始生成下一个初始顺串(即把下一个初始顺串称为当前初始顺串)。这时败方树中的 k 个记录重新开始比赛，这 k 个记录都属于新的当前初始顺串，因而都参加比赛。就这样，一个初始顺串接一个初始顺串地生成，直至输入文件的所有记录取完为止。

图 10.10 显示了初始顺串生成的过程。图 10.10(a)显示了输入文件，它由若干个记录组成，每个记录只列出它的关键字值。设 k=8，首先取输入文件的前 8 个记录(关键字值分别为 10、9、20、6、8、12、90、17)构成败方树，如图 10.10(c)所示。这 8 个记录在败方树中的结点位置分别为结点 8 至结点 15。此时全局优胜者是关键字值为 6 的记录，它首先进入初始顺串 1，然后取输入文件的下一个记录(关键字值为 14)进入败方树，放在结点 11 的位置。由于关键字值 14 大于刚输出记录的关键字值 6，因此该记录属于当前初始顺串，它将继续参加比赛。为叙述方便起见，我们略去败方树的重构过程的说明和显示，只讨论从败方树输出记录和新进入败方树的记录的情况。接下来输出的是关键字值为 8 的记录，同样被送入初始顺串 1，输入文件的下一个记录(关键字值为 22)进入败方树，放在结点 12 的位置，如前所述，由于 22>8，因此必然属于当前初始顺串，继续参加比赛。下一个输出的是关键字值为 9 的记录，被送入初始顺串 1，继续将输入文件的下一个记录(关键字值为 7)送入败方树，放在结点 9 的位置。此时，由于新进入的记录的关键字值 7 小于已输出的记录的关键字值 9，因此结点 9 中存放的关键字值为 7 的记录不属于当前初始顺串(初始顺串 1)，而属于下一个初始顺串(初始顺串 2)，故它不参加比赛(对当前顺串而言)，其他七个记录之间的比赛继续进行。接下来从败方树送入初始顺串 1 的记录关键字值分别为 10、12、14 的记录；相应地新进入败方树的记录是关键字值分别为 24、15、16 的记录，存放的位置分别为结点 8、13、11。这三个记录均属于当前初始顺串，都将参加比赛。下一个送入初始顺串 1 的是关键字值为 15 的记录，新进入败方树的关键字值为 11 的记录，存放在结点 13 中，此时由于 11<15，因此该记录不属于初始顺串 1，而属于初始顺串 2。对于初始顺串 1 而言，它不参加比赛。败方树中其他六个记录继续进行比赛，比赛不断进行，直到初始顺串 1 生成过程完成，如图 10.10(b)、(c)所示。下面开始生成初始顺串 2，此时败方树的状态应该是关键字值分别为 28、7、18、21、25、11、40、13 等八个记录。初始顺串 2 的生成过程与生成初始顺串 1 的过程类似。就这样一个一个地生成初始顺串，直到输入文件的所有记录取完为止。

由上述过程可见，若内存中可同时存放 k 个记录(当然还需要来存放败方树的非叶子结点及供输入/输出缓冲区用)，则生成的初始顺串长度肯定大于 k，而且往往是大很多。由上例可得，当 k=8 时，所生成的初始顺串 1 的长度为 19。这种在内存工作区一定的情况下可增大初始顺串的方法，也称为置换选择排序法。其特点是在整个排序(得到所有初始顺串)的过程中选择最小关键字和输入/输出交叉或并行进行。

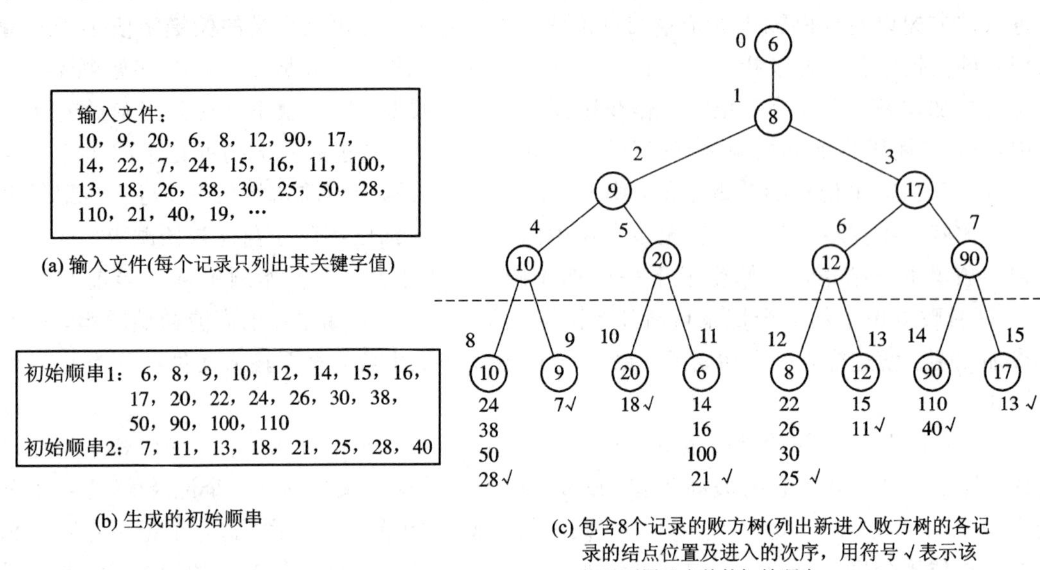

图 10.10 初始顺串的生成过程

10.2.2 磁带排序

磁带排序过程基本上与磁盘排序过程相同。首先对待排序文件的各段进行内排序，产生所有的初始顺串，再把它们写回到磁带上，然后对这些顺串进行反复归并，直至成为一个顺串(即为有序文件)为止。

磁带排序和磁盘排序的主要不同之处在于磁带排序需充分考虑顺串的分布情况，因为磁带是顺序存取的，排序过程中寻找或等待的时间较长，所以各顺串分布在不同磁带和同一磁带的不同位置对排序效率影响极大。下面，我们通过一个 2 路归并磁带排序的例子，了解磁带排序所涉及的各种因素。

1. 磁带排序的例子

设有一个文件包含 3600 个记录，现在要对其进行排序，可供使用的磁带机有四台，分别为 T_1、T_2、T_3、T_4，可供排序用的内存空间包含存放 600 个记录的空间以及一些必要的工作区。设每个页块长为 200 个记录。为了简化讨论，我们假定初始顺串的生成是采用通常的内排序方法实现的。这样，一次可读入三个页块，对其进行排序并作为一个顺串输出。我们将采用 2 路归并的方法来实现顺串的归并，因而使用两个输入缓冲区和一个输出缓冲区，每个缓冲区能容纳 200 个记录。磁带排序过程的具体步骤如下(假设必要的磁带反绕动作已经隐含，并设输入文件在磁带机 T_4 上)：

第一步：把输入文件分段(每段包含 600 个记录)读入内存并进行内排序，生成初始顺串，然后将这些顺串轮流写到磁带机 T_1 和 T_2 上。完成此步骤后的磁带机的状况如图 10.11(a) 所示。

第二步：采用 2 路归并法对 T_1 上的各顺串与 T_2 上的各顺串进行归并，并把所产生的较大顺串轮流分布到 T_3 和 T_4 上(若输入文件带需要保留，则在第一步完成后把输入文件带从 T_4 上卸下来，换上工作带)。此步之后的磁带机状况如图 10.11(b)所示。其中 T_3 上的顺串 1 是 T_1 上的顺串 1 和 T_2 上的顺串 2 合并的结果，T_3 上的顺串 3 是 T_1 上的顺串 5 和 T_2 上的顺串 6 合并的结果，T_4 上的顺串 2 是 T_1 上的顺串 3 和 T_2 上的顺串 4 合并的结果。

第三步：把 T_3 上的顺串 1 和 T_4 上的顺串 2 进行合并，并将结果放到 T_1 上。此步之后的磁带状况如图 10.11(c)所示。

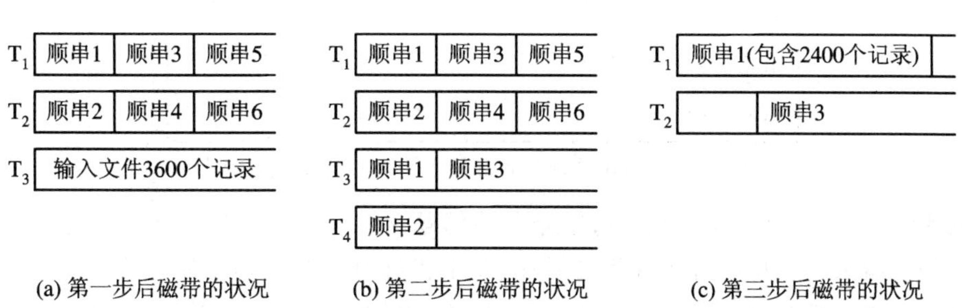

图 10.11　磁带排序过程

第四步：把 T_1 上的顺串 1 和 T_3 上的顺串 3 合并，并把结果放到 T_2 上，即为所要求的有序文件。

上述例子采用的是 2 路归并法，与磁盘排序的情况一样，排序的时间主要取决于对数据的扫描遍数。采用多路归并能减少扫描的遍数，但对磁带排序来说，多路归并需要多台磁带机，为了避免过多的磁带寻找时间，要归并的顺串需要放在不同的磁带上。因此，k 路归并至少需要 k+1 台磁带机，其中 k 台作为输入带，另外一台用于归并后存放输出结果。但这样需要对输出带再作一遍扫描，把输出带上的各顺串重新分配到 k 台磁带上，以便作为下一级归并使用。若使用 2k 台磁带机，则可避免这种再分配扫描，把 k 台作为输入带，其余 k 台作为输出带，在下一级归并时，输入带与输出带的作用互相对换。上述例子就是用 4 台磁带机实现 2 路归并的，T_1、T_2 和 T_3、T_4 轮流地用作输入带和输出带。

2. 非平衡归并

上述磁带排序过程采用的是 2 路平衡归并。k 路平衡归并的特点是：把要归并的顺串平衡均匀地分布到 k 台输入带上。这样，为了避免对数据进行再分配的扫描，就需要 2k 台磁带机，现采用非平衡归并，即不同输入带上的顺串个数不同，适当地对顺串进行非均匀分配，就可以用不到 2k 台磁带机来实现 k 路归并。下面要介绍的方法就是只用 k+1 台磁带机便可取得 k 路归并的效果，我们以三台磁带机 T_1、T_2、T_3 实现 2 路归并为例来说明这个方法。

我们设初始顺串的长度为度量单位，即规定初始顺串的长度为 1，用 S^n 来表示某台磁带机上有 n 个顺串，每个顺串的长度为 S。

假设初始顺串有八个，则在 T_1 上分配五个顺串，在 T_2 上分配三个顺串，然后把 T_2 上的三个顺串与 T_1 中的三个顺串相归并，得到三个长度为 2 的顺串，将它们写到 T_3 上。下

一步是把 T_1 中的两个顺串与 T_3 中的两个顺串相归并，得到两个长度为 3 的顺串，把它们写到 T_2 上。再下一步是把 T_3 上一个长度为 2 的顺串与 T_2 中的一个长度为 3 的顺串进行归并，得到一个长度为 5 的顺串，将其写到 T_1 上。最后，把 T_1 上一个长度为 5 的顺串与 T_2 上一个长度为 3 的顺串进行归并，得到一个长度为 8 的顺串，把它写到 T_3 上。至此，完成了非平衡 2 路归并排序。图 10.12 给出了该归并过程的示意图。

步骤	T_1	T_2	T_3	说明
初始分布	1^5	1^3	—	
第一步后	1^2	—	2^3	归并到 T_3
第二步后	—	3^2	2^1	归并到 T_2
第三步后	5^1	3^1	—	归并到 T_1
第四步后	—	—	8^1	归并到 T_3

图 10.12　采用非平衡分布法用三台磁带机实现 2 路归并

下面我们来讨论如何确定顺串初始分布的问题。为了确定初始分布，就得从最后一步往前推。假设有 n 步，我们希望 n 步之后在 T_1 上正好有一个顺串，而在 T_2 和 T_3 上没有顺串。要做到这点，则必须把 T_2 中的一个顺串与 T_3 中的一个顺串加以归并来得到这种顺串，并且 T_2 和 T_3 上没有别的顺串，所以在第 n－1 步后，T_2 和 T_3 上应各有一个顺串，T_2 上的顺串是从 T_1 和 T_3 中各取一个顺串加以归并后得到，因此，在第 n－2 步后，在 T_1 上应有一个顺串，在 T_3 上应有两个顺串，就这样一步一步往前推。图 10.13 所示为这个前推的过程。由该图可见，若有初始顺串 21 个，则可以分配 13 个顺串到 T_1 上，分配 8 个顺串到 T_2 上。

对于用四台磁带机实现 3 路归并，可用与上述类似的方法进行。图 10.14 所示为 3 路归并的顺串分布情况。

步骤	T_1	T_2	T_3
n	1	0	0
n－1	0	1	1
n－2	1	0	2
n－3	3	2	0
n－4	0	5	3
n－5	5	0	8
n－6	13	8	0

图 10.13　三带 2 路归并的顺串分布

步骤	T_1	T_2	T_3	T_4
n	1	0	0	0
n－1	0	1	1	1
n－2	1	0	2	2
n－3	3	2	0	4
n－4	7	6	4	0
n－5	0	13	11	7
n－6	13	0	24	20
n－7	37	24	0	44
n－8	81	68	44	0

图 10.14　四带 3 路归并的顺串分布

习　　题

第10章习题参考答案

10.1　磁盘平衡归并和磁带平衡归并在时间上有差别吗？如果有，差别在何处？如果没有，请说明理由。

10.2　败者树中的败者指的是什么？若利用败者树求 k 个数中的最大值，在某次比较中得到 a＞b，那么谁是败者？败者树与堆有何区别？

10.3　试问输入文件在哪种状态下，经由置换选择排序法得到的初始归并段长度最长？其最长的长度是多少？

10.4　假如对一个经由置换选择排序法得到的输出文件再次进行置换选择排序，试问该文件将产生什么变化？

10.5　设内存有大小为 6 个记录的区域可供内部排序之用，文件的关键字序列为(51，49，39，46，38，29，14，61，15，30，1，48，52，3，63，27，4，13，89，24，46，58，33，76)。试列出：

(1) 用内部排序方法求出的初始归并段；

(2) 用置换选择排序法得到的初始归并段。

10.6　假设某文件经内部排序得到 100 个初始归并段，试问：

(1) 若要使多路归并三趟完成排序，则应取归并的路数至少为多少？

(2) 假如操作系统要求一个程序同时可用的输入、输出文件的总数不超过 13，则按多路归并至少需几趟可完成排序？如果限定这个趟数，则可取的最低路数是多少？

10.7　假设一次输入/输出的物理块大小为 150，每次可对 750 个记录进行内部排序，那么对含有 150 000 个记录的磁盘文件进行 4 路平衡归并排序时，需进行多少次输入/输出？

10.8　手工执行算法 k－merge，追踪败者树的变化过程。假设初始归并段如下：

(10，15，16，20，31，39，$+\infty$)；

(9，18，20，25，36，48，$+\infty$)；

(20，22，40，50，67，79，$+\infty$)；

(6，15，25，34，42，46，$+\infty$)；

(12，37，48，55，$+\infty$)；

(84，95，$+\infty$)；

10.9　已知某文件经过置换选择排序之后，得到长度分别为 47、9、39、18、4、12、23 和 7 的八个初始归并段。试用 3 路平衡归并设计一个读/写外存次数最少的归并方案，并求出读/写外存的次数。

附录

数据结构试题选编

附录A　样卷一：期末考试试题

一、简答题(每小题5分，共20分)

1. 一棵有n个结点的k叉树采用k叉链表存储，空链域的总数目是多少？写出求解过程。

2. 在图的遍历中，设置访问标志数组的作用是什么？

3. 折半查找的前提条件是什么？

4. 分析冒泡排序的最好性能和最坏性能(性能即关键字比较次数和移动元素的次数)。

二、单项选择题(每小题1分，共10分)

1. 栈和队列的共同特点是(　　)。

(A) 只允许在端点处插入和删除元素　　(B) 都是先进后出

(C) 都是先进先出　　(D) 没有共同点

2. 100个结点的完全二叉树采用顺序存储，从1开始按层次编号，则编号最小的叶子结点的编号应该是(　　)。

(A) 100　　(B) 49　　(C) 50　　(D) 51

3. 在顺序存储的线性表R[3]上，从前向后进行顺序查找。若查找第一个元素的概率是1/2，查找第二个元素的概率是1/3，查找第三个元素的概率是1/6，则查找成功的平均查找长度为(　　)。

(A) 7/3　　(B) 2　　(C) 3　　(D) 5/3

4. 在一个有n个顶点的有向图中，若所有顶点的出度之和为s，则所有顶点的入度之和为(　　)。

(A) n−s　　(B) n　　(C) s　　(D) s−1

5. 设某二叉树中度为0的结点数为N_0，度为1的结点数为N_1，度为2的结点数为N_2，则下列等式成立的是(　　)。

(A) $N_0=N_1+1$　　(B) $N_0=N_1+N_2$

(C) $N_0 = N_2 + 1$　　　　　　　　　　(D) $N_0 = 2N_1 + 1$

6. 设有 6 个结点的无向图，该图至少应有(　　　)条边才能确保是一个连通图。

(A) 5　　　　(B) 6　　　　(C) 7　　　　(D) 8

7. 已知单链表中的指针 p 所指的结点不是链尾结点，若在 p 结点后插入 s 结点，应执行(　　　)。

(A) s－>next＝p；p－>next＝s；　　(B) p－>next＝s；s－>next＝p；

(C) s－>next＝p－>next；p＝s；　　(D) s－>next＝p－>next；p－>next＝s；

8. 设用邻接矩阵 A 表示有向图 G 的存储结构，则有向图 G 中顶点 i 的入度为(　　　)。

(A) 第 i 行非 0 元素的个数之和　　(B) 第 i 列非 0 元素的个数之和

(C) 第 i 行 0 元素的个数之和　　(D) 第 i 列 0 元素的个数之和

9. 排序时扫描待排序记录序列，顺次比较相邻的两个元素的大小，逆序时就交换位置。这是(　　　)排序方法的基本思想。

(A) 堆排序　　(B) 直接插入排序

(C) 快速排序　　(D) 冒泡排序

10. 设有 5000 个待排序的记录关键字，如果需要用最快的方法选出其中最小的 10 个记录关键字，则用下列(　　　)方法可以达到此目的。

(A) 快速排序　　(B) 堆排序　　(C) 归并排序　　(D) 基数排序

三、填空题(每空 2 分，共 20 分)

1. 下面算法的时间复杂度是______。

```
i=1;
while(i<=n)  i=i*2;
```

2. 设线索二叉树中，判断 p 所指向的结点为叶子结点的条件是______。

3. 对任意一棵有 n 个结点的树，这 n 个结点的度之和为______。

4. Prim 算法适合求解______连通网的最小生成树。(填稀疏或稠密)

5. 关键路径是从源点到汇点的______路径。

6. 深度为 k 的二叉树中最少有______个结点，最多______个结点。

7. 设有向图 G 中有向边的集合 E＝{<1，2>，<2，3>，<1，4>，<4，2>，<4，3>}，则该图的一种拓扑序列为__________。

8. 根据初始关键字序列(25，22，11，38，10)建立的二叉排序树的高度为______。

9. 用某种排序方法对关键字序列(25，84，21，47，15，27，68，35，20)进行排序时，序列的变化情况如下：

20，15，21，25，47，27，68，35，84

15，20，21，25，35，27，47，68，84

15，20，21，25，27，35，47，68，84

则所采用的排序方法是______。

四、构造题(共 30 分)

1. (8 分) 设一棵树 T 中边的集合为{(A，B)，(A，C)，(A，D)，(B，E)，(C，F)，(C，G)}，要求：

(1) 用孩子兄弟表示法(二叉链表)表示出该树的存储结构。(2 分)

(2) 将该树转化成对应的二叉树。(2 分)

(3) 写出该树的先序和后序遍历序列。(4 分)

2. (8 分)某图的邻接表存储结构如图 1 所示，要求：

(1) 画出从 v_1 出发的深度优先生成树。

(2) 给出该图的邻接矩阵存储结构。

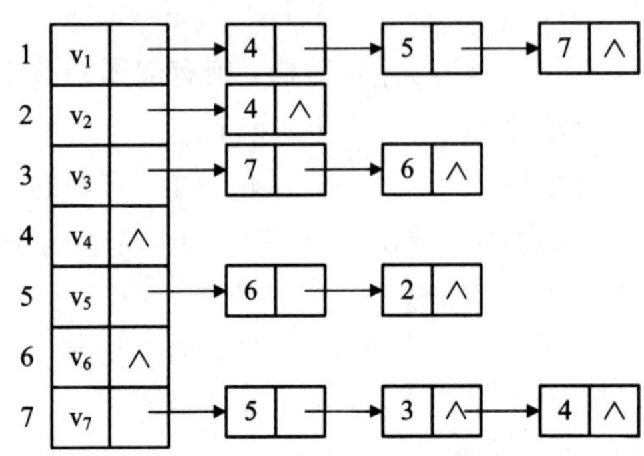

图 1　第四题第 2 小题图

3. (8 分)一个线性序列(36, 13, 40, 63, 22, 6)，假定采用散列函数 Hash(key)＝key%7 来计算散列地址，将其散列存储在 A[0～9]中，采用线性探测再散列解决冲突。试构造哈希表，并计算等概率情况下的查找成功和不成功的平均查找长度。

4. (6 分)欲对关键字{36, 15, 13, 40, 63, 22, 6}从小到大排序，若采用堆排序，试写出将关键字序列建初堆过程。

五、算法设计题(每小题 10 分，共 20 分)

(注：只要求给出描述算法的子函数，不需要编写完整的实现程序。)

1. 编写折半查找算法。(递归、非递归均可)

2. 已知二叉树采用二叉链表存放，该结点结构为

LChild	data	RChild	level

试编写算法，将二叉树中每个结点所在的层次值置入相应的 level 域。

样卷一参考答案

附录B　样卷二：期末考试试题

一、简答题(每小题5分，共15分)

1. 简述单链表中，头指针、头结点、首元素结点三个概念的含义及关系。

2. 简述度为2的树与二叉树的区别。

3. 简述无向图的邻接矩阵和邻接表存储表示法的空间耗费。

二、判断题(每小题1分，共5分)(正确请打√，错误请打×)。

1. 单链表不是一种随机存取的存储结构。(　　)

2. 广义表中原子的个数即为广义表的长度。(　　)

3. 完全二叉树中，若某个结点没有左子，则该结点一定是叶子结点。(　　)

4. AOV网是一种带权的有向图。(　　)

5. 任何一个广义表都可以划分成表头和表尾两部分。(　　)

三、单项选择题(每小题1分，共10分)

1. 若某线性表中最常用的操作是在最后一个元素之后插入一个元素和删除第一个元素，则最节省时间的存储方式是(　　)。

(A) 单链表　　(B) 仅有头指针的单向循环链表
(C) 双向链表　　(D) 仅有尾指针的单向循环链表

2. 从逻辑上可以将数据结构分为(　　)两大类。

(A) 动态结构和静态结构　　(B) 顺序结构和链式结构
(C) 线性结构和非线性结构　　(D) 原子结构和构造型结构

3. 设计一个判别表达式中括号是否配对的算法，采用(　　)数据结构最佳。

(A) 顺序表　　(B) 链表　　(C) 队列　　(D) 栈

4. 采用稀疏矩阵的三元组表形式进行压缩存储，若要完成对三元组表进行转置，只要将行和列对换，这种说法(　　)。

(A) 正确　　(B) 错误　　(C) 无法确定　　(D) 以上都不对

5. 用顺序存储的方法，将完全二叉树中所有结点按层逐个从左到右的顺序存放在一维数组R[1..N]中，若结点R[i]有右孩子，则其右孩子是(　　)。

(A) R[i/2]　　(B) R[2*i-1]　　(C) R[2*i]　　(D) R[2*i+1]

6. 如果从无向图的任一顶点出发进行一次深度优先搜索即可访问所有顶点，则该图一定是(　　)。

(A) 完全图　　(B) 连通图　　(C) 无环图　　(D) 一棵树

7. 在一棵深度为h的具有n个元素的二叉排序树中，查找所有元素的最长查找长度为(　　)。

(A) n　　(B) $\log_2 n$　　(C) (h+1)/2　　(D) h

8. 快速排序方法在(　　)情况下最不利于发挥其长处。

(A) 要排序的数据量大

(B) 要排序的数据中有多个 key 相同的数据

(C) 要排序的数据基本有序

(D) 要排序的数据个数是奇数个

9. 希尔排序的增量序列必须是(　　)。

(A) 递增的　　(B) 递减的　　(C) 随机的　　(D) 以上都不是

10. 设 a，b 为一棵二叉树上的两个结点，在中序遍历时，a 在 b 前面的条件是(　　)。

(A) a 在 b 的右方　(B) a 在 b 的左方 (C) a 是 b 的祖先 (D) a 是 b 的子孙

四、填空题(每空 2 分，共 20 分)

1. 完全二叉树第 6 层有 10 个叶子结点，则这棵完全二叉树至少有________结点。

2. 若用一个大小为 6 的数组来实现循环队列，rear 指向真实队尾元素的下一个位置，front 指向真实队头元素。当 rear 和 front 的值分别是 0 和 3 时，队列做一次出队运算和两次入队运算后，rear 为________，front 为________。

3. 设有向图 G 中有向边的集合 E={<1，2>，<2，3>，<1，4>，<4，2>，<4，3>}，则该图的拓扑序列为____________。

4. 在快速排序、简单选择排序、归并排序中，________排序是稳定的。

5. 设有一个顺序共享栈 S[0：n－1]，其中第一个栈顶指针 top1 的初值为－1，第二个栈顶指针 top2 的初值为 n，则判断共享栈满的条件是____________。

6. 对关键字{19，20，84，17，8，80}进行快速排序，以第一个元素为基准记录，一趟快速排序后的结果为____________。

7. 下列算法实现在二叉排序树上查找关键值 k，请在下划线处填上正确的语句。

```
BSTNode * BSTsearch(BSTree t, int k)
{if (t==NULL ) return NULL;
 if (t->key == k) ________;
 else if (k < t->key ) return BSTsearch( t->LChild, k);
 else ________;
}
```

8. 对 8 个有序元素进行折半查找，等概率情况下，查找成功的 ASL 为________。

五、构造题(共 30 分)

1. (5 分)已知某森林对应的二叉树如图 1 所示，请画出该森林。

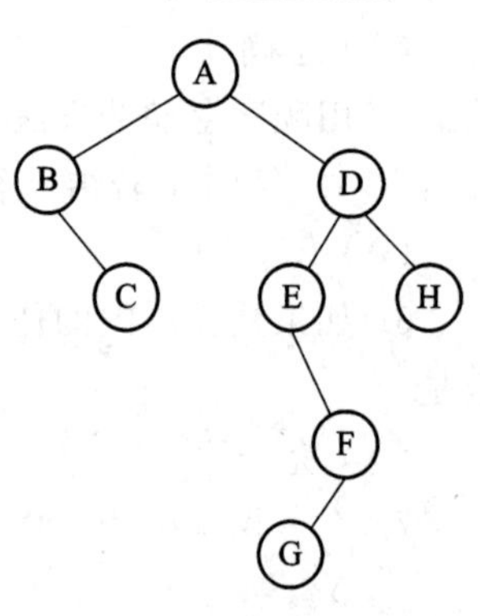

图 1　第五题第 1 小题图

2. (6 分)一份电文有 6 种字符：A、B、C、D、E、F，它们出现的次数分别是 16、5、9、3、30、1。要求：

(1) 构造哈夫曼树。(4 分)

(2) 计算该哈夫曼树的 WPL。(2 分)

3. (6 分)设有一组关键字(19，20，84，27，68，80)，采用的哈希函数是 H(key)= key % p(p 为小于等于表长的最大素数)，采用线性探测再散列处理冲突。

(1) 构造装填因子为 0.75 的哈希表。(4 分)

(2) 手工计算，查找概率相等的查找成功和不成功时的 ASL。(各 1 分，共 2 分)

4. (6 分)设无向图 G 的顶点数组和邻接矩阵如下：

顶点数组
v_1
v_2
v_3
v_4
v_5
v_6

	v_1	v_2	v_3	v_4	v_5
v_1	0	2	1	7	∞
v_2	2	0	∞	∞	6
v_3	1	∞	0	5	4
v_4	7	∞	5	0	9
v_5	∞	6	4	9	0

顶点数组　　邻接矩阵

(1) 画出该连通网。(3 分)

(2) 用 Prim 算法，从顶点 v_1 出发，求图 G 的最小生成树，要求给出生成过程的每一步结果。(3 分)

5. (7 分)对关键字序列(72，87，61，23，94，16，05，58)进行堆排序，使之按关键字递增次序排列。

(1) 试问应该建大根堆还是小根堆？(1 分)

(2) 请建初始堆。(3 分)

(3) 写出前三趟堆排序过程。(3 分)

六、算法设计题(每小题 10 分，共 20 分)

(注：只要求给出描述算法的子函数，不需要编写完整的实现程序。)

1. (10 分)已知元素值递增有序的单链表，试设计算法删除表中元素值相同的多余结点。(值相同的结点只保留一个)

(1) 给出算法设计思想。(2 分)

(2) 编写算法。(8 分)

2. (10 分)已知二叉排序树采用二叉链表存放，表中结点的结构为

LChild	key	RChild

试设计算法求关键字为 x 的结点在二叉排序树中的层号。

(1) 给出算法设计思想。(2 分)

(2) 编写算法。(8 分)

样卷二参考答案

附录 C　样卷三：硕士研究生入学考试试题

一、简答题(每小题 5 分，共 20 分)

1. 线性表的顺序存储和链式存储的优缺点有哪些？

2. 简述关键路径的概念，并简单说明求解关键路径的作用。

3. 举例说明什么是稳定排序和不稳定排序？分别列举两种算法。

4. 如何统计某图的连通分量的个数？

二、分析题(每小题 6 分，共 24 分)

1. 分析下面算法的时间复杂度。

```
void fun(int n)
{
    int i=0;
    while(i*i*i<=n) i++;
}
```

2. 二叉树采用二叉链表存放，若要查找后序遍历序列中的第一个结点，可否不用栈也不用递归完成？请简述原因。

3. 已知一个带头结点的单链表 H，在不改变链表的前提下，是否能遍历一遍链表查找到倒数第 k 个位置上的结点？请简述原因。

4. 在 10 000 个元素中，欲找出 10 个最大的元素，采用什么排序方法较好？请简述原因。

三、构造结果题(每小题 8 分，共 48 分)

1. 已知一个森林的先序遍历序列为 ABDECFGHI，中序遍历序列是 DBEAFCHIG，要求：

(1) 画出这个森林。

(2) 将其转换为二叉树。

2. 对 12 个有序元素进行折半查找，要求：

(1) 画出 12 个元素的折半判定树。

(2) 计算等概率情况下查找成功和不成功的平均查找长度。

3. 在图 1 中，从 A 点出发，用 Prim 算法求解最小生成树，用(A，B)形式写出依次添加的边。

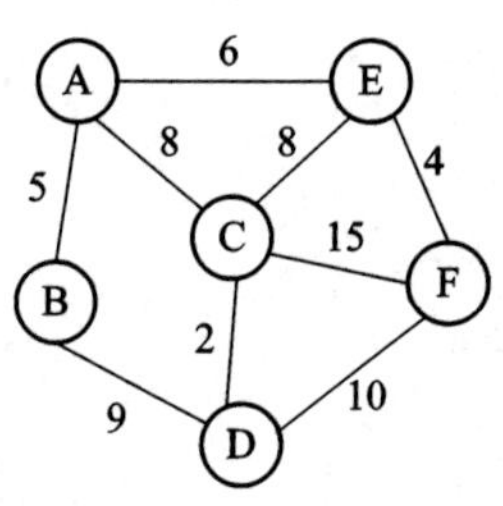

图 1　第三题第 3 小题图

4. 某报文含有 7 种字符，其出现的次数分别为(12，6，7，17，5，3)，要求：

(1) 以次数为权值构造哈夫曼树。

(2) 计算编码后的报文长度。

5. 依次输入(42，15，13，66，36，30，78，63，90)，要求：

(1) 构建一棵二叉排序树。

(2) 计算等概率情况下查找成功和不成功的平均查找长度。

6. 欲对关键字 {25, 48, 16, 35, 79, 82, 23, 40, 36, 72}从小到大排序，试问：

(1) 若采用快速排序，请写出一趟快速排序后的结果。

(2) 若采用堆排序，请给出初堆和一趟排序后的结果。

四、编写算法题(每小题 10 分，共 30 分)

1. (10 分)已知元素值递增有序的单链表，试设计算法删除表中元素值相同的多余结点。(值相同的结点只保留一个)

(1) 给出算法设计思想。(2 分)

(2) 编写算法。(8 分)

2. (10 分)某二叉树按照二叉链表方式存储，试编写算法 BiTNode * Parent(BiTree bt, DataType data)。该算法的功能是在二叉树 bt 上查找给定结点 Data 的双亲结点地址。

(1) 写出该算法的基本思想。(2 分)

(2) 实现该算法。(8 分)

3. (10 分)在无向图的邻接矩阵存储结构上，实现图的基本操作 InsertArc(G, u, v)，即在图 G 中增加 u 和 v 的关系，u、v 分别是两个顶点的值。

五、编写算法题(共 13 分)

已知二叉排序树采用二叉链表存放，表中结点的结构为

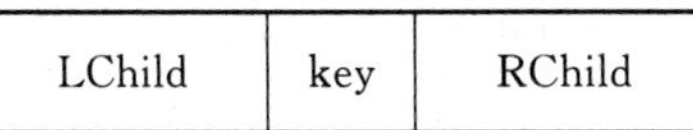

LChild	key	RChild

试设计算法求关键字为 x 的结点在二叉排序树中的层号。

(1) 给出算法设计思想。(3 分)

(2) 编写算法。(10 分)

六、编写算法题(共 15 分)

已知某哈希表的装填因子小于 1，哈希函数为关键字的第一个字母在字母表中的序号，处理冲突的方法为线性探测再散列。试编写算法，按第一个字母顺序输出哈希表中所有关键字。

样卷三参考答案

附录D　样卷四：硕士研究生入学考试试题

一、简答题(每小题5分，共20分)

1. 数据元素的四种基本逻辑结构及其图示。

2. 为什么哈夫曼编码是最优前缀码？

3. 在图的遍历过程中，访问标志数组visited[]是如何防止结点被遗漏访问和重复访问的？

4. 快速排序在什么情况下性能最差？如何改进？

二、分析题(每小题8分，共32分)

1. 若一个具有n个结点、k条边的非连通无向图是一个森林(n>k)，则该森林包含多少棵树？

2. 设有两个链表，ha为单链表头指针，hb为单循环链表尾指针。能否在O(1)时间复杂度内将两个链表合并成一个单链表？试简述原因。

3. 下面算法的时间复杂度是多少？给出推导过程。

```
void Fun(int n, char a, char b, char c)
{ if (n==1)   printf("move %d disk from %c to %c \n", n, a, c);
  else
  { Fun(n-1, a, c, b);
    printf("move %d disk from %c to %c \n", n, a, c);
    Fun(n-1, b, a, c);
  }
}
```

4. 在一个连通无向图上，欲求顶点vi到顶点vj(vi≠vj)的最短简单路径，应采用深度优先遍历还是广度优先遍历？试简述原因。

三、构造结果题(每小题10分，共50分)

1. 已知某二叉树的扩展先序序列为ABD##E#FG###CH##I##，请画出该二叉树，并将其转换为等价的树或森林。(#表示空)

2. 用克鲁斯卡尔算法构造如图1所示连通网的最小生成树。(写出依次加入的边)。

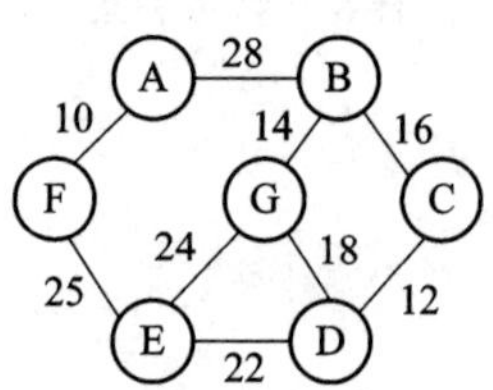

图1　第三题第2小题图

3. 依次输入关键字{25，17，10，32，18，20，28}，构造二叉排序树，并计算查找成功和不成功的平均查找长度。

4. 某有向图的邻接表存储结构如图 2 所示，请写出从 v_1 点出发的广度优先遍历序列以及广度优先生成树，并给出图的邻接矩阵存储方式。

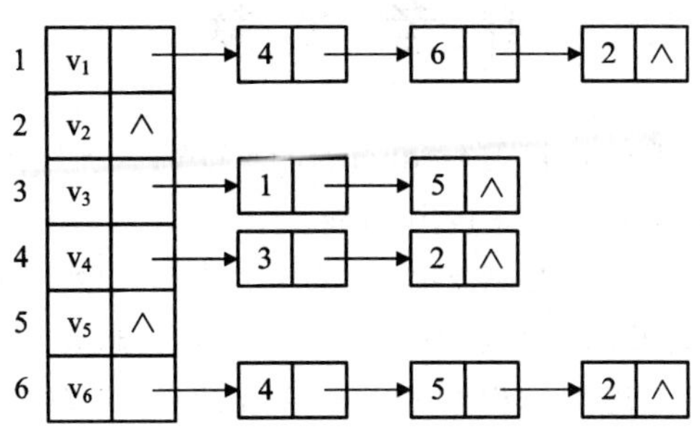

图 2　第三题第 4 小题图

5. 对以下关键字序列建立哈希表：(19，13，20，21，23，27，26，30)，哈希表长度为 10，哈希函数为 H(K)＝关键字％7。用线性探测再散列解决冲突，试计算在等概率情况下查找成功和不成功的平均查找长度。

四、编写算法题(每小题 10 分，共 20 分)

1. 在一个非递减的顺序表中，在时间复杂度为 O(n)，空间复杂度为 O(1)删除所有值相等的多余元素，使得顺序表递增有序。

2. 对带头结点的单链表 Head 进行简单选择排序，排序后结点值从小到大排序。

五、编写算法题(共 13 分)

编写尽可能高效的算法，在某二叉排序树中，查找最大值结点，并返回该结点的地址。

六、编写算法题(共 15 分)

某无向图采用邻接矩阵存储，输出距离顶点 u 的最短路径长度为 K 的所有顶点。

样卷四参考答案

参 考 文 献

[1] SHAFFER C A. A Practical Introduction to DATA STRUCTURES AND ALGORITHM ANALYSIS. Prentice-Hall，Inc，1997.

[2] 严蔚敏，吴伟民. 数据结构(C语言版). 北京：清华大学出版社，1997.

[3] 殷人昆. 数据结构(用面向对象方法与C＋＋描述). 北京：清华大学出版社，1997.

[4] FORD W，TOPP W. 数据结构C＋＋语言描述(英文版). 北京：清华大学出版社&USA：Prentice-Hall，1997.

[5] 胡学钢. 数据结构算法设计指导. 北京：清华大学出版社，1999.

[6] KRUSE R L，RYBA A J. Data Structures and Program Design in C＋＋. Prentice-Hall，1999.